普通高等教育"十三五"系列

U0167111

水 利 计 算

主编　王文川　和吉　魏明华

中国水利水电出版社
www.waterpub.com.cn
·北京·

内 容 提 要

　　本教材为普通高等教育"十三五"系列教材，根据当今水利发展的需要，与时俱进，较全面地反映了当今水利计算科学的新进展，具有科学性、实践性，能更好地满足我国水利建设的需要。全书除绪论外共分七章，主要包括水资源的综合利用、兴利调节、洪水调节、水能计算、水电站及水库的主要参数选择、水库群的水利水能计算、水库调度等。

　　本教材为高等学校水利水电工程、水利工程管理、农业水利工程及水文与水资源工程专业的核心教材，也适用于城市给水排水工程、水务工程等专业师生阅读，并可供相关专业的工程技术人员参考。

图书在版编目（ＣＩＰ）数据

水利计算 / 王文川，和吉，魏明华主编. -- 北京：
中国水利水电出版社，2020.5
普通高等教育"十三五"系列教材
ISBN 978-7-5170-8572-0

Ⅰ. ①水… Ⅱ. ①王… ②和… ③魏… Ⅲ. ①水利计算－高等学校－教材 Ⅳ. ①TV214

中国版本图书馆CIP数据核字(2020)第107890号

书　　名	普通高等教育"十三五"系列教材 **水利计算** SHUILI JISUAN
作　　者	主编　王文川　和　吉　魏明华
出版发行	中国水利水电出版社 （北京市海淀区玉渊潭南路1号D座　100038） 网址：www.waterpub.com.cn E-mail：sales@waterpub.com.cn 电话：(010) 68367658（营销中心）
经　　售	北京科水图书销售中心（零售） 电话：(010) 88383994、63202643、68545874 全国各地新华书店和相关出版物销售网点
排　　版	中国水利水电出版社微机排版中心
印　　刷	清淞永业（天津）印刷有限公司
规　　格	184mm×260mm　16开本　13.25印张　322千字
版　　次	2020年5月第1版　2020年5月第1次印刷
印　　数	0001—2000册
定　　价	**34.00元**

前　言

　　水是生命之源、生产之要、生态之基，水利是经济社会发展的基本条件、基础支撑、重要保障，兴水利、除水害自古以来就是治国安邦的大事。2011年1月，中共中央、国务院以中发〔2011〕1号文件印发了《关于加快水利改革发展的决定》，从经济社会发展全局出发，科学阐述了水利发展的阶段性特征和战略地位，明确提出了水利改革发展的指导思想和主要原则。要求针对水利发展中的突出问题和重点薄弱环节，紧密围绕全面建设小康社会和加快转变经济发展方式要求，把水利作为国家基础设施建设的优先领域，通过深化水利改革、加快水利基础设施建设、加强水资源管理，不断提升水利服务于经济社会发展的综合能力，为促进经济长期平稳较快发展和全面建设小康社会提供坚实的水利保障。

　　近年来，我国水利事业快速发展，水利基础设施建设突飞猛进。截至2019年6月，全国江河堤防约30万km，已建成各类水库约98800座，总库容超过9000亿m³，水电总装机容量3.54亿kW；全国已建成大型灌区（控制面积超过30万亩）459处，中型灌区（控制面积1万～30万亩）7300多处；共有以灌溉为主的规模以上泵站9.2万座，灌溉机电井496万眼，固定灌溉排水泵站43.4万座，除涝面积达3.57亿亩；农田有效灌溉面积11.1亿亩，其中节水灌溉工程面积达5.14亿亩。水利水电工程的大规模建设对设计、施工、运行管理等水利水电专业人才的需求也更为迫切，如何更好地培养适应现今水利水电事业发展的优秀人才，成为水利水电专业院校共同面临的课题。

　　为配合专业规范的实施和当今水利发展的需要，华北水利水电大学水文水资源系相关任课教师结合多年的课堂教学经验和工作实践，组织编写了《水利计算》这本教材。它是水利类专业的一门重要的专业基础课，是为水利工程规划设计、施工建设及运行管理提供计算方法的一门科学，主要内容包括水资源的综合利用、兴利调节、洪水调节、水能计算、水电站及水库的主要参数选择、水库群的水利水能计算、水库调度等。本教材可作为高等院校水利水电工程、农业水利工程、水利工程管理、水文与水资源工程等专业的教学参考书，也可供从事水利工程管理、水利水电规划的技术人员参考使用。

本教材由华北水利水电大学王文川任主编，由和吉、魏明华任副主编。

编者参阅并引用了大量的教材、专著，在此对这些文献的作者们表示诚挚的感谢。

由于编者水平有限，书中难免出现不妥之处，恳请读者批评指正。

编者

2019 年 8 月

目 录

绪　　论

第一节　水　资　源　概　述

一、水资源的概念和特点

水是一种重要的自然资源，是工农业生产过程中不可替代的资源，人们从认识到水是一种具有多种用途的宝贵资源起，对水资源（或水利资源）的含义就存在着不同的见解。

从广义上讲，水资源是指地球上所有的水体，而本书所说的水资源是指陆地上可以利用的淡水资源，包括江河、湖泊、泉、积雪、冰川、大气水、土壤水以及地下水等可供长期利用的水源。1977 年联合国召开水会议后，联合国教科文组织和世界气象组织共同提出了水资源的含义："水资源是指可以利用或有可能被利用的水源，这种水源应当有足够的数量和可用的质量，并在某一地点为满足某种用途而得以利用。"

水资源供需矛盾产生的原因之一，是自然状态下水资源的某些特性与人类的需求不相适应。因此，要充分利用、合理开发水资源，首先必须了解水资源的特性。水资源特性可概括为以下几点。

1. 流动性

水资源（特别是流域地表水资源）具有很强的流动性，这是水资源的最普遍特性。水的物质形态在常温下是一种流体，总是从能量高的地方向能量低的地方流动。受地心引力的作用，水从高处向低处流动，由此形成河川径流。河川径流是大气水循环的重要环节。这一特点，为人类开发利用水资源提供了方便，但也为水资源管理增加了困难。因此，开发利用时要采用工程技术手段进行拦蓄和控制。

2. 循环性

水资源与其他矿产资源不同之处在于其在循环过程中不断地恢复和更新。水循环过程是无限的，同时，水循环受太阳辐射等条件的制约，每年更新的水量又是有限的，而且自然界中各种水体的循环周期不同，在定量估计水资源时，随统计时段的不同，水资源的恢复量也不同，这反映出水资源是一种动态资源的特点。

3. 有限性

水资源处在不断的消耗和补充过程中，在某种意义上水资源具有"取之不尽"的特点，恢复性强。虽然地球上的水资源总量十分巨大——大约有 13.86 亿 km^3，但是其中的 96.53% 为人类无法直接饮用的海水。即使在余下的不足 4% 的淡水中，还有绝大部分以冰川和地下水形式存在而不容易为人类利用。真正能够被人类直接利用的淡水资源仅占全球总水量的 0.26%。以水量动态平衡的观点来看，某一时期的水量消耗量应接近于该时期的水量补给量，否则将会破坏水平衡，造成一系列不良的环境问题。可见，水循环过程是无限的，但水资源的储量是有限的，并非取之不尽、用之不竭。

4. 关联性

水资源是生态环境的基本要素，是生态环境系统结构与功能的组成部分。水通过其存在形态与系统内部各要素发生有机联系，构成生态系统的形态结构。另外，由于水资源是母体资源，对于自然和社会的存在与发展，水比其他可替代资源显得更为重要和珍贵，水资源状况的重大改变（如形态、数量、质量、水事活动等方面的变化）将引起自然和人类行为的相应变化，具有极强的关联性。

5. 随机性

自然界中可更新的水资源主要来源于大气降水和融雪水，虽然地球上每年的降水基本上是一个常量，但受气象水文要素影响，大气降水和融雪水在时间上、空间上存在着随机性，水资源的产生、运动和形态转化在时间和空间上呈现出随机特性。水资源分布存在明显的时空不均匀性，且差异很大。例如对于某一区域，有丰水年、平水年、枯水年之分，有连枯、连丰的情况，一年当中有枯水期、丰水期。而且这种变化是随机的，只符合统计规律。

6. 不均匀性

水资源在自然界中具有一定的时间和空间分布。时空分布的不均匀性是水资源的又一特性。全球水资源的分布表现为：大洋洲的径流模数为 $51.0L/(s \cdot km^2)$，亚洲仅为 $10.5L/(s \cdot km^2)$，最高的和最低的相差数倍或数十倍。水资源时空分布不均匀的特点，给水资源的管理工作带来了很大的难度。一方面可能造成旱涝灾害频繁，农业收成不稳定和水资源供需矛盾紧张；另一方面会大大加大水资源持续开发利用在生态环境保护、经济技术投入等方面的难度。

7. 利害二重性

水过多过量会带来水灾、洪灾、涝灾，过少会出现旱灾，水资源被污染则会污染环境，破坏生态。而土地、森林、矿产等资源是越多越好，越富积越好。一方面水是重要的资源，另一方面水是自然资源的重要组成部分，是环境生命的血液，兼有资源与环境的双重作用，被污染的水不仅损坏了环境，也失去了资源作用。

8. 不可替代性

水资源在人类生活、维持生态系统完整性和物种的多样性中所起的作用，是任何其他自然资源都无法替代的。水资源对社会经济有多种用途，除极少数的生产部门（像水力发电生产的电能、水路交通的运输）外，其他资源是无法替代的。所以，水资源是一种战略性物资。

9. 利用方式多样性

为了满足需求，人类可以对同一水体从不同的角度加以利用，比如利用水的浮托力发展航运，利用水体中的营养物质从事水产养殖与捕捞，利用河流湖泊形成的景观发展旅游娱乐，利用水体的自净能力改善环境，利用水的热容量为火力发电、化工生产提供冷却媒介，利用水能发电，这些都不消耗水量。另一方面，市政供水、工业用水、灌溉等既要消耗水量又影响水质。再者，防洪与兴利既是矛盾的，又是统一的，将洪水存蓄起来，既减缓洪涝灾害，又为兴利储备了水源。可以通过水库调蓄综合利用水资源。

10. 社会共享性

水资源不仅仅是一种简单的经济商品，它属于整个社会，是整个人类的共同财富。国际社会认识到，获得水的权利是人的一项基本权利。国际水与环境会议宣称"重要的是首先承认以能够付得起的价格获得清洁的水和卫生条件是每个人的基本权利"。在一些干旱地区，作物的灌溉是粮食生产的根本。在我国西部的一些地区，水资源不仅决定了人们的生活质量，而且决定经济发展水平，对水资源的占有成为他们最基本的生存权利。

二、世界水资源概况

地球上的总储水量约为 13.86 亿 km^3，但绝大部分为海洋水，世界淡水总量约为 0.35 亿 km^3，仅占全球总储水量的 2.53%。在这极少的淡水资源中，又有 70% 以上被冻结在南极和北极的冰盖中，加上难以利用的高山冰川和永冻积雪，有 87% 的淡水资源难以利用。人类真正能够利用的淡水资源是江河湖泊和地下水中的一部分，约占地球总水量的 0.26%。从数字上可看出，水是丰富的，但可利用的淡水资源是极其有限的。若把一桶水比为地球上的水，可用的淡水只有几滴。

当今世界的水资源分布十分不均。除了欧洲地理环境优越、水资源较为丰富以外，其他各洲都不同程度地存在一些严重缺水地区，最为明显的是非洲撒哈拉以南的内陆国家，那里几乎没有一个国家不存在严重缺水的问题。按地区分布来看，巴西、俄罗斯、加拿大、中国、美国、印度尼西亚、印度、哥伦比亚和刚果等 9 个国家的淡水资源占了世界淡水资源的 60%，世界上很多国家和地区都存在严重缺水问题。世界各国开始对水问题给予前所未有的重视，逐渐对水资源危机达成共识。1995 年 8 月世界银行调查统计报告显示：拥有世界人口 40% 的 26 个国家正面临水资源危机，这些国家的农业、工业和人民的健康受到严重威胁；发展中国家约有 10 亿人喝不到清洁水，17 亿人没有良好的卫生设施，80% 的疾病由饮用不洁水引起，并造成每年 2500 万人死亡。1999 年"世界水日"，联合国发出警告，随着人类生产的发展和生活水平的提高，世界用水量正以每年 5% 的速度递增，每 15 年用水总量就翻一番，除非各国政府采取有力措施，否则，在 2025 年前，地球上将有 1/2 以上的人口面临淡水资源危机，1/3 以上的人口得不到清洁的饮用水。水资源的短缺已成为制约当今社会和经济发展的主要因素。

世界各地自然条件不同，降水和径流相差也很大。年降水量以大洋洲（不包括澳大利亚）的诸岛最多；其次是南美洲，那里大部分地区位于赤道气候区内，水循环十分活跃，降水量和径流量均为全球平均值的两倍以上。欧洲、亚洲和北美洲与世界平均水平相接近，而非洲大陆是世界上最为干燥地区之一，虽然其降水量与世界平均值相接近，但由于沙漠面积大，蒸发强烈，径流深仅为 151mm。相比之下大洋洲的澳大利亚最为干燥，与降水量 761mm 相对其径流深仅为 39mm，这是由于澳大利亚的 2/3 地区为荒漠、半荒漠。全球每年水资源降落在大陆上的降水量约为 110 万亿 m^3，扣除大气蒸发和被植物吸收的水量，世界上江河径流量约为 42.7 万亿 m^3，按 1995 年的世界人口计算，每人每年可获得的平均水量为 7300m^3。由于世界人口不断增加，这一平均数已较 1970 年下降了 37%。20 世纪 80 年代后期全球淡水实际利用量大约每年 3000 亿 m^3，占可利用总量的 1% ～

3%，但是随着人口的增长及人均收入的增加，水资源的消耗量也以亿计增长。

据统计，世界五大洲的淡水资源总量为 488254 亿 m³，人均占有量为 8520m³。水资源在全球范围内分布极不均匀，亚洲人均占有量仅为 4440m³，约为世界人均占有量的一半，是人均占有量最高的大洋洲的 1/13。

人类早期对水资源的开发利用，主要是在农业、航运、水产养殖等方面，用于工业和城市生活的水量很少，直到 20 世纪初工业和城市生活用水只占总用水量的 12% 左右。随着世界人口的高速增长以及工农业生产的发展，水资源的消耗量越来越大。世界用水量逐年增长，1900—1975 年每年以 3%～5% 的速度递增，即每 20 年左右增长一倍。随着人类文明的进步，水资源的需求量越来越大，1985 年用水量为 1950 年的 3.5 倍。其中，农业用水占总水量的比例由 1950 年的 78.2% 下降到 1985 年的 61.5%；工业用水与城市用水占总用水量的比例由 1950 年的 22.7%，增加到 1985 年的 34.6%。但可供人类使用的水资源不会增加，甚至人为污染等因素使其质量变差，可利用数量减少。加之，世界淡水资源的分布极不均匀，人们居住的地理位置与水的分布又不相称，使水资源的供需矛盾很大，尤其是在工业和人口集中的城市，这个矛盾更加突出。据统计，近 40 年来，全世界农业用水量仅增加了 2 倍，工业用水增加了 7 倍，而生活用水增加得更多。

三、我国水资源概况和特点

我国地域辽阔，国土面积达 960 万 km²，处于季风气候区域。受热带、太平洋低纬度上温暖潮湿气团的影响以及西南印度洋和东北鄂霍次克海的水蒸气影响，我国水资源形成了以下几个特点。

1. 水资源总量多，但人均、单位面积少

根据最新的全国水资源综合规划成果，我国多年平均年水资源总量为 2.84 万亿 m³；我国水资源总量占全球水资源的 6%，仅次于巴西、俄罗斯和加拿大，居世界第四位。

从表面上看，我国淡水资源相对比较丰富，属于丰水国家，但我国人口基数和耕地面积基数大，人均只有约 2000m³，仅约为世界平均水平的 1/4、美国的 1/5，在世界上名列 121 位，是全球 13 个人均水资源最贫乏的国家之一。按照国际公认的标准，人均水资源低于 3000m³ 为轻度缺水；人均水资源低于 2000m³ 为中度缺水；人均水资源低于 1000m³ 为严重缺水；人均水资源低于 500m³ 为极度缺水。就人均水资源量区域分布而言，全国各省份之间"贫富差距"更为明显，2017 年西藏地区人均水资源量为 142311.3m³，居全国之首，青海地区人均水资源量为 13188.9m³，广西地区人均水资源量为 4912.1m³，云南地区人均水资源量为 4602.4m³，新疆地区人均水资源量为 4206.4m³，海南地区人均水资源量为 4165.7m³。而河北、宁夏、上海、北京、天津等地区人均水资源量不足 200m³，其中天津地区人均水资源量仅为 83.4m³。

2. 水资源地区分布不均，水土资源配置不平衡

受海陆位置、水汽来源、地形地貌等因素的影响，我国水资源地区分布总趋势是从东南沿海向西北内陆递减。按照年降水量和年径流深的大小，可将全国划分为 5 个地带：多雨—丰水带，湿润—多水带，半湿润—过渡带，半干旱—少水带，干旱—缺水带。其中多雨—丰水带的年降水量大于 1600mm，年径流深超过 800mm；而干旱—缺水带的年降水量少于 200mm，年径流深不足 10mm，水资源地区分布极不均匀。

我国水资源的地域分布与人口和耕地的分布很不相适应。降水量从东南沿海向西水内陆递减,简单概括为:南方多、北方少、东部多、西部少、山区多、平原少。这也造成了全国水土资源不平衡现象,如长江流域和长江以南耕地只占全国的36%,而水资源量却占全国的80%;黄、淮、海三大流域,水资源量只占全国的8%,而耕地却占全国的40%,水土资源相差悬殊。

3. 水资源时间分配不均,年际、年内变化大,水旱灾害频繁

季风气候地区的降水具有夏秋降水多、冬春降水少、年际变化大的特征。我国大部分地区受季风影响明显,降水量、径流量的年际和年内变化较大,而且干旱地区的变化一般大于湿润地区。南方地区最大年降水量一般是最小年降水量的2~4倍,北方地区一般为3~6倍;南方地区最大年径流量一般是最小年径流量的2~4倍,北方地区一般为3~8倍。水量的年内分配也不均衡,主要集中在汛期。汛期的水量占年水量的比重,长江以南地区为60%左右(4—7月),华北平原等部分地区河流为80%以上(6—9月)。大部分水资源量集中在汛期,以洪水的形式出现,利用困难,且易造成洪涝灾害。近一个世纪以来,受气候变化和人类活动的影响,我国水旱灾害更加频繁,2010年西南地区发生特大干旱、近年来多个省份遭受洪涝灾害、部分地方突发严重山洪泥石流灾害,造成了巨大损失。水旱灾害频繁仍是中华民族的心腹大患。

4. 水土流失和泥沙淤积严重

由于自然条件和长期以来的人类活动,我国森林覆盖率低,水土流失严重。据统计,1992年全国水土流失面积已扩大到367万km²,占全国陆地总面积的38.2%。我国平均每年从山地、丘陵被河流带走泥沙约35亿t,其中,直接入海的泥沙约18.5亿t,占全国河流输沙量的53%;流出国境的泥沙约2.5亿t,占全国的7%;约有14亿吨泥沙淤积在流域中,包括下游平原河道、湖泊、水库或引入灌区、分蓄洪区等。黄河是中国泥沙最多的河流,也是世界罕见的多沙河流,年平均含沙量和年输沙总量均居世界大河的首位,年平均输沙量多达16.1亿t。

5. 天然水质好,但人为污染严重

我国拥有很多的江河湖海,天然水质是相当好的,但由于人口的不断增长和工业的迅速发展,废污水的排放量增加很快,水体污染日趋严重。

根据环保部门公布的调查数据,2012年,全国十大水系、62个主要湖泊分别有31%和39%的淡水水质达不到饮用水要求,严重影响人们的健康、生产和生活。2015年,我国废水排放量达到顶峰,为7353226.83万t,其中除了70%的工业废水和不到10%的生活污水经处理排放外,其余的污水都没经过处理直接排入江河湖海,造成水质的严重恶化,污水中重金属、砷、氰化物、挥发酚等物质含量都逐渐上升,全国9.5万km河川,有1.9万km受到污染,0.5万km受到严重污染,清江变浊,浊水变臭,鱼虾绝迹,令人触目惊心。松花江、淮河、海河和辽河水系污染严重,86%城市河流受到了不同程度的污染;东部海域污染也十分严重,各种工业废物和放射性物质都直接被倒入海中,造成了严重的近海污染,海洋资源日益减少;全国范围内已经有超过50%的城镇饮用水源不符合饮用水水质标准,接近40%的水源已经无法使用,水体污染造成巨大的经济损失。

水资源污染后失去了使用价值,严重的甚至破坏生态平衡,造成水资源的污染性短

缺，加剧了水危机。在此背景下，2015 年，我国出台了《水污染防治行动计划》，经过
2016—2017 年严格的环境保护治理行动，我国的废水排放总量下降至 6996609.97 万 t。
同时废水中化学需氧量（Chemical Oxygen Demand）排放量在 2016 年下降了一半，2017
年我国废水化学需氧量排放量下降到 1021.97 万 t，目前稳定在 1000 万 t 左右，水体污染
得到有效的控制。

　　为进一步加强水污染治理、改善生态环境，从 2017 年开始，我国开始全面推行"河
湖长制"，一年多来成效显著。根据《2018 年度中国生态环境状况公报》，截至 2018 年年
底，西北诸河和西南诸河水质为优，长江、珠江流域和浙闽片河流水质良好，黄河、松花
江和淮河流域为轻度污染，海河和辽河流域为中度污染；监测水质的 111 个重要湖泊（水
库）中，Ⅰ类水质的湖泊（水库）7 个，占 6.3%；Ⅱ类水质的湖泊（水库）34 个，占
30.6%；Ⅲ类水质的湖泊（水库）33 个，占 29.7%；Ⅳ类水质的湖泊（水库）19 个，占
17.1%；Ⅴ类水质的湖泊（水库）9 个，占 8.1%；劣Ⅴ类水质的湖泊（水库）9 个，占
8.1%。总体水环境持续向好。

第二节　水能资源概述

一、水能资源概念

　　水能资源指水体的动能、势能和压力能等能量资源。自由流动的天然河流的出力和能
量，称为河流潜在的水能资源，或称水力资源。

　　广义的水能资源包括河流水能、潮汐水能、波浪能、海流能等能量资源；狭义的水能
资源指河流的水能资源。水能是一种可再生能源。到 20 世纪 90 年代初，河流水能是人类
大规模利用的水能资源，潮汐水能也得到了有效的利用，波浪能和海流能资源则正在进行
开发研究。

　　构成水能资源的最基本条件是水流和落差（水从高处降落到低处时的水位差），流量
大，落差大，所包含的能量就大，即蕴藏的水能资源大。以发电量计，全世界江河的理论
水能资源约为平均每年 48.2 万亿 kW·h，技术上可开发的平均每年约为 19.3 万亿 kW·h。

二、我国水能资源蕴藏量及分布特点

　　我国曾经于 1980 年进行了水能资源全国普查，之后又进行了全国复查，根据国家发展
改革委 2005 年发布的全国水能资源复查成果，我国的江河水能理论蕴藏量为 6.94 亿 kW
（以装机容量计），年发电量约 6.08 亿 kW·h；技术可开发的水能资源约 5.42 亿 kW，年
发电量约 2.47 万亿 kW·h；经济可开发的水能资源约 4.02 亿 kW，年发电量约 1.75 万
亿 kW·h。我国的水能资源蕴藏量和可能开发的水能资源都居世界第一位。

　　水能资源是有限的自然资源、清洁和可再生的能源资源，在我国是仅次于煤炭资源的
第二大能源资源，也是支撑我国经济发展的战略资源。水能资源在我国的分布具有以下几
个特点。

　　1. 水能资源地域分布极其不均，需要水电"西电东送"

　　我国幅员辽阔，地形与雨量差异较大，导致水能资源在地域分布上的不平衡，水能资
源分布西部多、东部少。按照技术可开发装机容量统计，我国经济相对落后的西部大开发

地区云、贵、川、渝、陕、甘、宁、青、新、藏、桂、蒙等 12 个省（自治区、直辖市）的水能资源约占全国总量的 81.46%，特别是西南地区云、贵、川、渝、藏就占 66.70%；其次是中部的黑、吉、晋、豫、鄂、湘、皖、赣等 8 个省占 13.66%；而经济发达、用电负荷集中的东部辽、京、津、冀、鲁、苏、浙、沪、粤、闽、琼等 11 个省（直辖市）仅占 4.88%。我国的经济特点是东部相对发达、西部相对落后，因此西部水能资源开发除了满足西部电力市场自身需求以外，还要考虑东部市场，实行水电的"西电东送"。

2. 水能资源时间分布不均，需要建设水库进行调节

我国位于亚欧大陆的东南部，毗邻世界上最大的海洋，具有明显的季风气候特点，大多数河流年内、年际径流分布不均，丰、枯季节流量相差悬殊，因此需要建设调节性能好的水库，对径流进行调节。这样才能提高水电的总体发电质量，以更好地适应电力市场的需要。

3. 水能资源较集中地分布在大江大河干流，便于建立水电基地实行战略性集中开发

水能资源富集于金沙江、雅砻江、大渡河、澜沧江、乌江、长江上游、南盘江红水河、黄河上游、湘西、闽浙赣、东北、黄河北干流以及怒江等水电基地，其总装机容量约占全国技术可开发量的 50.9%。特别是地处西部的金沙江中下游干流总装机规模为58580MW，长江上游干流总装机规模为 33197MW，长江上游的支流雅砻江、大渡河以及黄河上游、澜沧江、怒江的总装机规模都超过 20000MW，乌江、南盘江红水河的总装机规模超过 10000MW。这些河流水能资源集中，有利于实现流域、梯级、滚动开发，有利于建成大型的水电基地，有利于充分发挥水能资源的规模效益，实施"西电东送"。

三、我国水利水电建设的成就和展望

我国是世界上利用水能最早的国家，早在三四千年前就开始利用水力磨面、舂米、提水灌溉。利用水力发电，是从 20 世纪初建设小水电开始的。1905 年日本人在台北附近的新店溪支流上兴建了龟山水电站。我国自己兴建的第一座水电站，是位于云南昆明滇池出口——海口上的石龙坝水电站，于 1910 年动工，1912 年建成发电，为清末官商合办，装机 5 台，容量为 480kW，后扩建为 2920kW；新中国成立后，另安装了 2 台单机容量为3000kW 机组，并易名为昆明第四电厂。之后的几十年，我国的水电几乎没有发展。1949年，500kW 及以下的小水电只有 33 处，发电装机容量 3634kW；包括日本人为了进一步掠夺我国而建设但未建完且留有众多质量隐患的丰满水电站在内，全国的水电装机容量仅为 16.3 万 kW，年发电量只有 7 亿 kW·h，在当时分别居世界的第 25 位和第 23 位。

新中国成立后，特别是改革开放以来，经过几代水电建设者的艰苦努力，我国的水电建设从小到大、从弱到强，不断发展壮大，得到了很好的发展。

20 世纪 50 年代至 60 年代初，主要修复大坝和电站，续建龙溪河、古田等小型工程，着手开发一些中小型水电（如官厅、淮河、黄坛口、流溪河等电站）。在 50 年代后期条件逐步成熟后，对一些河流进行了梯级开发，如狮子滩、盐锅峡、柘溪、新丰江、新安江、西津和猫跳河、以礼河等工程。60 年代中期到 70 年代末开工的有龚嘴、映秀湾、乌江渡、碧口、凤滩、龙羊峡、白山、大化等工程。70 年代初，第一座装机容量超过1000MW 的水电站——刘家峡水电站投产。至 1977 年，我国水电装机容量为 1576 万 kW（其中抽水蓄能 3.3 万 kW），年发电量为 517 亿 kW·h。

1. 改革开放以来水电发展历程

改革开放以来，水电建设迅猛发展，工程规模不断扩大。回顾我国的水电发展历程，艰难曲折，成果丰硕。以改革开放基本国策为指引，水电事业真正步入了高水平快速发展时期，是受益于改革开放的典型代表。改革开放 40 余年来，水电发展主要经历了以下三个阶段。

（1）第一阶段，改革开放谋发展（1978—1999 年）。党的十一届三中全会以后，国家确立以经济建设为中心的发展方针，提出大力发展水电事业、建设十大水电能源基地的战略设想，并优先选择条件优越的河段开发建设；大型抽水蓄能电站起步开发。

在改革开放和经济体制、电力体制改革的大背景下，水电也开始了投资体制、建设体制改革和机制创新的艰难探索。1980 年起，为了解决建设资金瓶颈，国家实施"拨改贷"，水电率先使用银行贷款，走出拓宽建设资金渠道的第一步，改善了过去因水电建设资金全部依靠国家财政拨款而制约水电发展的问题。1984 年，水利电力部将鲁布革水电站作为引进外资的试点，建立业主、工程师、承包商三足鼎立的国际项目管理模式，取代了原有的行政管理模式，对我国基本建设行业的改革起到了示范作用，产生了深远的影响。随后，广蓄、岩滩、漫湾、水口、隔河岩等 5 个百万级水电站纷纷实行了业主负责制、招标承包制、建设监理制，在工期、质量、造价等方面取得了公认的成绩和进步，被业内誉为"五朵金花"。1985 年，国务院批转国家经委等部门《关于鼓励集资办电和实行多种电价的暂时规定》的通知，对集资新建的电力项目按还本付息的原则核定电价水平，打破了单一的电价模式，建立了按照市场规律定价的机制。1991 年，世界银行单个项目贷款最多的项目——二滩水电站正式开工，从土建主体工程到机电设备采购，全面实行国际招标，项目管理全面与国际接轨，引进了国际管理经验和技术，促使我国水电建设技术和设备制造能力跨上了新台阶。根据 1994 年实施的《中华人民共和国公司法》，电力工业部指导水电建设系统按照现代企业制度的要求，进一步把业主负责制推进到公司制，先后把清江、二滩、乌江、桂冠、五凌等水电站组建或改制成为水电开发公司，迈出了"产权清晰、政企分开、权责分明、管理科学"的重要一步。1996 年，国务院领导明确提出"流域、梯级、滚动、综合"的水电开发八字方针，并成为国家对水电建设的开发政策。1997 年，国家电力公司成立，国务院授权其经营中央电力资产，从生产关系上形成了一个中央水电投资主体，并成功推动了龙滩、小湾、公伯峡、洪家渡、三板溪等水电站和岷江杂谷脑流域的前期工作。这些工程均在 21 世纪初期开工建设。

20 世纪 90 年代初期，国民经济快速增长、电力需求旺盛，为水电高速发展创造了良好的机遇。1992 年，全国人民代表大会批准建设三峡水利枢纽，百年三峡梦想从宏伟蓝图变成了伟大的工程实践，以此为契机，推动了小浪底、大朝山、棉花滩等一批大型水电站开工建设。1993 年到 1999 年，随着五强溪、宝珠寺、天生桥一级、李家峡、万家寨等大型电站先后建成，水电投产连续 7 年超过 300 万 kW，1998 年和 1999 年分别达到了 534 万 kW 和 633 万 kW，形成了水电投产的第一个高峰期。

经过改革开放以来的深入研究论证和规划设计，20 世纪八九十年代大型抽水蓄能电站起步开发。为保证大亚湾核电站的安全经济运行和解决广东电网、香港九龙电网的调峰填谷需要，1988 年 7 月，装机容量 120 万 kW 的广州抽水蓄能电站一期工程开工建设，

1994 年 3 月全部建成投产，这是中国第一座高水头、大容量抽水蓄能电站。随后，二期工程开工建设，并于 1998 年 12 月首台机组并网发电。广州抽水蓄能电站一、二期工程合计 240 万 kW，是 20 世纪世界上规模最大的抽水蓄能电站。20 世纪 90 年代，随着北京十三陵、浙江天荒坪等大型抽水蓄能电站陆续开工、投产，抽水蓄能电站异军突起，已成为水电建设的一个重要组成部分。

截至 1999 年，全国水电装机容量为 7297 万 kW（其中抽水蓄能 547.5 万 kW），居世界第二位。

（2）第二阶段，继往开来展宏图（2000—2012 年）。新千年伊始，以全国水力资源复查为依据，全面形成了十三大水电基地的开发蓝图。国家实施西部大开发战略，正式开启了西部水电集中开发的新篇章，水电建设也全面步入流域梯级开发的新阶段。抽水蓄能电站发展迅速，开始由局部选点建设向全国分省选点开发建设转变。

2000 年，国家计委提出的加快西电东送工程建设的建议获国务院批准。同年，贵州乌江洪家渡水电站等第一批西电东送电力项目开工建设，标志着我国西电东送工程全面启动。

2002 年 3 月，国务院正式批准了《电力体制改革方案》，在发电环节引入竞争机制，催生出多元化的水电开发市场主体。投资和能源主管部门大力推动河流规划和管理，市场主体全面加大勘测设计和科技投入，工程建设和设备制造等各环节有机衔接，我国水电建设步伐明显加快。

2000—2012 年，全面推进了金沙江中下游、长江上游、澜沧江中游、雅砻江、大渡河、黄河上游、南盘江红水河、东北诸河、湘西诸河、乌江、闽浙赣诸河和黄河北干流等水电基地建设，13 年间新增常规水电投产装机容量 16075 万 kW，平均年投产规模超过 1200 万 kW。

进入 21 世纪后，电力系统对抽水蓄能电站的需求也在不断增加。随着浙江天荒坪、桐柏，河北张河湾及安徽琅琊山等大型抽水蓄能电站陆续建成投产，2008 年抽水蓄能电站规模突破 1000 万 kW，集中在华南、华东、华北电网。2009 年 8 月，国家能源局在山东省泰安市召开了抽水蓄能电站建设工作座谈会，由局部选点建设向全国分省选点开发建设转变，全面铺开全国重点省区的抽水蓄能选点规划工作，以电网公司为主体，组织开发建设，为抽水蓄能的后续发展奠定了坚实的基础。2012 年，抽水蓄能电站装机规模突破 2000 万 kW。

截至 2012 年年底，全国水电装机容量 24858 万 kW（其中抽水蓄能 2033 万 kW），稳居世界第一位。

（3）第三阶段，科学发展绘新篇（2013 年至今）。党的十八大以来，创新、协调、绿色、开放、共享的发展理念成为时代主题。按照"四个革命、一个合作"的能源发展战略，把发展水电作为能源供给侧结构性改革、加快构建清洁低碳、安全高效的现代能源体系、促进贫困地区发展和生态文明建设的重要战略举措，科学有序开发大型水电，严格控制中小水电，加快建设抽水蓄能电站，加强流域管理，水电维持了高速发展的态势，并步入高质量优化发展和建设与管理并重的新阶段，水电国际合作迈出新步伐。

随着"十一五"期间开工的向家坝、锦屏一级、锦屏二级、溪洛渡等巨型水电站陆续投产，2013 年我国水电新增装机容量创历史新高，达到 3144 万 kW。党的十八大以来（截至 2018 年年底），我国新增常规水电投产装机容量 9146 万 kW，平均年投产规模超过 1524 万 kW。开工建设两河口、双江口、乌东德、白鹤滩等大型调节水库电站，大力提升流域的发电、防洪、供水和生态调度能力，保证流域经济社会长远发展和水环境安全。批准金沙江上游、澜沧江上游水电规划和规划环境影响评价，提出藏东南"西电东送"接续能源基地建设蓝图，苏洼龙、叶巴滩、巴塘等电站开工建设，拉开了"藏电外送"的序幕，极大地促进了西藏等少数民族地区社会经济的发展。适应能源转型发展需要，优化发展黄河上游水电基地，发挥水电的调节作用，实现水风光互补，积极探索水电基地向综合能源基地转型发展的新路径。在有序开发西部地区资源集中、环境影响较小的大型河流、重点河段和重大水电基地的同时，严格控制中小流域、中小水电开发，保留流域必要生境，维护流域生态健康。推动流域综合监测，为流域综合管理和联合调度奠定基础。

党的十八大以来，我国风能、光伏等新能源快速发展，抽水蓄能的重要地位也得以强化。2014 年，国家发展改革委、国家能源局陆续出台了《关于促进抽水蓄能电站健康有序发展有关问题的意见》《关于完善抽水蓄能电站价格形成机制有关问题的通知》等相关文件，开展了抽水蓄能电站体制机制和电价形成机制改革试点工作，促进了抽水蓄能电站的健康发展，形成了新一轮的建设高潮。

依托我国水电技术优势，与世界多国开展多层次、多领域的合作，努力将水电国际合作打造成为"一带一路"明星合作领域，成为该阶段水电发展的新亮点。目前我国已与 80 多个国家建立了水电合作关系，在非洲、美洲和亚洲部分国家都留下了中国水电建设的足迹。号称东南亚"三峡工程"的马来西亚巴贡水电站（装机 240 万 kW）、形象被印在几内亚国家最大面值纸币上的凯乐塔水电站（装机 24 万 kW）、完全由中国投资建设并采用中国标准和中国技术的巴基斯坦卡洛特水电站（装机 72 万 kW）、中国企业首次在境外以全流域整体规划和 BOT 投资开发的老挝南欧江梯级水电项目（总规模 127.2 万 kW）等一大批项目的建设运行，是中国水电国际合作的缩影。拥有全产业链竞争优势与国际市场磨炼经验的中国水电产业，已逐步成为引领和推动世界水电发展的重大力量。

截至 2018 年年底，全国总发电装机容量约为 19 亿 kW，其中水电总装机容量约 3.52 亿 kW，占全国发电总装机容量的 18.5%；2018 年全国口径发电量 6.99 万亿 kW·h，其中水电发电量 1.23 万亿 kW·h，占总发电量的 17.6%。水电总装机容量和年发电量稳居世界第一。

2. 改革开放以来水电建设辉煌成就

（1）水电开发规模世界第一，不断迈上新的台阶。改革开放 40 余年，我国水电装机容量增加 3.37 亿 kW，年发电量增长 1.18 万亿 kW·h，分别是改革开放前的 20 倍和 23 倍。抽水蓄能电站从无到有，装机容量增加 3000 万 kW，跃居世界第一。

2004 年，以黄河公伯峡水电站 1 号机组投产为标志，我国水电装机容量突破 1 亿 kW（包括抽水蓄能电站，下同），超越美国成为世界第一；2010 年，随着小湾水电站 4 号机组投产，我国水电装机突破 2 亿 kW。2012 年，三峡水电站最后一台机组投产，建成世界最大的水力发电站和清洁能源生产基地。2014 年年底，全国水电装机容量历史性突破 3 亿 kW，水电年发电量突破 1 万亿 kW·h。40 年间，我国水电建设实现了跨越式的发展，为满足我国能源和电力需求、加快全面建成小康社会作出了重要的贡献。

（2）筑坝水平名列世界前茅，技术跻身国际前列。我国是拥有水坝数量最多的国家。截至 2017 年底，我国建成各类水坝 98478 座。数量之多、规模之大，名列世界前茅，200m 级、300m 级高坝等技术指标刷新行业纪录。目前全世界已建、在建 200m 及以上的高坝有 96 座，我国占 34 座；250m 以上高坝有 20 座，中国占 7 座。已建的锦屏一级双曲拱坝（305m）、在建的双江口心墙堆石坝（314m），位列同类坝之冠。

坝工技术取得多项重大突破。我国建成了一批高水平大坝工程，建成投产了三峡、龙滩、锦屏一级、溪洛渡、小湾等混凝土坝和糯扎渡、水布垭、瀑布沟等当地材料坝，成功解决了"高水头、大流量、窄河谷"的泄洪消能关键技术问题，尤其是锦屏一级拱坝，开创了高坝无碰撞消能的先例。

地下工程技术日趋成熟。我国建设的地下厂房跨度已超过 33m，高度达 70 多米，长度达 300m；引水洞更是长达 17km，且为大埋深、高地应力、大突涌水的岩溶地层。

多项施工技术世界领先。混凝土浇筑强度、防渗墙施工深度、地下工程施工难度达世界之最。峡谷区施工总布置、施工仿真系统的研发与应用全球领先。我国首先提出的大坝填筑质量监控系统，发挥了实时、自动、连续、全过程、高精度填筑质量监控。

我国水工建筑物防震抗震、复杂基础处理、高边坡治理等多个领域处于国际先进或领先水平。尤其是大坝抗震理论与实践保持科学发展前沿，独立自主创新了抗震设计理论和方法，形成一套工作方法和评价标准体系。"5·12"汶川特大地震灾区的大、中型水电大坝，遭受了超强地震作用，均经受住了严峻的考验。

（3）大型机组位居世界首位，水电装备国际领先。大型混流式、贯流式、可逆式水电机组经历"技术引进、消化吸收、自主创新"三个主要发展阶段，通过自主设计制造大型轴流式水电机组，我国大型水电装备制造业实现了大跨越。

常规水电机组设计制造能力保持世界领先水平。我国自行设计制造的葛洲坝 17 万 kW发电机组至今依然是世界上尺寸最大的轴流转桨式机组；在建的白鹤滩水电站混流式水轮发电机组单机容量 100 万 kW，居世界第一；我国自行设计制造了世界单机容量最大的灯泡贯流式水电机组。

蓄能机组设计制造能力已达到世界先进水平。我国已具备自主研发制造单机容量 40万 kW 的水泵水轮机和发电电动机的能力。

配套设备制造技术已趋成熟。与水电机组紧密相关的配套设备包括进水阀、调速器、监控、励磁、SFC 启动装置、发电机出口开关设备、大容量主变压器、高压电缆、GIS 高压开关设备等，已广泛应用国产配套设备。

水工金属结构设备技术已达到国际领先水平。大型水电站闸门尺寸大、水头高；启闭机械容量大、扬程高。小湾电站潜孔式弧形闸门最大设计水头 160m，操作水头 105m。三峡工程双线连续五级船闸、三峡和向家坝工程的齿轮齿条爬升式升船机、景洪的水力驱动式升船机已经建成投运。

特高压输电技术保持世界领先水平。大型水电站的建设促进了大电网和高电压的蓬勃发展。我国自主研发、设计和建设的 1000kV 交流和 ±800kV 直流输电电网已正式投入运行。

（4）江河治理成效显著，综合效益普惠民生。水力发电事业在为经济社会发展提供优质电力的同时，在保护环境生态、防洪和综合利用水资源、促进西部大开发、发展区域经济等方面也都发挥了重要作用。

改革开放 40 年，我国水电累计发电量约为 14.4 万亿 kW·h，相当于替代标准煤 43 亿 t，减少二氧化碳排放约 113 亿 t、二氧化硫排放 0.37 亿 t、氮氧化物排放 0.32 亿 t，节能减排、缓解大气污染效益显著。

通过持续建设水库工程，我国长江、黄河等水系防洪抗旱能力得到大幅提升，截至 2017 年，全国各大江河水库群总库容超过 9000 亿 m^3，可调度总库容约 5000 亿 m^3，专设防洪库容约 1800 多亿 m^3。其中长江流域干支流纳入联合调度水库总库容 1295 亿 m^3、防洪库容 530 多亿 m^3；黄河流域干支流总库容近 700 亿 m^3，超过黄河年水量，其中仅干流龙羊峡、刘家峡、三门峡、小浪底四库防洪库容就达 156.2 亿 m^3，防洪体系基本建成。各流域大型水库控制调配水资源，蓄洪补枯，大大减轻了洪涝和水旱灾害的损失，长期困扰中华民族生存发展的大范围水患、大面积持续干旱已经成为历史。

水库工程建设还大大促进了江河流域经济社会发展，增加了河流生态系统的环境容量。以黄河为例，通过水资源调控，基本满足了沿河两岸大量新增的工农业和居民生活用水需求，"有水见绿"，沿河生态和人居环境条件大为改善，"黄河决口改道""黄河断流"不再重演。再以长江为例，近一个世纪以来，由于粗放式发展和对生态环境的忽视，流域的生态环境出现了明显退化，三峡、溪洛渡等干支流水库建设有效缓解了生态环境退化问题。到 2025 年，白鹤滩、乌东德、两河口、双江口等调节水库建成投运，将会进一步缓解沿江经济发展和长江流域水质水量之间的矛盾，提高对流域水资源的调控能力，积极助力长江经济带发展战略。

（5）管理体系逐步健全，产业能力快速提升。经过改革开放 40 年的不断探索，我国已建成了政府宏观调控和监管、水电企业自主经营、以项目业主为主体进行流域水电开发的投资和建设运营管理体制，推动了"流域、梯级、滚动、综合"开发机制的形成。同时，已基本形成了完整的水电建设运行法律法规、技术标准及技术服务体系。

改革开放以来，以工程实践为基石，我国已经建成贯穿水电工程不同实施阶段的高效完整的全产业链体系，具备实施在建 8000 万 kW、年投产 3000 万 kW 的工程建设的能力，担负了全国 3.4 亿 kW、数万台机组的运行管理重任。除此之外，水电行业完整的人才培养体系，也为我国其他行业输送了大量的人才，促进了基础产业和工程建设领域的技术进步以及体制、机制创新。

3. 我国水电建设发展经验

（1）围绕中心，服务国家发展战略。新中国成立以后，党和政府高度重视江河治理，提出"要把黄河的事情办好"等号召，极大地鼓舞了人民的治水热情。江河治理始终贯穿于水电规划建设的全过程。

改革开放之初，基础设施建设严重不足，电力短缺严重是制约国民经济发展和人民生活水平提高的重要因素。按照"千方百计把电搞上去"的指导思想，在此阶段，水电建设主要目的是满足快速增长的电力需求。

21 世纪初，我国提出实施西部大开发战略，"西电东送"成为西部大开发的标志性工程和骨干工程，水电建设对助力西部大开发战略实施起到了重要的作用，初步形成了"西电东送、南北互供、全国联网、水火互济"的电力发展格局。

党的十九大形成了新时代中国特色社会主义思想，"建设富强民主文明和谐美丽中国"成为时代主题，构建清洁低碳、安全高效的能源体系，积极发展水电，促进非化石能源发展，保护和改善生态环境，推动移民致富和流域经济社会发展，成为水电在新的历史时期的主要使命。我国的水电建设始终服务于国家战略发展方向，并将为建设美丽中国、实现伟大"中国梦"做出更大贡献。

（2）科学规划，促进水电持续发展。一是做好全国水力资源普查。新中国成立后，燃料工业部、水利电力部分别于 1955 年、1958 年、1977—1980 年和 2000—2003 年组织了 4 次全国水力资源的普查与核查，基本摸清了我国水力资源的状况。根据近期河流规划和小水电复核成果，我国大陆可开发装机容量约 6.6 亿 kW，年发电量约 3 万亿 kW·h。

二是大力开展河流水电规划。黄河综合利用规划是新中国成立后编制的第一个流域规划，随后分别制定了长江、珠江、黑龙江、沅水等大江大河规划。自改革开放至 20 世纪 90 年代，我国陆续编制了金沙江中游、黄河上游（龙羊峡至青铜峡）、大渡河、澜沧江中下游、雅砻江（卡拉至江口）等一批高质量的河流规划报告。2000 年以后，根据国家发展改革委水电前期工作安排，相继开展并完成了金沙江上游、澜沧江上游（西藏境内）、雅鲁藏布江中游、黄河上游（湖口至尔多）等河流水电规划和规划环境影响评价工作。高质量的河流规划和规划环境影响评价保障了流域梯级电站的健康有序开发，实现了多目标优化，充分发挥了水电建设的综合效益。

三是不断完善水电基地蓝图。随着河流水电规划工作的不断深化，由改革开放初期的十大水电基地，逐步扩充完善，最终形成了包括金沙江中下游、长江上游、澜沧江中下游、雅砻江、大渡河、怒江、黄河上游、南盘江红水河、东北诸河、湘西诸河、乌江、闽浙赣诸河、黄河北干流和藏东南"西电东送"接续能源基地等十四大水电能源基地的开发蓝图，统筹谋划，为我国水电事业发展奠定了坚实的基础。

四是分批次滚动开展全国 25 个省（自治区、直辖市）的抽水蓄能选点规划，以此为基础，有序推动全国抽水蓄能电站的设计和开发建设工作，满足抽水蓄能电站发展需要。

（3）突破瓶颈，加快水电开发进程。一是突破资金困境。改革开放以来，国家经济得到快速发展，但电力建设速度明显滞后，是因为水电建设投资相对较大、回收周期长，我国水电发展主要受到资金的制约。为了解决这一困境，我国先后实行拨改贷、推出集资办电政策，并在建设鲁布革、天生桥二级、五强溪、岩滩、水口、十三陵抽水蓄能、二滩、天生桥一级、大广坝、凌津滩等水电站时引进世界银行、亚洲开发银行、日本协力基金贷款，推动了水电事业的快速发展。

二是突破体制束缚。在计划经济管理体制下，水电建设管理体制一直采取"政府统管"的模式，基本特点是"建管分离，收支分离"，政府调配资源。改革开放以后，从采用投资包干责任制、概算总承包等作为模式过渡，到经历了鲁布革招标承包制的冲击，通过引进国际先进管理经验，逐步形成了以业主负责制、招标承包制和建设监理制为内容的三项制度，进而发展到按现代企业制度组建的项目法人责任制。通过体制变革，把市场竞争机制引入了水电建设领域，促进了生产力发展，进一步加快了我国水电开发建设的进程，大大提升了建设运营水平。

三是突破技术瓶颈。改革开放以来，实施"引进、消化吸收、自主创新"的基本方略，在国家的统一组织下，以重点工程为依托，连续开展了从"六五"开始的5个五年水电科技攻关计划，并结合国家科技重大专项和企业投入的重大基金支持，立足世界水电前沿，解决行业发展中的一系列重大科学技术问题，并逐步转化为技术标准，形成了比较完善的技术标准体系。我国工程技术、装备技术全面赶超世界水平，中国水电技术充分发挥了引领未来发展的先导作用。与此同时，培养了一大批年轻的技术骨干，形成了老中青相结合的技术队伍，为水电技术的发展壮大提供了重要的人才支撑。

（4）持续改进，实现移民妥善安置。移民安置是水电工程建设的重要组成内容。40年多来，水电移民政策不断完善，体制机制逐步健全，补偿标准稳步提高，安置效果越来越好，走出了一条具有中国特色的水电移民安置和支持后续发展之路。

一是建立健全水电移民法律法规体系。水电移民法律、法规、技术标准经历了从无到有，再到逐步健全，形成了《中华人民共和国土地管理法》《中华人民共和国水法》及移民条例、技术标准的法规和技术标准体系。

二是理顺移民工作管理体制机制。逐步理顺水电移民工作体制机制，不断明晰工作责任，逐步形成了"政府领导、分级负责、县为基础、项目法人参与"的管理体制，做到公示、听证、充分听取和采纳移民和安置区群众意见，不断创新完善主体设计单位技术总负责，移民综合设计、综合监理和独立评估，计划管理，资金管理与审计稽查，规划调整和设计变更管理、补偿标准动态调整、矛盾协调化解等行之有效的工作机制。

三是确立水电移民安置规划法律地位，兼顾移民现实利益和长久利益。补偿、安置、后期扶持与发展并举是中国水电移民工作的重要特色。从重补偿搬迁，逐步发展为重视移民补偿搬迁，更注重移民安置；注重移民搬迁安置，更注重移民生产安置和长远发展。移民安置规划设计文件科学涵盖全过程，作用逐渐凸显，已成为法律法规规定的移民安置实施依据。移民安置方式不断创新，基本实现移民安置后生活水平不降低、长远生计有保障，并着手探索库区和移民后续发展支持和水电建设利益共享政策。

（5）与时俱进，践行水电绿色发展。一是不断完善制度和技术标准。改革开放以来，我国日益重视水电生态环境保护工作。1979年我国颁布了《中华人民共和国环境保护法》，确立了我国建设项目环境保护"三同时"制度，也拉开了水电环境保护工作专业化、系统化、规范化的序幕。1988年，制定了《水利水电工程环境影响评价规范》，推进了水电工程环境影响评价的开展。进入21世纪，水电开发由单一电站向梯级电站发展，2003年《中华人民共和国环境影响评价法》颁布实施，全面深化水电建设项目环境影响评价，逐步开展了澜沧江、金沙江、大渡河等河流水电规划或水电梯级开发环境影响评价工作，推动制定了《河流水电规划环境影响评价规范》《水电工程环境影响后评价规范》等环境保护技术标准。

二是持续创新技术。不断开展生态流量、低温水缓减、鱼类保护等重大关键技术课题的科研攻关和技术创新，在水电开发的过程中，同步规划、设计、建设了生态环境保护设施，先后建成了光照水电站分层取水设施，向家坝、溪洛渡水电站鱼类增殖放流站，长洲水电站鱼道等标志性环境保护工程，促进了生态环境保护措施的全面推广，保障了生态环境保护措施的有效落实。

三是探索全过程管理。针对水电工程建设和运行带来的环境影响，自21世纪初，我国在龙滩、公伯峡水电站等重点水电工程环境监理试点基础上，全面推行水电工程的环境监理工作；规范开展水电工程下闸蓄水和竣工环境保护验收调查工作；有序推动水电工程环境影响后评价工作；开展流域水电综合监测，加强事中事后监管，探索水电绿色可持续发展途径。

4. 我国水电建设新形势与任务

党的十九大报告提出"中国特色社会主义进入新时代，我国社会主要矛盾已经转化为人民日益增长的美好生活需要和不平衡不充分的发展之间的矛盾"。面对这一历史变革，应牢固树立和贯彻落实"绿水青山就是金山银山"、"创新、协调、绿色、开放、共享"理念，把发展水电作为能源供给革命、转变能源发展方式、促进贫困地区发展、建设生态文明和美丽中国的重要举措，新时代水电发展面临新的形势和任务。

（1）构建绿色流域和综合能源基地。随着全国各流域梯级水电开发的持续推进，一大批巨型、大型水电工程相继投产运行，各大流域梯级水电站群逐步形成，构建绿色流域，打造多目标、功能完备的综合能源基地成为水电发展的时代主题。主要任务包括：①实现流域规划目标，推动综合效益巨大的龙头水库建设，完善水库群多目标服务功能，推动水风光互补综合能源基地建设；②推进流域管理体制改革，完善综合利用多部门协调监管机制；③制定流域的生态治理和修复规划；④深化市场化改革，统筹考虑水电的多目标功能，揪住流域梯级电站价格形成机制这一"牛鼻子"，科学有序解决水电经济竞争力问题和同一流域多市场主体的联合调度和竞价体制机制问题，建立梯级联合调度运行和利益共享机制；⑤建立流域综合监测和智能监管体系，为流域管理提供信息化的技术手段。

（2）推动高比例非化石能源替代。推动新时代"能源革命"，构建以清洁低碳能源为主的能源体系，有序推动非化石能源从增量替代向存量替代的转变，适应和引领世界能源发展的潮流。为了实现非化石能源跨越式发展，水电发展任务主要包括：①继续推动十四大水电基地建设，提高非化石能源占比；②适应新能源的快速增长需要，推动电力系统供给侧结构性改革，充分发挥水电运行灵活的优势，规范有序实施常规水电扩容改造和深度调峰，加速抽水蓄能电站建设，在受端服务柔性电力系统，在送端充分利用已建输电通道，实施水风光互补。

（3）建立健全利益共享机制。党的十九大报告提出，坚持以人民为中心，让改革发展成果更多更公平惠及全体人民。新形势下要以十九大精神为指引，将水电作为流域经济社会发展的重要产业和重要母体，更多更好地惠及移民，惠及区域社会经济发展。这既是"脱贫攻坚"和小康社会建设的新动能，也是水电发展的新动力。主要任务包括：①推动水电税费和税费分配的变革，向移民和地方倾斜；②有序开展移民后续发展规划，通过水电价格形成机制的改革，提供后续发展资金支持。

（4）打造人类命运共同体。作为全球最大的能源生产国和消费国，中国是世界能源格局中重要的利益相关者之一。在全球能源治理体系加速重构和我国能源合作迈入"引进来"和"走出去"并举的重要历史时期，以"一带一路"为依托，着力打造国际能源合作的利益共同体、责任共同体和命运共同体是未来中国能源电力发展的重要方向。为了实现这一目标，水电国际合作的主要任务包括：①通过和周边国家的能源互联互通建设，促进全面合作和共同发展；②打造一个高水平的"绿色科技水电"标准体系，加深与世界各国的合作，服务"一带一路"建设；③深度参与国际清洁低碳和可再生能源发展治理体系建设和规则制定。

5. 我国水电建设发展目标

2020 年前，深入推动西部各大水电基地建设，安全、有序推进两河口、双江口、乌东德、白鹤滩等重点工程建设，积极推动其他有重大战略意义的龙头水库开工，尽早形成比较完善的流域开发格局和对水资源的调控能力，把握水电开发的客观规律，有效解决西南地区水电弃水问题；创新流域管理体制机制，完善监测调度手段，建立健全水电开发利益共享机制；加快抽水蓄能电站建设步伐；开展水电扩容深度调峰研究，推动典型流域开展梯级优化规划和水风光互补基地建设。到 2020 年，大中型水电装机容量为 2.6 亿 kW，小水电装机容量为 0.8 亿 kW，抽水蓄能装机容量为 0.4 亿 kW，水电总装机容量达到 3.8 亿 kW。

2035 年前后，全面建成生态环境友好、防洪体系完善、水能水资源利用高效、移民共享利益、航运高效通达、山川风光秀美、人水自然和谐的十三大水电基地，全面开工建设藏东南"西电东送"接续能源基地；基本完成流域水电扩容改造，打造水风光互济的综合能源体系；深入推动适应电力市场竞争的体制机制改革；持续推动抽水蓄能电站建设，助力智能电网发展；建立和完善中国绿色水电标准，深度参与国际清洁低碳和可再生能源发展治理体系重构，为世界可再生能源发展提供中国方案和工程实践。到 2035 年，大中型水电装机 3.6 亿 kW，增机扩容超过 1 亿 kW，小水电装机 0.8 亿～1.0 亿 kW，抽水蓄能装机超过 1.2 亿 kW，水电总装机容量达到 7 亿 kW 左右。

2050 年前后，全面建成十四大水电综合能源基地；继续深入国际合作，为全球水电和高比例非化石能源发展贡献中国智慧。到 2050 年，水电总装机容量达到 8 亿 kW 左右。

第三节　水利计算的研究内容

水利工程规划设计和运行中，为研究水资源的合理开发利用，研究水利工程对河川径流和水力条件变化的影响，评价工程的经济和环境效果等，所进行的有关分析计算称为水利计算。水利计算成果是选择河流治理和开发方案，确定工程任务、工程规模、工程开发程序、工程运用方式等工作的依据。

1. 水利计算的任务

水利计算以水文计算和水文预报所提供的水文数据为基础，综合用水、地形、地质、经济等方面的资料，通过分析计算完成以下主要任务：

（1）规划设计阶段，确定工程的规模（例如水库的库容）和水工建筑物的尺寸（例如坝高溢洪道宽度等）。

（2）施工阶段，确定临时性水工建筑物的尺寸（例如围堰高度）。

（3）运营管理阶段，确定水库合理的运行方案（例如水库调度图的编制）。

2. 水利计算的内容

各种水利工程中，以水库工程为主的水利计算牵涉面最广也最复杂，主要内容一般有：

（1）水库效益及效能的有关计算，即根据水库承担的水利任务及其主次关系，所进行的水库调洪计算和以径流调节计算为基础的水库供水调节计算、水能计算、水库群补偿调节计算、综合利用水库调节计算等。

（2）水库兴建后对河流及其周围环境影响的有关计算，包括水库回水计算、水库冲淤计算及为评价环境影响所进行的有关计算。

（3）根据水库的具体情况，必要时还应进行专门计算，如水库放空计算、溃坝洪水计算、水库初期蓄水调节计算、水库冰凌分析计算等。

由于学时有限，本教材不能介绍上述全部内容。本教材中水利计算部分主要介绍水库兴利调节计算、水库防洪调节计算、水电站水能计算、水电站及水库的主要参数选择以水库调度等内容。

综上所述，水利计算是在运用水文学的理论和方法、定性和定量结合分析研究陆面水文规律、预测未来水情变化的基础上，为合理开发利用水资源、科学治理水旱灾害和有效保护生态环境提供依据。

第四节　水利计算在水利工程中的应用

天然来水过程与生产、生活各环节的需水过程常常相互矛盾，而修建水利工程就是为了解决这一矛盾所采取的技术措施。

水利工程实施过程可划分为规划设计、施工和运行管理三个阶段，每个阶段都离不开水文、水利计算，但各个阶段由于承担的服务内容和计算任务不同，各有侧重点。

水文计算为水利计算的先修课。为了说明水利计算在水利工程中的作用，并体现两类计算在水利工程的各个阶段的彼此联系，下面就水利工程的不同阶段分别阐述两类计算的作用。

一、规划设计阶段

在此阶段，水文水利计算的主要任务是为确定工程规模提供水文数据。

由于水利工程的使用年限一般为几十年甚至百年以上，因此在规划设计时应预估水利工程在未来整个运行期间可能出现的水文情势，并据此确定合理的开发利用方式、工程规模和主要设计参数等。

该阶段水文计算的任务就是，研究工程修建后在长期运行期限内的水文情势，提供作为工程设计依据的水文特征数值，例如设计年径流、设计洪水等。

水利计算的任务则是根据设计水文数据，通过调节计算，选定工程枢纽参数，例如水库正常蓄水位、死水位、水电站装机容量等，并确定主要建筑物的尺寸与规模，例如坝高、溢洪道尺寸等，然后详细计算各项水利经济指标，通过经济论证分析进行方案评比。

规划设计水利工程大体可分为两大环节：

（1）水文计算为第一环节，其输入为基本水文气象资料，输出为当地可能出现的水文形式，水文计算的输出是后继环节水利计算的输入。

（2）水利计算为第二环节。根据当地的水文情势、自然情况和国民经济对水资源开发的需求，研究各种设计方案的经济效益，从中选出最优方案，规划工作流程如图 0-1 所示。

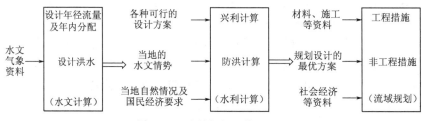

图 0-1　流域规划工作流程图

二、施工阶段

施工阶段水文水利计算的任务是为确定临时性水工建筑物（例如施工围堰、导流隧洞或导流渠等）的规模和初期运行方式提供相应计算成果。由于水利工程施工期限较长，一般需要一年以上，甚至数年之久，因此需要修建一些临时性建筑物进行导流和度汛，在该阶段，水文计算的主要任务是预估在整个施工期间可能出现的水文情势，在此基础上，通过水利计算的调洪演算来确定临时性水工建筑物的规模和尺寸。水利计算的任务主要是编制水利枢纽的初期运行计划或制定初期的运行调度图。

三、运行管理阶段

运行管理阶段，水文水利计算的主要任务是根据面临时段来水情况的预报和预测，编制水量调度方案，通过科学合理调度，充分发挥工程效益，提高水资源和水能资源利用率。此时需要根据由水义分析得到的长期平均情势，结合水文预报的短期水情，基于水利计算的相应分析方法，提出最佳的调度运用方案。因此水文预报和水利计算的工作就显得十分重要，例如，汛前根据洪水预报信息，在洪水来临之前，预先腾出库容拦蓄洪水，使水库安全度汛，下游免遭洪水灾害；到汛末时，及时拦蓄尾部洪水，以保证灌溉、发电等兴利用水需求。此外，在工程运行期间，随着水文资料的积累，还要经常复核和修正原设计的水文数据，通过调节计算，改进调度方案或对工程实施扩建、改建和除险加固等必要的改造。

第五节　水利计算主要方法

除了水文计算需要采用概率预估的方法来解决水利计算的问题外，基于水量平衡原理的调节计算方法是水利计算的主要研究方法。根据具体问题的侧重点差异，调节计算可分为兴利调节计算、水能计算和洪水调节计算。

兴利调节计算主要有时历法和数理统计法两大类：

（1）时历法是先根据实测流量，逐年逐时段进行调节计算，然后根据各年调节后的水利要素值（例如出库流量，水库水位或水库库容等）绘制频率曲线，最后根据设计保证率得出设计参数，即先调节计算后频率分析的方法。

（2）数理统计法则先对原始流量系列进行数理统计分析，将其概化为几个统计特征值，然后再通过数学分析方法或图解法进行调节计算，得到设计保证率与水利要素值之间的关系，即先频率分析后调节计算的方法。

水电站水能计算主要依据水量平衡原理。与兴利调节计算相比，由于水能计算受到流量和水头两个因素的共同影响，同时还受到水能利用方式、设备效率等因素的影响，计算方法通常较为复杂。目前水能计算常用的方法是试算法，通过试算法求得的成果进行保证出力和多年平均发电量分析、制定调度图等。

洪水调节计算同兴利调节计算相比，主要原理相同，差别主要体现在洪水调节计算计算时间尺度较小（通常取小时为计算时段），同时受水工建筑物规模限制，还需考虑下限能力的影响。洪水调节计算以水量平衡计算和试算为基础，采用与兴利调节计算相同的方法。

上述方法均属于常规方法，根据水资源开发利用综合、整体的观点和策略，水利计算方法的发展趋势主要为以下几个方面：

（1）多目标优化技术。

（2）水库群综合利用调度原则和模型求解方法。

（3）现代智能算法的应用研究。

第一章　水资源的综合利用

第一节　概　述

一、水资源综合利用的原则

水资源是国家的宝贵财富，它有多方面的开发利用价值。与水资源关系密切的产业有水力发电、农业灌溉、防洪与排涝、工业和城镇供水、航运、水产养殖、水生态环境保护、旅游等。因此，在开发利用河流水资源时，要从整个国民经济可持续发展和环境保护的需要出发，全面考虑、统筹兼顾，尽可能满足各有关部门的需要，贯彻"综合利用"的原则，开发和利用水资源，以利于人类社会的生存和发展。

水资源综合利用的原则是根据国家对环境保护、社会经济可持续发展战略方针，充分合理地开发利用国家的水资源，来满足社会各部门对水的需求，又不能对未来的开发利用能力构成危害，在符合国家环境、生态保护规定的条件下，获取最大社会经济和环境综合效益。为此，应力争做到"一库多用""一水多用""一物多能"等。例如：水库防洪与兴利库容的结合使用；一定的水量先用于发电或航运（它们只利用水能或浮力，而不耗水），再用于灌溉或工业和居民给水（它们用水且耗水）；同一水工建筑物要有多种功能，如泄水底孔（或隧洞）兼有泄洪、下游供水、放空水库和施工导流等多种作用。因此，综合利用不是简单地相加，而是有机地结合，综合满足多方面的需要。

由于各有关部门自身的特点和用水要求不同，这些要求既有一致的方面，又有矛盾的方面，其间存在着错综复杂的关系。因此，必须从整体利益出发，在集中统一领导下，根据实际情况，分清综合利用的主次任务和轻重缓急，妥善处理矛盾关系，才能合理解决水资源的综合利用问题。

二、各水利部门的用水要求及相互关系

1. 水力发电

水力发电是利用天然水能（水能资源）生产电能的水利部门。水力发电可提供大量廉价的电力，有力地促进了国民经济的发展。水力发电只利用水流所含的能量，本身不消耗水量，发电后的尾水可供下游其他部门使用，具有综合利用效益。

水力发电通常要修筑挡水坝，用以集中河段的落差，并形成水库，水库可以调节流量，拦蓄洪水，为综合利用提供保证。

水电站通常参加电力系统运行，与其他电站联合供电。发电用水取决于用电要求，一年内变化较为均匀。但水电站是一个比较灵活的需水用户，除要求保证的发电流量外，遇丰水季节，还可以多发电量，以节省电力系统的煤耗。

2. 灌溉

农田灌溉是个耗水部门，它要消耗水量。每亩农田灌溉耗水定额与灌溉方式、作物种类、土壤性质等有关。自水源引取的水量，灌溉以后大部分被耗掉，只有很少一部分水经渗漏回归到下游河里。灌溉属季节性用水户，年内用水变化大，各年的灌溉用水量也有差别。

灌溉有自流灌溉和提水灌溉两种方式。通常多采用自流灌溉方式，但自流灌溉对水源的位置和引水高程的要求严格；提水灌溉则有较大的灵活性。采用何种灌溉方式，应根据具体条件决定。

灌溉是个耗水大用户，它与其他需水部门之间的矛盾也最突出。如自水电站上游取水灌溉，将降低水电站的出力和发电量；如自水电站下游取水，可先发电后灌溉，但发电与灌溉在用水时间和需水量方面存在一定矛盾，需合理协调和处理。

3. 防洪

我国河流多属雨源型河流，若发生洪水，易造成灾害，通常要求修建水库解决防洪问题。防洪与兴利都要求水库蓄水以调节径流，但在实际运用时常发生争夺库容的矛盾。原因是水文气象预报精度不高，不能准确预知洪水发生的时刻和洪水水量，如预报有大洪水，实际洪水不来或比预报值小，汛末蓄不满水库，就会影响到未来枯水季节的兴利用水。在水库规划设计和实际运用中，如何掌握河流的水文规律，按照规定的防洪标准，结合洪水预报，通过合理的水库调度，结合防洪与兴利争取更多的库容，是一个重要的研究课题。

4. 工业和城镇供水

供水也是个耗水部门。它是个常年性的用水户，但用水量比较均匀。同灌溉一样，当自上游取水时，会减少发电用水。一般工业和城镇供水量相对于发电用水量来说是不大的，但它十分重要，必须优先满足。工业和城镇供水仍有一部分要回归河中，但已变成污水，应作处理，以免污染水流，以利于水环境保护和生态平衡。

5. 航运

航运是个非耗水部门。它既不耗水也不引走水量，仅要求河道中能经常保持一定的通航水深。河中水深可通过水库泄放某一固定流量来维持，局部河段也可采取清除险滩等整治措施。与陆运相比，水运的优点是货运量大，运费便宜。

在开发利用河流水能资源时，应对航运给予重视。修建水利枢纽时，应改善航运条件和扩大河流的通航能力，提高船只吨位，以适应航运发展的要求。同时，必须考虑建设船只过坝设施，如建造船闸或升船机等通航建筑物，以保证枢纽上下游之间的通航。

船闸用水不能用来发电，但一般需水量不大。航运与发电的矛盾主要表现在用水方式上，航运要求固定放流，将限制水电站的有利工作方式，影响水电站的效益。

以上5个需水部门是水资源综合利用的主要目标。一个水利水电工程应该具备哪几个开发目标，它们之间的主次关系如何，应根据当地的具体情况，通过不同方案的分析，才能确定。水库养殖、木材流放、旅游和环境等目标必须充分考虑，在有利于环境和生态的条件下，发挥工程的综合利用最大效益。现介绍一个已建的水利工程，以说明综合利用效益。

【实例】 湖北省丹江口水利枢纽总体布置如图 1-1 所示。该水利枢纽是按照水资源综合利用原则建成的大型水利工程之一。水库担负着防洪、发电、灌溉、航运等任务，综合利用效益显著，可分述如下。

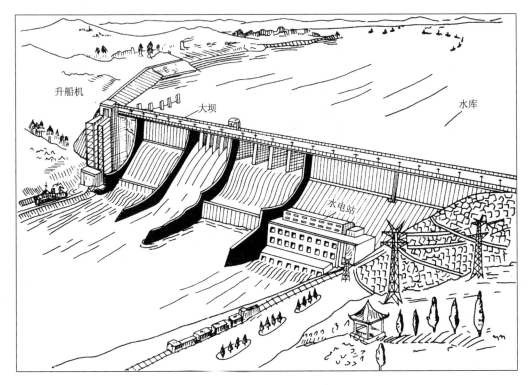

图 1-1 丹江口水利枢纽总体布置

(1) 防洪。汉江在历史上有记录的最大洪水发生在 1935 年 7 月，相当于百年一遇的大洪水，当时受灾人口 370 万人，洪水淹没 8 万人，淹没农田 670 万亩。现在如再遇 1935 年型洪水，有丹江口水库拦蓄，配合下游分洪措施，可使汉江下游江汉平原免受灾害。

(2) 发电。丹江口水电站总装机容量为 90 万 kW，年发电量为 43.6 亿 kW·h，向华中电力系统提供了大量的廉价电力，并承担了系统调峰、调频等任务。

(3) 灌溉。从水库引水可灌溉湖北和河南两省农田，灌溉面积初期为 360 万亩，后期为 1100 万亩，对当地农业生产起了很大作用。但由于灌溉，年发电量减少 4.4 亿 kW·h。

(4) 航运。水库内可形成 220km 的深水航道，150t 驳船可全年通航。水库调节使下游航道最小流量提高到 200m³/s，可通行 150～300t 的船只。大坝右端建有可吊运 150t 驳船的升船机，计划货运年通过能力为 1000 万 t。

(5) 养殖。丹江口水库总库容为 209 亿 m³，水域面积很大，平均库面面积约 80 万亩，若以亩产 5kg 计算，年产鱼量可达 4000t。

第二节 主要水利部门的用水特点

一、水力发电

水力发电利用天然水流的水能、水力资源来产生电能。河床径流相对于海平面而言（或相对于某一基准面而言）具有一定的势能，并且因为径流有一定流速，具有一定的动能。总的说来，天然水流具有一定的水能，这一水能由太阳能转变而来。陆地上和海洋中的水，吸收了太阳热能，转化为自身的势能，并克服地球引力蒸发为大气水。大气水又受地球引力作用而降落到陆地上形成径流，一部分势能在降水过程中散失掉，一部分成为径流流动时的动能，同时仍保留一定的势能。地球上水循环不断进行，太阳能不断转化为河川水能。而潮汐水能，主要因太阳、月球与地球的引力综合作用产生。

在地球引力（重力）作用下，河水不断向下游流动。当水能未被利用时，因河水克服流动阻力、冲蚀河床、挟带泥沙等，水能被分散地消耗掉了。水力发电的任务，就是利用被无益消耗掉的水能，来生产人们需要的电能。

水电站利用河流的集中落差，控制其水量，通过水轮机和发电机使水的势能转变为电能，以满足用电户的需要。因此，电能需求的各种特性以及落差等情况决定了水电站的需水特性。

用电户对用电的不同需要决定了电能需求的日变化、周变化和季变化。照明用电具有明显的日变化和年内变化；农业用电具有明显的季节性；而工业用电四季变化不大，若采取假日轮休，则周变化也可明显减少，其日变化则视工厂生产的班数而不同。

在供电范围内，综合各用电部门的电能需要，对用电在年内逐日、逐时的变化性的描绘，统称为电力负荷图。通过出力公式可将电力负荷图转化为水电站的需水图（详见第五章）。

水电站需水的另一特性是，当有其他电源配合时可根据河川径流丰枯程度，在较大的范围内变动用水量，水多时多用，水少时少用，称此为灵活的需水图（二级需水）。这种用水的灵活性可提高径流利用率，当水电站参加电力系统运转时，当河川径流量较丰时，可以发电，从而节省系统中火电站的煤耗。

当水库水量不足而引起供电不足，迫使部分用户供电中断或受限制，所造成的损失因用户的性质不同而不同。例如，中凿或限制用电对照明或其他次要用电户所引起的损失较小，而对工业用电户造成的损失较大。所以水电站的用水保证程度取决于用户的性质。

二、防洪与治涝

1. 防洪

我国洪水有凌汛、桃汛（北方河流）、春汛、伏汛、秋汛等，但防洪的主要对象是每年的雨洪以及台风暴雨洪水。因为雨洪往往峰高量大，汛期长达数月；而台风暴雨洪水则来势迅猛，历时短而雨量集中，更有狂风大浪，两者均易酿成大灾。但是，洪水是否成灾，还要看河床及堤防的状况而定。如果河床泄洪能力强，堤防坚固，即使洪水较大，也不会泛滥成灾。反之，若河床浅窄、曲折、泥沙淤塞、堤防残破等，使安全泄量（即在河水不发生漫溢或堤防不发生溃决的前提下，河床所能安全通过的最大流量）变得较小，则遇到一般洪水，也有可能漫溢或决堤。所以，洪水成灾是由于洪峰流量超过河床的安全泄量。由此可见，防洪的主要任务是：按照规定的防洪标准，因地制宜地采用恰当的工程措施，以削减洪峰流量，或者加大河床的过水能力，保证安全度汛。采用的工程措施主要有以下几种。

（1）水土保持。这是一种针对高原及山丘区水土流失现象而采取的根本性治山治水措施，对减少洪灾很有帮助。水土流失是因大规模植被破坏而形成的一种自然环境破坏现象。为此，要与当地农田基本建设相结合，综合治理并合理开发水、土资源；广泛利用荒山、荒坡、荒滩植树种草，封山育林，甚至退田还林；改进农牧生产技术，合理放牧、修筑梯田、采用免耕或少耕技术；大量修建谷坊、塘坝、小型水库等工程。这些措施有利于截留雨水，减少山洪，增加枯水径流，保持地面土壤防止冲刷，减少下游河床淤积，不但对防洪有利，还能增加山区灌溉水源，改善下游通航条件。

（2）筑堤防洪与防汛抢险。筑堤是平原地区为了扩大洪水河床以加大泄洪能力，并保护两岸免受洪灾的有效措施。但这种措施必须与防汛抢险相结合，即在每年汛前加固堤防，消除隐患；洪峰来临时监视水情，及时堵漏、护岸，或突击加高培厚堤防；汛后修复险工，堵塞决口等。除堤防工程要防汛外，水库、闸坝等也要防汛，以防止意外事故发生。有时，为了防止特大暴雨酿成溃坝巨灾，还须增建非常溢洪道。

（3）疏浚与整治河道。这一措施的目的是拓宽和浚深河槽、裁弯取直（图1-2）、消除阻碍水流的障碍物等，以使洪水河床平顺通畅，从而加大泄洪能力。疏浚是用人力、机械和炸药来进行作业，整治则要修建整治建筑物（图1-3）来影响水流流态。两者常配合使用。内河航道工程也要疏浚和整治，目的是为了改善枯水航道，而防洪却是为了提高洪水河床的过水能力。因此，它们的工程布置与要求不同，但在一定程度上可以互相配合。

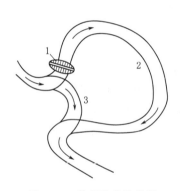

图1-2　裁弯取直示意图

1—堵口锁坝；2—原河道；3—新河道

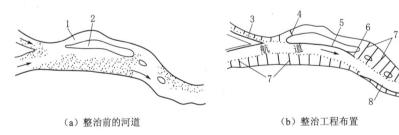

（a）整治前的河道　　　　　　　　（b）整治工程布置

图1-3　整治建筑物布置示意图

1—支汊；2—岛；3—尖嘴；4—锁坝；5—扩岸；6—导流坝；7—丁坝；8—顺坝；9—格坝

（4）分洪、滞洪与蓄洪。分洪、滞洪与蓄洪3种措施的目的都是为了减少某一河段的洪峰流量，使其控制在河床安全泄量以下。分洪是在过水能力不足的河段上游适当地点修建分洪闸，开挖分洪水道（又称减河），将超过本河段安全泄量的那部分洪水引走。分洪水道有时可兼作航运，或灌溉的渠道。滞洪是利用水库、湖泊、洼地等，暂时滞留一部分洪水,以削减洪峰流量[图1-4(a)、(b)]。待洪峰一过,再腾空滞洪容积迎接下次洪峰。蓄洪则是蓄留一部分或全部洪水水量,待枯水期供给兴利部门使用[图1-4(b)]。第三章将介绍水库调洪,包括滞洪与蓄洪两方面。蓄洪或滞洪的水库,可以结合兴利需要,成为综合利用水库。

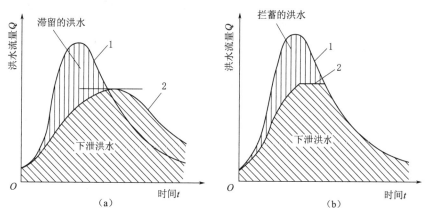

图1-4　滞洪与蓄洪过程示意图
1—入库洪水过程线；2—泄流过程线

上述防洪措施,常因地制宜地兼施并用,互相配合。往往要全流域统一规划,蓄泄兼筹,综合治理,还要尽量兼顾兴利需要。在选择防洪措施方案以及决定工程主要参数时,都应进行必要的水利计算,并在此基础上对不同方案进行分析比较,切忌草率从事。

2. 治涝

形成涝灾的原因有两点：①降水集中,地面径流集聚在盆地、平原或沿江湖洼地,积水过多或地下水位过高；②积水区排水系统不健全,或因外河外湖洪水顶托倒灌,使积水不能及时排出,或者不能及时降低地下水位。

上述两种情况发生时,就会妨碍农作物的正常生长,以致减产,或者使工况区、城市淹水,妨碍正常生产和人民正常生活,从而发生涝灾,因此必须治涝。治涝的任务是：尽量阻止易涝地区以外的山洪、坡水等向本区汇集,并防止外河、外湖洪水倒灌；健全排水系统,及时排除设计暴雨范围内的雨水,并及时降低地下水位。治涝的工程措施主要有：

(1) 修围堤和堵支联圩。修围堤用以防护洼地,以免外水入侵,所圈围的低洼田地称为圩或垸。有些地区,圩、垸划分过小,港汊交错,不利于防汛,排涝能力薄弱。最好并小圩为大圩,堵塞小沟支汊,整修和加固外围大堤,并整理排水渠系,以加强防汛排涝能力,称为"堵支联圩"。必须指出,有些河湖滩地,在枯水季节或干旱年份,可以耕种一季农作物,但不宜筑围堤防护。若筑围堤,应按统一规划,从大局出发,"拆堤还滩""废田还湖"。

(2) 开渠撇洪。开渠即沿山麓开渠,拦截地面径流,引入外河、外湖或水库,防止地面径流向圩区汇集。若与修筑围堤配合,可收良效。并且,撇洪入水库可以扩大水库水源,有利于提高兴利效益。当条件合适时,还可以和灌溉措施中的长藤结瓜水利系统以及水力发电的集水网道式开发方式结合。

(3) 整修排水系统。整修排水系统包括整修排水沟渠和排水闸,必要时还包括排涝泵站。排水干渠可兼作航运水道，排涝泵站有时也可兼作灌溉泵站使用。

治涝标准由国家统一规定，通常为：不大于某一频率的暴雨时不成涝灾。

三、灌溉

农作物消耗的水量，主要是参与作物体内营养物质的输送和代谢，然后通过茎叶的蒸腾作用散发到大气中去。此外，作物棵内土面与水面也均有水量蒸发，土层还有水量渗漏。雨水是农作物需水的重要来源。但是，由于降水在时间上和地区上分布的不均匀性，若单靠雨水供给农作物水分，就难免会因某段时间无雨而发生旱灾，导致农业减产或失收。因此，用合理的人工灌溉来补充雨水的不足，是保证农业稳产的首要措施。但也要考虑到作物对干旱有一定耐受能力，只有久旱不雨超过耐受能力时，才会形成旱灾。

1. 灌溉水源

灌溉的主要任务是：在旱季雨水稀少时，或在干旱缺水地区，用人工措施向田间补充农作物生长必需的水分。灌溉工程，首先要选择水源，主要有以下几种。

（1）蓄洪补枯。即利用水库、湖泊、塘坝等拦蓄雨季水量，供旱季灌溉用。

（2）引取水量较丰的河湖水。流域面积较大的河湖，在旱季还常有较多水量。为此，可修渠引水到缺水地区，甚至可考虑流域引水。

（3）汲取地下水。多用于干旱地区地面径流比较枯涸而地下水资源比较丰富的情况，常需打井汲水。

2. 灌溉工程

除了水源，灌溉还需修建相应的工程，主要有以下几种形式。

（1）蓄水工程。如修建水库、塘坝等，或在天然湖泊出口处建闸控制湖水位。蓄水工程常可兼顾防洪或其他兴利需要。

（2）自流灌溉引水渠首工程。不论是从水库引水抑或河湖引水，一般尽量采用自流灌溉方式，这适用于水源水位高于灌区高程的情况。自流灌溉需筑渠首工程分为无坝引水式[图1-5（a）]与有坝引水式[图1-5（b）]两种。无坝引水投资较小，但常只能引取河水流量的一小部分。有坝引水则投资较大，但可拦截并引取大部分或全部河水流量。从综合利用水库中引水自流灌溉也属于有坝引水。自流灌溉渠首工程包括进水闸、沉沙池、消能工等，有时还包括渠首引水隧道。

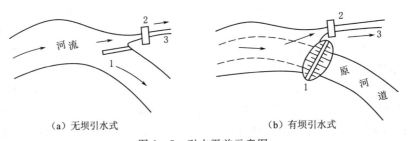

（a）无坝引水式　　　　　　　　　　（b）有坝引水式

图1-5　引水渠首示意图

1—导堤（a图）或坝（b图）；2—进水闸；3—灌溉干渠

（3）提水灌溉工程。当水源水位低于灌区高程时，就需提水灌溉。其年运行费用较贵，灌溉成本较高。提水灌溉工程包括：泵站、压力池、分水闸等。山区小灌区常用水轮泵、水锤泵等提水，以天然水能为能源，费用低廉，当从水电站的水库中引水自流灌溉下游低田时，可能因水能损失较大而降低发电效益。此时，也可自水库中引水自流灌溉下游高程较高的田，同时自下游河流中提水灌溉下游低田，两者相结合，常可获较大的综合效益。

（4）渠系。指渠首或泵站下游的输水及配水渠道，以及渠系建筑物，在此不一一列举。

（5）长藤结瓜水利系统。在山丘区盘上开渠，将若干水库、塘坝及干支渠等串联起来，形成蓄水、输水、配水相结合的统一体系，称为长藤（指渠道）结瓜（指库、塘等）水利系统。它能扩大水库的集水面积，提高水源利用率，增大蓄水容积，扩大灌溉效益，有利于实现水资源综合利用。

3. 灌溉制度和需水量

设计灌溉工程需要求出灌溉用水量及其随时间的变化，它是根据作物灌溉制度推求出来的。作物灌溉制度是指某种作物在全生育期内规定的灌水次数、灌水时间、灌水定额和灌溉定额。灌水定额是指某一次灌水时每亩田的灌水量（m^3/亩），也可以表示为水田某一次灌水的水层深度（mm）。灌溉定额则是指全生育期历次灌水定额之和。灌溉制度要按照作物田间需水量、降雨量、土壤含水量等情况，并根据当地生产经验和试验资料等制定。若是水田，则还要参考田间水层深度与土壤渗漏量。各地农业试验站或水利机构常有制定的灌溉制度资料可供查阅，见表1-1和表1-2的例子。由于不同年份气候不同，作物田间需水量与灌溉制度也不同。通常，干旱年的田间需水量和灌溉制度是设计灌溉工程的主要依据。

表 1-1　　　　　　陕西关中平原某地冬小麦干旱年灌溉制度

生　育　阶　段	播种、出苗	越冬、分蘖	返　青	拔　节	抽穗、灌浆		全生长期
起讫日期/（日/月）	11/10—31/10	1/11—20/2	21/2—31/3	1/4—30/4	1/5—10/6		
天数/d	21	112	39	30	41		243
田间需水量/（m^3/亩）	21.78	51.29	60.28	70.35	103.74		307.44
日需水率/[m^3/(亩·d)]	1.04	0.458	1.546	2.345	2.53		
灌水次序	—	1	2	3	4	5	共5次
灌水定额/（m^3/亩）	—	60	40	40	40	40	
灌溉定额/（m^3/亩）							220

表 1-2　　　　　　浙江某灌区某年双季稻的早稻灌溉制度

生　育　阶　段	移植返青	分蘖	拔节孕穗	抽穗开花	乳熟	黄熟	全生长期
起讫日期/（日/月）	1/5—12/5	13/5—9/6	10/6—25/6	26/6—3/7	4/7—10/7	11/7—23/7	84
天数/d	12	28	16	8	7	13	84
田间需水量/mm	38.6	93.7	111.2	77.9	60.5	103.1	485
日需水率/（mm/d）	3.2	3.4	7	9.7	8.7	8	
日渗漏率/（mm/d）	2.4	2.4	2.4	2.4	2.4	2.4	总计201mm
日耗水率/（mm/d）	5.6	5.8	9.4	12.1	11.1	10.4	
田间耗水量/mm	67	161	150	97	77	134	686

续表

生　育　阶　段	移植返青	分蘖	拔节孕穗	抽穗开花	乳熟	黄熟	全生长期
田间适宜水层深/mm	20～40	20～50	30～60	40～70	30～60	20～50	
雨后田间水深上限/mm	50	60	70	80	70	60	
降雨日数/d	5	17	8	1	3	4	38
降雨量/mm	22.6	255.4	102.9	1.4	7.9	14.8	405
排水量/mm	—	95.3	18.3	— 　—	— 　113.6		
灌水日期/（日/月）	6/5　12/5	—	10/6　14/6　18/6　26/6　29/6　2/7		5/7　9/7	13/7　16/7　21/7	
灌水次序	1　2	—	3　4　5　6　7　8		9　10	11　12　13	共13次
灌水定额/mm	23　21.6	—	31.7　34.4　12.4　31.7　34.9　36.3		24.3　36.5	30.8　31.2　19.5	368.3
灌水定额/（m³/亩）	15.3　14.4	—	21.1　22.9　8.3　21.1　23.3　24.2		16.2　24.4	20.5　20.8　13.0	
灌溉定额/（m³/亩）							245.5
月灌水量/（m³/亩）	5月　29.7		6月　96.7		7月　119.1		

　　已知灌区全年各种农作物的灌溉制度、品种搭配、种植面积后，可分别算出各种作物的灌溉用水量，即

$$
\left.
\begin{aligned}
\text{某作物某次净灌水量 } W_净 &= mA \\
\text{毛灌水量 } W_毛 &= W_净 + \Delta W = W_净/\eta \\
\text{毛灌水流量 } Q_毛 &= W_毛/Tt = mA/Tt\eta
\end{aligned}
\right\}
\qquad (1-1)
$$

式中　m——灌水定额，m³/亩；

　　　　A——作物种植面积，亩；

　　　ΔW——渠系及田间灌水损失，m³；

　　　　η——灌溉水量利用系数，恒小于 1.0；

　　　　T——该次灌水天数；

　　　　t——每天灌水秒数。

　　每天灌水时间 t 在自流灌溉时可采用 86400s（即 24h），在提水灌溉时则小于该数，因为抽水机要间歇进行。决定灌水延续天数 T 时，应考虑使干渠流量比较均衡，全灌区统一调度分片轮灌，以减小工程投资。

　　分别求出某作物各次灌水的毛灌水流量 $Q_毛$ 后，就可按旬、月列出，并绘制出此作物的灌溉流量过程线。分别绘出全灌区全年各种作物的灌溉流量过程线后，按月、按旬予以叠加，可得到全灌区全年的灌溉需水流量过程线（图 1-6），根据它可求出全年灌溉用水量。各年灌溉制度不同，需水流量过程线也不同，所以应以设计干旱年的需水流量过程线作为决定渠首设计流量的依据。此外，若需水流量过程线上流量变幅很大，应设法调整灌区各渠段各片的灌水延续时间和轮灌方式，尽可

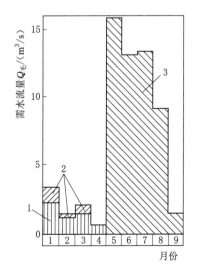

图 1-6　灌溉需水流量过程线

1—冬麦；2—油菜；3—水稻

能减小干渠和渠首设计流量，以节省工程量和投资。

4. 灌水方法

正确地选择灌水方法是进行合理灌溉、保证作物丰产的重要环节。灌水方法按照向田间输水的方式和湿润土壤的方式分为地面灌溉、地下灌溉、喷灌和滴灌等四大类。

地面灌溉是田间的水通过重力作用和毛管作用湿润土壤的灌水方法。此法投资较少、技术简单，是我国目前广泛使用的灌水方法，但用水量较大，易引起地表土壤板结。

地下灌溉是利用埋设在地下的管道，将灌溉水引至田间作物根系吸水层，主要靠毛管吸水作用湿润土壤的灌水方法。此法能使土壤湿润均匀，为作物生长创造良好的环境，还可避免地表土壤板结，节约灌溉用水量，但所需资金及田间工程量较大。

喷灌是利用专门设备的灌水方法，该设备把有压水流喷射到空中并散成水滴洒落在地面上，像天然降雨那样湿润土壤。喷灌可以灵活掌握喷洒水量，采用较小的灌水定额，得到省水、增产的效果。缺点是投资较高，且需要消耗动力，灌水质量受风力影响较大。

滴灌的灌水方法，是利用低压管道系统，把水或溶有化肥的水溶液一滴一滴地、缓慢地滴入作物根部土壤，使作物主要根系分布区的土壤含水量经常保持在最优状态。滴灌是一种先进的灌水技术，具有省水（因灌水时只湿润作物根部附近的土壤，可避免输水损失和深层渗漏损失，减少棵间蒸发损失）、省工（不需开渠、平地和打畦作埂等）、省地和省肥等优点，与地面灌溉相比，滴灌能使作物有较大幅度的增产。此法的主要缺点是投资较高，且滴头容易堵塞。滴灌在干旱缺水地区的发展前途比较广阔，目前在我国尚未广泛采用。

四、其他水利部门

1. 内河航运

内河航运是指利用天然河湖、水库或运河等陆地内的水域进行船、筏浮运，既是交通运输事业的一个重要组成部分，又是水利事业的一个重要部门。作为交通运输，内河道、河港与码头、船舶三部分组成一个内河航运系统，在规划、设计、经营管理等方面，三者紧密联系、互相制约。特别是在决定其主要参数的方案经济比较中，常常将三者作为一个整体来进行分析评价。但是，将内河航运作为一项水利部门来看时，着眼点主要在于内河水道，因为它在水资源综合利用中是一个不可分割的组成部分。至于船舶，通常只将其最大船队的主要尺寸作为设计内河水道的重要依据之一，而河港和码头只看作是一项重要的配套工程，因为它们与水资源利用和水利计算并没有直接关系。因此，只简要介绍内河水道的有关概念及其主要工程措施，而不介绍船舶与码头。

一般说，内河航运只利用内河水道中水体的浮载能力，并不消耗水量。河、湖航运需要一条连续而通畅的航道，一般只是河流整个过水断面中较深的一部分，如图 1-7（b）所示。它应具有必需的基本尺寸，即在枯水期的最小深度 h 和最小宽度 B（图 1-8），洪水期的桥孔水上最小净高和最小净宽等。还要具有必需的转弯半径，以及允许的最大流速。这些数据取决于计划通航的最大船筏的类型、尺寸及设计通航水位，可查阅内河水道工程的资料。天然河道除了必须具备上述尺寸和流速外，还要求河床相对稳定和尽可能全年通航。有些河流只能季节性通航，例如，有些多沙河流以及平原河流常存在不断的冲淤交替变化，因而河床不稳定，造成枯水期航行困难；有些山区河流在枯水期河水可能过浅，甚至干涸，而在洪水期又可能因山洪暴发而流速过大；还有些北方河流，冬季封冻，春季漂凌流冰，这些都可能造成季节性的断航。

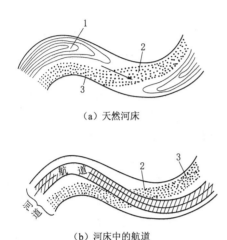

（a）天然河床

（b）河床中的航道

图 1-7　天然河流域航道示意图

1—深槽；2—沙脊；3—浅滩

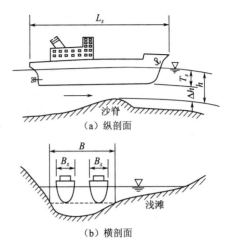

（a）纵剖面

（b）横剖面

图 1-8　航道的基本尺寸

（图中水位为最低设计通航水位）

如果必须作为航道的天然河流不具备上述基本条件，就需要采取工程措施加以改善，这就是水道工程的任务。其工程措施大体上有以下几种：

（1）疏浚与整治工程。对航运来说，疏浚与整治工程是为了修改天然河道枯水河槽的平面轮廓，疏浚险滩，清除障碍物，以保证枯水航道的必需尺寸，并维持航道相对稳定。主要适用于平原河流，整治建筑物有多种，用途各不相同，如图 1-3 所示。疏浚与整治工程的布置最好通过模型试验决定。

（2）渠化工程和径流调节。渠化工程和径流调节是两个性质不同但又密切相关的措施。渠化工程是沿河分段筑闸坝，逐段升高河水水位，保证闸坝上游枯水期航道必需的基本尺寸，使天然河流运河化（渠化）。渠化工程主要适用于山丘区河流。由于防洪、淹没等原因，平原河流常不适于渠化。径流调节是利用湖泊、水库等蓄洪，以补充枯水期河水之不足，提高湖泊、水库下游河流的枯水期水位，改善通航调节。

（3）运河工程。运河工程是人工开凿的航道，用以沟通相邻河湖或海洋。我国主要河流多半横贯东西，因此开凿南北方向的大运河具有重要意义。并且，运河可兼作灌溉、发电等的渠道。运河跨越高地时，需要修建船闸，并要拥有补给水源，以经常保持必要的航深。运河所需补给水量，主要靠河湖和水库等来补给。

在渠化工程和运河工程中，船筏通过船闸时，要耗用一定的水量。尽管这些水量仍可供下游水利部门使用，但对于取水处的河段、水库、湖泊来说，是一种水量支出。船闸耗水量的计算方法可参阅内河水道工程书刊。由于各月船筏过闸次数有变化，因而船闸月耗水量及月平均流量也有一定变化。通常在调查统计的基础上，求出船闸月平均耗水流量过程线，或近似地取一固定流量，供水利计算。此外，通过径流调节措施保证下游枯水期通航水位时，可根据下游河段的水文资料进行分析计算，求出通航需水流量过程线或枯水期最小保证流量，作为调节计算的依据。

2. 水利环境保护

水利环境保护是自然环境保护的重要组成部分，大体上包括：防治水域污染、保护生态、合理利用和保护与水利有关的自然资源等。

地球上的天然水中，经常含有各种溶解的或悬浮的物质，其中有些物质对人或生物有害。尽管人和生物对有害物质有一定的耐受能力，天然水体本身又具有一定的自净能力（即通过物理、化学和生物作用，使有害物质稀释、转化），但水体自净能力有一定限度。如果侵入天然水体的有害物质，其种类和浓度超过了水体自净能力，并且超过了人或有益生物的耐受能力（包括长期积蓄量），就会使水质恶化到危害人或有益生物的健康与生存的程度，这称为水域污染。污染天然水域的物质，主要来自工农业生产废水和生活污水，大体上见表1-3。

表1-3　　　　　　　　　　　污染水域的主要物质及其危害

污染物种类	主要危害	净化的可能性
1. 耗氧的有机物,如碳水化合物、蛋白质、脂肪、纤维素等	分解时大量耗氧,使水生物窒息死亡,厌氧分解时产生甲烷、硫化氢、氨等,使水质恶化	水域流速很小时,会积蓄而形成臭水沟、塘;流速较大时,经过一定时间和距离,能使水体自净;河面封冻时,不能自净
2. 浓度较大的氮、磷、钾等植物养料(称"富营养化")	藻类过度繁殖,水中缺氧,鱼类死亡,水质恶化,并能产生亚硝酸盐,致癌	水域流速小时,污染严重;流速较大时,能稀释,净化
3. 热污染,即因工厂排放热水而使河水升温	细菌、水藻等迅速繁殖,鱼类死亡,水中溶解氧挥发,水质恶化,并加大其他有毒污染物毒性	水域流速较大时,可使热水稀释冷却;流速小时,污染严重,水质恶化
4. 病原微生物及其寄生水生物	传播人畜疾病,如肝病、霍乱、疟疾、血吸虫等	若水域流速小,水草丛生,水质污秽等,则有利于病原微生物及其寄主繁殖污染较严重。反之,则这种污染较轻
5. 石油类	漂浮于水面,使水生物窒息死亡,对鱼类有危害,并使水和鱼类带有臭味不能食用,易引起水面火灾,难以扑灭	一部分可蒸发,能由微生物分解和氧化。也可用人工措施从水面吸取、回收而净化水域
6. 酸、碱、无机盐类	腐蚀管道、船舶、机械、混凝土等,毒害农作物、鱼类及水生物,恶化水质	水域流速大时,可稀释,因而减轻危害
7. 有机毒物,如农药、多氯联苯、多环芳烃等	有慢性毒害作用,如破坏肝脏、致癌等	不易分解,能在生物体内富集,能通过食物链进入人体,并广泛迁移而扩大污染
8. 酚及氰类	酚类:低浓度使鱼类及水有恶臭不能食用,浓度稍高即能毒死鱼类;对人畜有毒; 氰类:极低浓度也有剧毒	易挥发,在水中易氧化分解,并能被黏土吸附
9. 无机毒物,如砷、汞、镉、铬、铅等	对人和生物毒害较大,损害肝、肾、神经、骨骼、血液等,并能致癌	化学性质稳定,不易分解,能在生物体内富集,能通过食物链进入人体。易被泥沙吸附而沉积于湖泊、水库的底泥中
10. 放射性元素	剂量超过人或生物的耐受能力时,能导致各种放射病,并有一定遗传性,能致癌	有其自身的半衰期,不受外界影响,能随水流广泛扩散迁移,长期危害

防治水域污染的关键在于废水、污水的净化处理和生产技术的革新，尽量避免有害物质侵入天然水域。为此，必须对污染源进行调查和对水域污染情况进行检测，并采取各种有效措施制止污染源继续污染水域。经过净化处理的废水、污水中，可能仍含有低浓度的有害物质，为防止其积累富集，应使排水口尽可能分散在较大范围中，以利于稀释、分解、转化。

对于已经污染的水域，为促进和强化水体的自净作用，要采取一定人工措施。如：保证被污染的河段有足够的清水流量和流速，以促进污染物质的稀释、氧化；引取经过处理的污水灌溉，促使污水氧化、分解并转化为肥料（但不能使有毒元素进入农田），等等。在采取某种措施前，应进行周密的研究与试验，以免导致相反效果或产生更大的危害。目前，比较困难的是水库和湖泊污染的治理，因为其流速很小，污染物质容易积累，水体自净作用很弱。特别是库底、湖底沉积的淤泥中积累的无机毒物较难清除。

在第一节中已初步谈到，水利水电工程建设常会涉及生态平衡、改善环境和自然资源的合理利用与保护问题，这类问题广泛而复杂。例如，因某些原因破坏了森林、草地，以及不合理的耕作方式等，常会导致水土流失，而水土保持工作就是防治水土流失的重要措施。又如，修水库除主要实现水利目标外，还可美化风景和调节局部气候；引水灌溉沙漠，既可使林、农、牧增产，又可以改造沙漠为绿洲。再如，河网地区重新修整灌溉与排水渠系，可以兼顾消灭钉螺，防治血吸虫病；排水改造沼泽地，也可同时消灭孑孓的滋生场所，防治疟疾等。但在水利建设中，也应注意避免对自然环境造成不应有的损害。例如，在多沙河流上建造水库要注意避免因水库淤积而引起上游两岸额外的淹没和浸没，以及下游河床被清水冲刷而失去相对稳定；抽取地下水时要注意地层可能下沉，应采取季节性的回灌措施；建造水利工程，要尽量不破坏名胜古迹等等。这类问题性质各不相同，应具体分析研究，采取合理措施。总之，在水利水电建设中，一定要重视环境保护问题，将其作为水资源综合利用中的一项重要任务。

3. 城市和工业供水

城市和工业供水的水源大体上有：水库、河湖、井泉等。例如，密云水库的主要任务之一是保证北京市的供水。在综合利用水资源时，必须优先考虑供水要求，即使水资源量不足，也一定要保证优先满足供水。这是因为居民生活用水决不允许长时间中断，而工业用水若匮缺超过一定限度，也将使国民经济遭到严重损失。一般说来，供水所需流量不大，只要不是极度干旱年份，往往不难满足。通常，在编制河流综合利用规划时，可将供水流量取为常数，或通过调查作出需水流量过程线备用。供水对水质要求较高，尤其是生活用水及某些工业用水（如食品、医药、纺织印染及产品纯度较高的化学工业等用水）。在选择水源时，应对水质进行仔细的检验。供水虽属耗水部门，但很大一部分用过的水成为生活污水或工业废水排出。废水与污水必须净化处理后，才允许排入天然水域，以免污染环境引起公害。

4. 淡水水产养殖（或称渔业）

淡水水产养殖是指在水利建设中发展水产养殖。修建水库可以形成良好的深水养鱼场所，但是拦河筑坝妨碍洄游性的鱼类繁殖。所以，在开发利用水资源时，一定要考虑渔业的特殊要求。为了使水库渔场便于捕捞，在蓄水前应做好库底清理工作，特别要清除树木、墙垣等障碍物；还要防止水库的污染，并保证在枯水期水库里留有必需的最小水深和水库面积，以利鱼类生长；也应特别注意河湖的水质和最小水深。

特别要重视洄游性野生鱼类的繁殖问题。有些鱼类需要在河湖淡水中甚至山溪浅水急流中产卵孵化，在河口或浅海育肥成长；另一些鱼类则要在河口或近海产卵孵化，上溯到河湖中育肥成长。这些鱼类称为洄游性鱼类，其中有不少名贵品种，例如鲥鱼、刀鱼等。水利建设中常需拦河筑坝、闸，以致截断了洄游性鱼类的通路，使它们有绝迹的危险。因鱼类洄游往往有季节性，故采取的必要措施大体上有以下几种：

（1）在闸、坝旁修筑永久性的鱼梯（鱼道），供鱼类自行过坝，其型式、尺寸及布置，常需通过试验确定，否则难以收效。

（2）在洄游季节，间断地开闸，让鱼类通行，此法效果尚好，但只适用于上下游水位差较小的情况。

（3）利用机械或人工方法，捞取孕卵活亲鱼或活鱼苗，运送过坝，此法效果较好，但工作量大。

利用鱼梯过鱼或开闸放鱼等措施，需耗用一定水量，应计在水利规划中。

第三节　各水利部门间的矛盾及其协调

在许多水利工程中，常有可能实现水资源的综合利用。然而，各水利部门之间还存在一些矛盾。例如，当上游灌溉和工业供水等大量耗水，则下游灌溉和发电用水就可能不够；许多水库常是良好航道，但多沙河流上的水库，上游末端（亦称尾端）常可能淤积大量泥沙，形成新的浅滩，不利于上游航运；疏浚河道有利于防洪、航运等，但降低了河水位，可能不利于自流灌溉引水；若筑堰抬高水位引水灌溉，又可能不利于泄洪、排涝；利用水电站的水库滞洪，有时汛期要求腾空水库，以备拦洪，削减下泄流量，但降低了水电站的水头，使所发电能减少；为了发电、灌溉等需要而拦河筑坝，常会阻碍船、筏、鱼通行，等等。可见，不但兴利、除害之间存在矛盾，在各兴利部门之间也常存在矛盾，若不能妥善解决，常会造成不应的损失。例如，埃及阿斯旺水库虽有许多水利效益，但却使上游产生大片次生盐碱化土地，下游两岸农田因缺少富含泥沙的河水淤灌而渐趋瘠薄。在我国，也不乏这类例子，其结果是：有的工程建成后不能正常运用，不得不改建，或另建其他工程来补救，事倍功半；有的工程虽然正常运用，但未能满足综合利用要求而存在缺陷，带来长期的损失。所以，在研究水资源综合利用的方案和效益时，要重视各水利部门之间可能存在的矛盾，并妥善解决。

上述矛盾，有些是可以协调的，应统筹兼顾、"先用后耗"，力争"一水多用、一库多利"。例如，水库上游末端新生的浅滩妨碍航运，有时可以通过疏浚航道、或者在洪水期降低水库水位，借水力冲沙等方法解决；发电与灌溉争水，有时（灌区位置较低时）可以先取水发电，发过电的尾水再用来灌溉；拦河筑坝妨碍船、筏、鱼通行的矛盾，可以建船、筏道、鱼梯来解决，等等。但也有不少矛盾无法完全协调，应分清主次、合理安排，保证主要部门、适当兼顾次要部门。例如，若水电站水库不足以负担防洪任务，就采取其他防洪措施去满足防洪要求；反之，若当地防洪比发电更重要，而又没有更好代替办法，则也可以在汛期降低水库水位,以备蓄洪或滞洪,减少汛期发电。再如,蓄水式水电站虽然能提高水能利用率,并使出力更好地符合用电户要求,但若淹没损失太大,只好采用径流式。总之,要根据当时当地的具体情况,拟定几种可能方案,从国民经济总利益最大的角度来考虑,选择合理的解决办法。

现举例说明各部门之间的矛盾及其解决办法。

【案例】 某丘陵地区某河的中下游两岸有良田约 200 万亩,邻河有一工业城市 A。因工农业生产急需电力,拟在 A 城下游约 100km 处修建一蓄水式水电站,要求水库回水不淹 A 城,并尽量少淹近岸低田。因此,只能建成一个平均水头为 25m 的水电站,水库兴利库容约 6 亿 m^3,而多年平均年径流量约达 160 亿 m^3。水库建成前,枯水季最小日平均流量还不足 30m^3/s,要求通过水库调蓄,将枯水季的发电日平均流量提高至 100m^3/s,以保证水电站月平均出力不小于 2 万 kW。同时还要兼顾以下要求:①适当考虑沿河两岸的防洪要求;②希望改善灌溉水源条件;③城市供水的水源要按远景要求考虑;④根据航运部门的要求,坝下游河道中枯水季最小日平均流量不能小于 80~100m^3/s;⑤不应忽视渔业、环保等其他因素。

以上要求间有不少矛盾,必须妥善解决。例如,水库相对较小,径流调节能力较差,若从水库中引取过多灌溉水量,则发电日平均流量将不能保证在 100m^3/s 以上,也不能保证下游最小日平均通航流量 80~100m^3/s。经分析研究,本工程是以发电为主的综合利用工程,首先要满足发电要求。其次,应优先照顾供水部门,其重要性不亚于发电。再其次考虑灌溉、航运要求。因水库太小,只能适当考虑防洪。解决矛盾的具体措施如下:

(1)发电。保证发电最小日平均水流量 100m^3/s,使水电站月平均出力不小于 2 万 kW。同时,在兼顾其他水利部门的要求之后,发电最大流量可达 400m^3/s,即水电站装机容量可达 8.5 万 kW,平均每年生产电能 4 亿 kW·h。若不兼顾其他水利部门的要求,还能多发电约 1 亿 kW·h,但应考虑全局利益。

(2)供水。保证供水所耗流量并不大(图 1-9),从水库中汲取。每年所耗水量相当于供应 0.12 亿 kW·h 电能所需水量,对水电站影响很小。

(3)防洪。因水库相对较小,无法承担下游两岸的防洪(防洪库容约需 10 亿 m^3),只能留待以后在上游建造大水库。暂在下游加固堤防以防御一般性洪水。至于上游防洪问题,建库后的最高库水位,以不淹没工业城市 A 及市郊名胜古迹为准,但洪水期水库回水曲线将延伸到该城附近。若进一步降低水库最高水位,则发电水头和水库兴利库容都要减少很多,从而过分减少发电效益;若不降低水库最高水位,则回水曲线将使该城及名胜古迹受到洪水威胁。衡量得失,最后采取的措施是:在 4—6 月(雨季),不让水库水位超过 88m 高程,即比水库设计蓄水位 92m 低 4m,以保证 A 城及市郊不受洪水威胁;在洪水期末,再让水库蓄水至 92m,以保证枯水期发电用水,这一措施将使水电站平均每年少发电能约 0.45 亿 kW·h,但枯水期出力不受影响,同时还可起到水库上游末端的冲沙作用。

(4)灌溉。近 200 万亩田的灌溉用水若全部取自水库,则 7—8 月旱季取水流量将达 200m^3/s,而枯水期取水流量约 50m^3/s。这样无法满足发电要求,还会影响航运。因此,只能在保证发电用水的同时适当照顾灌溉需要。经估算,只能允许自水库取水灌溉 28 万亩田，其需水流量过程线如图1-9所示。其中20万亩田位于大坝上游侧水库周围，无其他水源可用，必须利用水库提水灌溉，扬程高、费用大，而且水源无保证。建库后，虽然仍是提水灌溉，但水源有了保证，而且扬程平均减少10余m，农业增产效益显著。另外8万亩田位于大坝下游，距水库较近，比下游河床高出较多，宜从水库取水自流灌溉。自水库引走的28万亩田灌溉用水，虽使水电站平均每年少发约0.22亿kW·h电能，但每年可节约提水灌溉所需的电能0.13亿kW·h，并使农业显著增产，因而是合算的。其余170万亩左右农田位于坝址下游，距水库较远，高程较低，应利用发电尾水提水灌溉。由于水库的调节作用，使枯水流量提高，下游提灌的水源得到保证，虽然不能自流灌溉，仍是受益的。

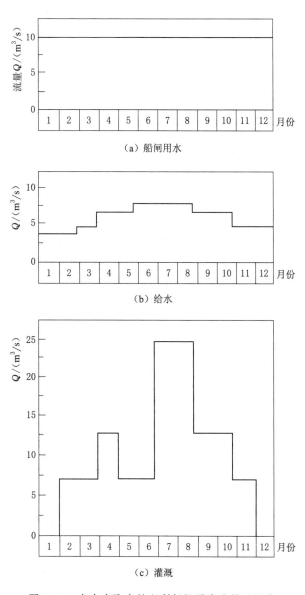

图1-9 自水库取水的兴利部门需水流量过程线

（5）航运。库区航运的效益很显著。从坝址至上游 A 城间的 100km 形成了深水航道，淹没了浅滩、礁石数十处。如前所述，洪水期水库水位降低 4m，可避免水库上游末端形成阻碍航运的新浅滩。为了便于船筏过坝，建有船闸一座，可通过 1000t 级船舶，初步估算平均耗用流量 10m³/s，相当于每年少发 0.2 亿 kW·h 电能。至于下游航运，按通过 1000t 级船舶计算，最小通航流量需要 80～100m³/s。枯水期水电站及船闸下泄最小日平均流量共 110m³/s。在此期间下游灌溉约需提水 42.5m³/s 的流量。可见下游最小日平均流量不能满足需要，即灌溉与航运之间仍然存在一定矛盾。解决的办法是：

1）下游提水灌溉的取水口位置尽量选在距坝址较远处和支流上，以充分利用坝下游的区间流量来补充不足；

2）使枯水期通航的船舶在 1000t 级以下，从而使最小通航流量不超过 80m³/s，当坝下游流量增大后再放宽限制；

3）利用疏浚工程清除下游浅滩和礁石，改善河道，使灌溉和航运间的矛盾初步得到解决，基本满足航运要求。

（6）渔业。该河原来野生淡水鱼类资源丰富，水库建成后，人工养鱼年产约 100 万 kg，但坝旁未设鱼梯等过鱼设备，尽管采取人工捞取亲鱼及鱼苗过坝等措施，野生鱼类产量仍大减，这是一个缺陷。

（7）水利环境保护，未发现水库有严重污染现象；由于洪水期降低水位运行，名胜古迹未遭受损失；水库改善了当地局部气候，增加了工业城市市郊风景点和水上运动场；但由于水库库周地下水位升高，数千亩果园减产。

以上实例并非水资源综合利用的范例，只是用以解释各水利部门间的矛盾及其协调，供读者参考。在实际规划工作中，往往要拟订若干可行方案，然后通过技术经济比较和分析选出最优方案。

第二章 兴 利 调 节

第一节 水 库 特 性

水资源是地球上最重要的自然资源之一，不仅为满足人类生活所必需，也为保障人类的生产活动和维持人类赖以生存的生态环境所必需。但由于水资源的循环再生和时空分布有其特定的规律，而且在一定条件下，水还会给人类带来灾害，必须采取有效措施进行径流调节，以发挥水资源的经济效益和社会效益，并尽可能避免或减轻水旱灾害带来的损失。兴建水库是实现径流调节的有效手段，可起到兴利与除害的双重作用，为此，有必要了解水库的有关特性。

一、水库特性曲线

用来反映水库地形特性的曲线称为水库特性曲线。在河流上筑坝会形成水库，坝越高，水库容积（简称库容）就越大。但对于不同坝址的水库，坝高相同，库容却可能差别很大，这主要与库区地形有关。对同一座水库来讲，库水位不同，相应水面面积及库容也不同，一般库水位越高，相应的水面面积就越大，蓄水容积也越大。水库水面面积及库容随库水位的变化关系可用水库水位与水面面积关系曲线（简称水库面积曲线）和水库水位与容积关系曲线（简称水库容积曲线）来表示。

水库特性曲线是水库规划设计阶段必需的基本资料，而且也是水库控制运用阶段必不可缺的资料。

1. 水库面积曲线

水库面积曲线指水库水位与水面面积的关系曲线。库区内某一水位高程的等高线和坝轴线所包围的闭合区域的面积即为该水位的水库水面面积。水库面积曲线可按下述方法绘制：根据设计要求，选取合适比例尺的库区地形图（见图 2-1），用求积仪法（或其他方法，如方格法、图解法等）量算出不同水位的水库水面面积，列入表 2-1 中的(1)、(2)栏。以水位为纵坐标，水面面积为横坐标，即可绘出库水位与水面面积的关系曲线（图 2-2 中的 $Z-F$ 曲线）。该曲线是研究水库库容、淹没范围及计算蒸发损失的依据。$Z-F$ 曲线的性质与库盆形状及河道坡度有关。

山区河流水库面积随水位增加较慢，即其面积曲线的坡度较大；平原河流水库

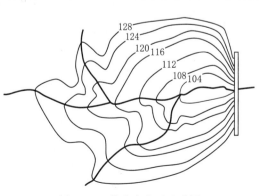

图 2-1 某水库库区地形图

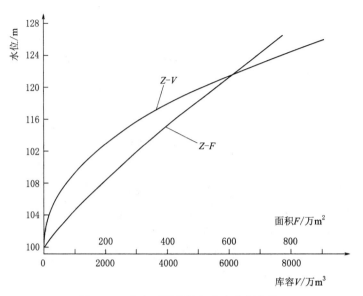

图 2-2 水库面积曲线与水库容积曲线

面积随水位增加较快，即其面积曲线的坡度较小。

2. 水库容积曲线

水库容积曲线是水库面积曲线的积分曲线，即水位 Z 与累积库容 V 的关系曲线。可直接根据水库面积曲线来推算，其绘制方法如下：将水库面积曲线中的水位分层，根据面积曲线可求得各分层水位相应的水面面积 [见表 2-1 中的第（1）、（2）栏]，再分别计算各相邻高程间的容积 ΔV，列入表 2-1 中的第（4）栏，然后自库底向上按 $V = \sum\limits_{Z_0}^{Z} \Delta V$ 依次累计求得各分层水位相应的水库容积 V（式中 Z_0 为库底高程），列入表 2-1 中的第（5）栏。以第（1）栏为纵坐标，第（5）栏为横坐标，便可绘出水库容积曲线，即图 2-2 中的 $Z-V$ 曲线。

表 2-1　　　　　　　　　　　某 水 库 库 容 计 算 表

水位 Z/m	面积 F/万 m²	水位差 ΔZ/m	水层容积 ΔV/万 m³	库容 V/万 m³
(1)	(2)	(3)	(4)	(5)
100	0			0
		1	8	
101	16			8
		1	29	
102	42			37
		2	128	
104	86			165
		2	222	

水位 Z/m	面积 F/万 m²	水位差 ΔZ/m	水层容积 ΔV/万 m³	库容 V/万 m³
(1)	(2)	(3)	(4)	(5)
106	136			387
		2	327	
108	191			714
		2	438	
110	247			1152
		2	552	
112	305			1704
		2	671	
114	366			2375
		2	795	
116	429			3170
		2	923	
118	494			4093
		2	1056	
120	562			5149
		2	1194	
122	632			6343
		2	1337	
124	705			7680
		2	1487	
126	782			9167

相邻两水位间的容积 ΔV 一般可据下式计算：

$$\Delta V = \frac{1}{2}(F_下 + F_上)\Delta Z \tag{2-1}$$

或据下面较精确的公式计算：

$$\Delta V = \frac{1}{3}(F_下 + \sqrt{F_下 F_上} + F_上)\Delta Z \tag{2-2}$$

式中　$F_上$、$F_下$——相邻两水位所对应的水面面积，m²；

　　　　ΔZ——水层深度，即两相邻分层水位的高差，m。

当库区地形变化较大时，用式（2-2）计算，当库区地形变化不大时，用式（2-1）计算。

必须指出，上述水库水面面积与容积的计算，都假定库水面为水平，即假定库中流速为零。所以计算出的库容称为静库容，由此得出的水库特性曲线称为水库的静水特性曲线。而实际上，水库水面由坝址起沿程上溯呈回水曲线，越向上游水面越向上翘，直至库端与河流天然水面相交为止，所以某一坝前水位所对应的实际库容比静库容大。这部分增加的库容称为动库容（或称楔形库容），如图 2－3 所示。计入动水影响得出的水库面积和容积曲线称为水库的动水特性曲线。一般来说，应用水库的静水特性曲线可满足一般水库规划设计的精度要求，但在需详细研究水库淹没、浸没问题及梯级水库衔接情况时，必须考虑回水影响。对低坝水库的调洪计算，由于回水增加的库容较大，须考虑水库的动水特性。

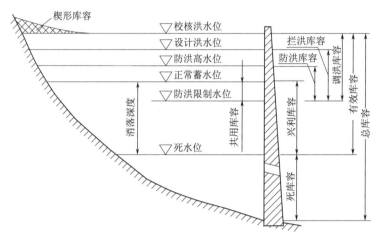

图 2－3 水库的特征水位及特征库容示意图

对于多沙河流上的水库，因泥沙淤积对库容的影响较大，应据实际淤积形态修正库容曲线。

二、水库的特征水位和特征库容

用来反映水库工作状况的水位称为水库特征水位。水库特征水位以下或两特征水位之间的水库容积称为特征库容。水库特征水位和特征库容体现了水库正常工作的各种特定要求，各有其特定的任务与作用，是规划设计阶段确定主要水工建筑物的尺寸（如坝高、溢洪道堰顶高程及宽度等）及估算工程效益的基本依据，也是水库运行阶段进行运行管理的重要依据。

1. 死水位（$Z_死$）和死库容（$V_死$）

水库在正常运用情况下，允许消落到的最低水位称为死水位。死水位以下的库容称为死库容。死库容为非调节库容，即在正常运用情况下，死库容中的蓄水量不予动用，它是为了保持水电站有一定的工作水头，满足航运、灌溉等其他综合利用部门对水库水位的最低要求及考虑水库的淤沙要求等原因而留下的。只有在特殊情况下，如遇特干旱年份，为保证紧急供水或发电需要，才允许临时动用死库容中的部分存水。

2. 正常蓄水位（$Z_正$）和兴利库容（$V_兴$）

水库在正常运用情况下，为了满足设计的兴利要求，在设计枯水年（或设计枯水段）开始供水时必须蓄到的水位称为正常蓄水位，又称正常高水位或设计兴利水位（20 世纪 50 年代称之）。正常蓄水位至死水位之间的水库容积称为兴利库容或调节库容。正常蓄水位与死水位之间的水层深度称为消落深度或工作深度。

3. 防洪限制水位（$Z_限$）和共用库容（$V_共$）

水库在汛期允许兴利蓄水的上限水位称为防洪限制水位。在汛期，为了留有库容拦蓄洪水，须限制兴利蓄水，使库水位不超过防洪限制水位。只有洪水到来时，为了滞洪，才允许水库水位超过防洪限制水位。当洪水消退时，水库应迅速泄洪，使库水位尽快回降到防洪限制水位，以迎接下次洪水。一般应尽可能将防洪限制水位定在正常蓄水位之下，以使防洪库容与兴利库容有所结合，从而可减小专用防洪库容。当汛期不同时段的洪水特性有明显差异时，可考虑在汛期不同时段分期拟定防洪限制水位。防洪限制水位至正常蓄水位之间的库容称为共用库容，又称重叠库容，在汛期为防洪库容的一部分，汛后则为兴利库容的一部分。

4. 防洪高水位（$Z_{防}$）和防洪库容（$V_{防}$）

水库承担下游防洪任务，当遇到下游防护对象的防洪标准洪水时，水库为控制下泄流量而拦蓄洪水，这时在坝前所蓄到的最高水位称为防洪高水位。防洪高水位与防洪限制水位之间的库容称为防洪库容。

5. 设计洪水位（$Z_{设洪}$）和拦洪库容（$V_{拦}$）

遇大坝设计标准洪水时，在坝前蓄到的最高水位称为设计洪水位。设计洪水位是水库正常运用情况下所允许达到的最高水位，也是确定水库坝高和挡水建筑物稳定计算的主要依据。设计洪水位与防洪限制水位之间的库容称为拦洪库容。

6. 校核洪水位（$Z_{校洪}$）和调洪库容（$V_{调}$）

遇大坝的校核标准洪水时，在坝前蓄到的最高水位称为校核洪水位。校核洪水位是水库非常运用情况下所允许临时达到的最高水位，也是确定大坝坝顶高程及安全校核的主要依据。校核洪水位与防洪限制水位之间的库容称为调洪库容。

7. 总库容（$V_{总}$）和有效库容（$V_{有效}$）

校核洪水位以下的库容称总库容，总库容是反映水库规模的代表性指标，可作为划分水库等级、确定工程安全标准的重要依据。

校核洪水位与死水位之间的库容称有效库容。

在水库设计中，水库防洪与兴利结合的形式与水库特性及水文特性有关，主要有防洪库容与兴利库容完全结合（防洪限制水位与死水位重合，防洪高水位与正常蓄水位重合）、部分结合（防洪限制水位低于正常蓄水位，防洪高水位高于正常蓄水位）、不结合（防洪限制水位与正常蓄水位重合）三种形式。

图 2-3 所示为水库的特征水位和特征库容（防洪与兴利部分结合情况）。

三、水库的水量损失

水库建成蓄水后，使水位抬高，水面扩大，改变了河流的天然状态，从而引起额外水量损失，即为水库的水量损失。水库的水量损失主要包括蒸发损失和渗漏损失，在严寒地区可能还包括结冰损失。

1. 水库的蒸发损失

水库的蒸发损失是指由于修建水库引起的蒸发量的增值。如图 2-4 所示，水库建成之前，阴影部分区域为陆面，水库建成蓄水后变为水面。则该面积上原来的陆面蒸发，在水库建成蓄水后变为水面蒸发。因水面蒸发比陆面蒸发大，水库蓄水后蒸发量增加。由于陆面蒸发量已经反映在坝址断面处的实测径流资料中，所以增加的这部

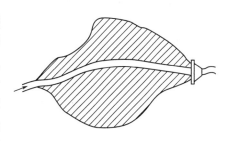

图 2-4 某水库平面示意图

分蒸发量为水库的蒸发损失，可按下式计算：

$$W_蒸=(H_水-H_陆)(F_库-f) \qquad (2-3)$$

式中　$W_蒸$——计算时段内水库的蒸发损失量，m^3；

　　　　$H_水$——计算时段内库区水面蒸发深度，m；

　　　　$H_陆$——计算时段内库区陆面蒸发深度，m；

　　　　$F_库$——计算时段内水库平均蓄水水面面积，m^2；

　　　　f——建库前库区原有水面面积，m^2。

当 f 很小时可忽略，上式可简化为

$$W_蒸=(H_水-H_陆)F_库 \qquad (2-4)$$

水面蒸发深度 $H_水$ 可根据水库附近水文气象站观测资料求得。

陆面蒸发深度 $H_陆$ 一般没有观测资料，目前多采用水量平衡方法间接估算，即以流域多年平均年降水量减去流域多年平均年径流量作为多年平均年陆面蒸发量，用公式表示为

$$H_陆=X-Y \qquad (2-5)$$

式中　$H_陆$——流域多年平均年陆面蒸发深度，m；

　　　　X——流域多年平均年降水深度，m；

　　　　Y——流域多年平均年径流深度，m。

$H_陆$ 还可由各地水文手册中陆面蒸发等值线图查得。

【算例2-1】 已知某水库坝址以上流域面积内多年平均年降水深 $X=1380mm$，多年平均年径流深 $Y=815mm$，由蒸发皿观测得出的年水面蒸发深度 $H_皿=1560mm$，蒸发皿折算系数 $k=0.8$，水库蒸发年内分配百分比列于表2-2中第（2）栏，试计算该水库的年蒸发损失深度及其年内分配过程。

表2-2　　　　　　　　　　　某水库蒸发损失计算表

月　份	(1)	1	2	3	4	5	6
百分比/%	(2)	4.2	3.9	5.8	6.8	8.7	11.8
蒸发损失/mm	(3)	29	27	40	46	59	81
月　份	(1)	7	8	9	10	11	12
百分比/%	(2)	14.8	14.5	9.8	8.8	6.8	4.1
蒸发损失/mm	(3)	101	99	67	60	46	28

解：

（1）计算年水面蒸发深度

$$H_水=kH_皿=0.8×1560mm=1248mm$$

（2）计算年陆面蒸发深度

$$H_陆=X-Y=(1380-815)mm=565mm$$

（3）计算水库年蒸发损失深度

$$H_水-H_陆=(1248-565)mm=683mm$$

（4）将水库年蒸发损失深度乘以各月分配百分比，便可求出水库蒸发损失深度年内分配，如1月的蒸发损失深度为 $683×4.2\%mm=29mm$。全部计算成果列入表2-2中第（3）栏。

2. 水库的渗漏损失

水库蓄水以后，水位抬高，水压加大，库区周围地下水流动状态发生了变化，因而产生渗漏损失。渗漏损失主要通过下面三个途径：①通过坝身以及水工建筑物（如闸门、通航建筑物等）止水不严密处渗漏；②通过坝基和坝肩渗漏；③通过库床渗漏（由库底向较低的透水层渗漏或通过库边向库外渗漏）。

一般而言，只要采取较可靠的防渗措施，严格控制施工质量，前两项损失不大，可不考虑。

水库渗漏损失并非固定不变，水库蓄水后的最初几年渗漏损失较大，当水库运行几年后，因库床淤积，库床空隙逐渐被淤塞，且库岸地下水位升高，渗漏损失会逐渐递减且趋于稳定。渗漏损失计算经验取值见表 2-3。

表 2-3 渗漏损失计算经验取值表

水 文 地 质 条 件	经 验 取 值	
	k_1/m	$k_2/\%$
优良（库床为不透水层）	0～0.5	0～1.0
中等	0.5～1.0	1.0～1.5
较差	1.0～2.0	1.5～3.0

库床渗漏损失主要与水文地质条件有关。由于库床范围较大，影响的因素较复杂，到目前为止，尚难精确计算水库渗漏损失，通常可根据水文地质条件类似的已建水库的实测资料类比推算，或采用以下经验公式估算：

$$W_{年渗} = k_1 F_{库} \tag{2-6}$$

$$W_{月渗} = k_2 W_{蓄} \tag{2-7}$$

式中 $W_{年渗}$——水库年渗漏损失，m^3；

$W_{月渗}$——水库月渗漏损失，m^3；

$F_{库}$——水库年平均蓄水水面面积，m^2；

$W_{蓄}$——相应月份水库平均蓄水量，m^3；

k_1，k_2——经验取值或系数，可参阅表 2-3。

经验公式（2-6）和式（2-7）估算结果为水库运用后渗漏已相对稳定时的渗漏损失。

3. 水库的结冰损失

严寒地区的水库，在结冰期水面形成冰盖，随着水库因供水引起的库水位消落，一部分冰层滞留岸边，这部分水量供水期不能应用，在春汛期间可能随弃水排往下游而损失掉。该项损失不大，可按结冰期始末水库蓄水面积之差乘以平均结冰厚的 0.9 估算。

四、水库的淹没与浸没

修建水库，特别是高坝大库，在起到兴利与除害作用，给国民经济带来效益的同时，还将引起水库的淹没和浸没，带来一定的负面效益，造成国民经济损失，应在规划设计水库时引起重视。

水库蓄水后，直接淹没库区内的土地、森林、村镇、工矿企业、交通线路、文物古迹甚至城市建筑物等。另外，水库蓄水后，由于库周地下水位抬高，会使地面下的松散土层长期处于地下水中而形成浸没。浸没会使农作物受涝，森林、果树死亡，农田盐碱化，低洼地沼泽化，并引起卫生环境恶化，库周塌岸等。

在规划设计水库时，必须对水库的淹没和浸没影响进行全面分析研究，做好水库淹没范围及社会经济调查工作。调查资料务求正确、详尽。对于正常蓄水位以下的库区（即经常淹没区）内的所有淹没对象均需搬迁或处理。对于正常蓄水位以上的库区（即临时淹没区），应视具体情况进行迁移或防护。

水库淹没区及浸没区内所有影响对象都应按照规定标准给予迁移补偿或防护。这些迁移、防护投资和各种资源损失，统称为水库淹没损失。

水库的淹没损失是一个重要的技术经济指标，在人口稠密地区，水库的淹没损失往往很大。同时水库移民的安置，有很强的政策性。水库移民属非自愿移民，迁移和安置的难度很大，如处理不当，不仅影响工程建设，还有可能给社会带来一些不安定因素。水库的淹没、浸没问题，常常是决定工程取舍及限制水库规模的主要因素之一。

五、水库的淤积

水库一经蓄水，由于过水断面扩大，使得流经库区的水流流速减小，水流挟沙能力随之降低，导致水流中的部分泥沙沉淀于库区，从而形成水库淤积。

水库淤积是普遍现象，多沙河流的水库淤积问题更为突出。水库淤积会带来多方面的不良影响：

（1）水库淤积使水库的调节库容减小，影响水库的综合利用效益，甚至使水库完全失效。

（2）水库淤积使水库回水上延，发生"翘尾巴"现象，增加了水库淹没、浸没损失。

（3）坝前淤积，将增加作用于水工建筑物上的泥沙压力，影响船闸及取水口正常运行，使进入水轮机组或渠道的水流含沙量增加，造成水轮机磨损或渠系淤积等。

（4）随着泥沙淤积，某些化学物质沉淀下来，使水库水质受到污染。

（5）水库淤积可能增加水库管理的困难，如在多沙河流上，因沙势很猛，若不及时提闸放水，有可能将闸门淤死，无法提闸，影响到水库的安全。

总之，水库淤积的危害是非常严重的。在多沙河流上修建水库，必须考虑泥沙淤积的影响。水库的调节运用，不仅要调节水量，满足兴利部门的用水要求，而且还要调节控制泥沙。要选择合理的水库控制运用方式和排沙措施，以使水库能长期保持一定的有效库容。如黄河三门峡水库采取"蓄清排浑"方式，有效控制了水库淤积发展。

规划设计水库时预留水库的淤沙库容与水库泥沙的运行规律、淤积过程及淤积形态等因素有关。初步规划时可采用简化法来估算，即假定泥沙淤积从库底开始呈水平状增长，可按下列公式估算水库使用 T 年后的淤沙总库容：

$$V_{悬移} = \frac{\rho_0 W_0 m}{(1-P)\gamma} \tag{2-8}$$

$$V_{推移} = \alpha V_{悬移} \tag{2-9}$$

$$V_{年淤} = V_{悬移} + V_{推移} \tag{2-10}$$

$$V_{总淤} = V_{年淤} T \tag{2-11}$$

式中　$V_{悬移}$——悬移质多年平均年淤沙容积，$m^3/$年；

　　　　$V_{推移}$——推移质多年平均年淤沙容积，$m^3/$年；

$V_{年淤}$——多年平均年淤沙容积，$m^3/$年；

$V_{总淤}$——水库使用 T 年后的淤沙总容积，m^3；

ρ_0——多年平均悬移质含沙量，kg/m^3，由实测资料确定；

W_0——多年平均年径流量，m^3；

m——悬移质泥沙沉积率；

P——悬移质泥沙的孔隙率，一般为 $0.3\sim0.4$；

γ——悬移质泥沙颗粒的干容重，kg/m^3；

α——推移质与悬移质沉积量的比值，一般平原地区为 $0.01\sim0.05$，丘陵地区为 $0.05\sim0.15$，山区为 $0.15\sim0.3$；

T——设计淤积年限，年，一般中小型水库采用 $20\sim50$ 年，大型水库采用 $50\sim100$ 年。

第二节 兴 利 调 节 分 类

一、水库兴利调节的作用

天然径流的时空分布往往不能满足国民经济各部门的要求，按照人们的需要，控制径流和重新分配径流，称为径流调节。其中，为了满足兴利需水要求而进行的调节称为兴利调节，为了消除或减轻洪水灾害而进行的调节称为洪水调节。本章只讨论兴利调节。

实现径流调节的措施有多种，修建水库是一种最为直接、有效的措施。本章介绍的兴利调节专指水库兴利调节。利用水库进行兴利调节，即当来水大于用水要求时，将多余的水蓄在水库中，而当来水小于用水要求时，由水库放水，补充来水之不足，以满足用水要求。

二、水库兴利调节的分类

由于来、用水都有一定的周期性变化规律，使得水库的蓄、放水也有一定的周期性变化。水库从库空开始蓄水，蓄满后又放水，放空后又蓄水，如此循环不断。水库由库空到库满，再到库空，完成一次循环所经历的时间称为调节周期。按调节周期的长短来分，兴利调节可分为日调节、周调节、年调节和多年调节，下面分别介绍。

1. 日调节

在一日之内，河川径流基本上保持不变（洪水涨落期除外），而用户的需水要求往往变化较大。以水力发电为例，白天和夜晚，用电负荷差异较大，所以发电引用流量在一昼夜内变化较大。在 24h 内，当用水小于来水时，可利用水库将多余水量蓄存起来，当用水大于来水时，水库放水补充不足水量。库中水位在一日内完成一个循环，即调节周期为 24h，这种将日内径流进行重新分配的调节称为日调节。日调节的来水、用水流量及水库水位变化过程如图 2-5 所示。

2. 周调节

在枯水季，河川径流在一周之内变化也不大。由于假日休息，使得用水部门在周内各日用水量不尽相同，可利用水库将周内假日的多余水量蓄存起来，供其他工作日使用。这种将周内径流进行重新分配的调节称为周调节，其调节周期为一周。周调节的来水、用水流量及水库水位变化过程如图 2-6 所示。显然，周调节比日调节所需兴利库容要大，周调节水库也可同时进行日调节。

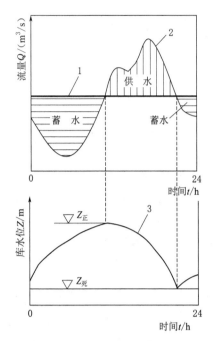

图 2-5 日调节示意图

1—天然来水流量过程；2—用水流量过程；
3—库水位变化过程

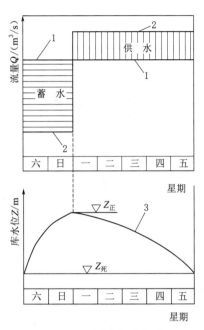

图 2-6 周调节示意图

1—天然来水流量过程；2—用水流量过程；
3—库水位变化过程

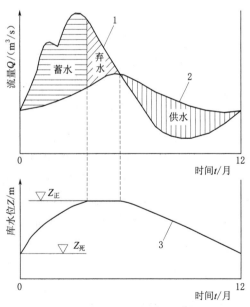

图 2-7 年调节示意图

1—天然来水流量过程；2—用水流量过程；
3—库水位变化过程

3. 年调节

在一年之内，河川径流变化很大，丰水期和枯水期流量相差悬殊。用水部门的用水在一年之内也有变化，但与来水并不一致，故需进行径流调节。利用水库将一年中丰水期的部分（或全部）多余水量蓄存起来，供枯水期使用，这种将年内径流进行重新分配的调节称为年调节，其调节周期为一年。年调节的来、用水流量及水库水位变化过程如图 2-7 所示。图中横线阴影面积表示水库蓄水量，竖线阴影面积表示水库供水量。当水库蓄满，而来水仍大于用水时，水库将发生弃水，即将蓄满兴利库容后的多余水量由泄水建筑物排往下游，图中斜影线部分即为弃水量。

在年调节中，若水库容积较小，只能蓄存丰水期的一部分多余水量而产生弃水，这种调节称为不完全年调节（或季调节）；若水库容积较大，能蓄存丰水期的全部多余水量，且其蓄水量全部用于当年，这种调节称为完全年调节。

完全年调节和不完全年调节是从水量利用程度来考虑的。不完全年调节的年用水总量小于年来水总量；完全年调节的年用水总量与年来水总量相等。完全年调节和不完全年调节的概念是相对的，因为一个容积已定的水库，在某些枯水年份能进行完全年调节，但当遇到水量多的丰水年份，就可能发生弃水，即只能进行不完全年调节。

年调节水库可同时进行周调节和日调节。

4. 多年调节

当设计年径流量小于年用水量时，只进行径流年内重新分配已不可能满足用水要求。此时，必须将丰水年多余的水量蓄存在水库中，补充枯水年份水量之不足。这种进行年际（年与年之间）水量的调节称为多年调节。多年调节水库往往要经过若干个丰水年才能蓄满，且所蓄水量需经过若干枯水年才能用掉，所以，多年调节水库的调节周期长达若干年，且不是一个常数。多年调节的来水、用水流量及水库水位变化过程如图 2-8 所示。

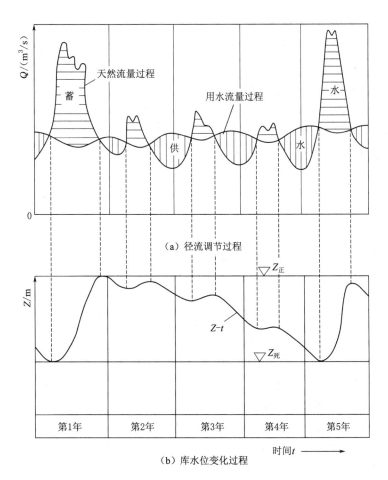

（a）径流调节过程

（b）库水位变化过程

图 2-8 多年调节示意图

一个水库属于何种调节类型，可用其库容系数 β 来初步判断。库容系数 β 等于水库兴利库容 $V_兴$ 与多年平均年径流总量 $W_年$ 的比值，常用百分数表示，即 $\beta=\dfrac{V_兴}{W_年}\times100\%$。可参照下列经验数据初步判别水库的调节类型：$\beta\geqslant30\%$，一般属多年调节；$8\%\leqslant\beta<30\%$，一般属年调节；$\beta<8\%$，一般属日调节。

水库的调节性能还与天然径流过程的均匀程度有关。当水库的兴利库容不变时，天然径流过程越均匀，径流调节程度越高。

第三节 设 计 保 证 率

一、工作保证率的含义及其表示形式

因河川径流具有随机性，所以，各用水部门用水得到满足的情况也是随机的。在多年工作期间，用水部门正常工作得到的保证程度称为工作保证率。

工作保证率通常有年保证率 $P_年$ 和历时保证率 $P_{历时}$ 两种表示形式。

年保证率是指多年期间正常工作年数占运行总年数的百分比，公式为

$$P_年=\frac{正常工作年数}{运行总年数+1}\times100\%=\frac{运行总年数-破坏年数}{运行总年数+1}\times100\% \qquad (2-12)$$

式中破坏年数包括不能维持正常供水的任何年份，无论在该年内缺水时间长短及缺水数量多少，只要有不能正常工作的情况，都属破坏年。

历时保证率是指多年期间正常工作历时（一般为日数）占运行总历时的百分比，公式为

$$P_{历时}=\frac{正常工作历时（日数）}{运行总历时（日数）}\times100\% \qquad (2-13)$$

采用哪种形式的保证率，应据用水特性、水库调节性能及设计要求等因素而定。一般对蓄水式水电站、灌溉用水等采用年保证率，对径流式电站、航运等部门和其他不进行径流调节的用水部门，多采用历时保证率。

在综合利用水库的水利计算中，为取得一致形式的保证率，年保证率与历时保证率可按下式换算：

$$P_年=[1-(1-P_{历时})/m]\times100\% \qquad (2-14)$$

式中 m——破坏年份的相对破坏历时，即破坏年份中，破坏历时与总历时的比值。

二、设计保证率的含义及其选择

河川径流年内和年际水量变化很大。如果在特别枯水时期仍保证各兴利部门正常用水，必须修建规模很大的水库及相应的水利设施，这不仅在技术上有困难，经济上也不合理。因此，一般不要求水库在全部使用年限内均保证正常供水，而允许适当地减小供水或断水。这就要求研究各用水部门允许减小供水的可能性及合理范围，即预先选定在多年工作期间用水部门应当达到的工作保证率，并以此作为水利水电工程规划设计时的重要依据。因这一工作保证率是在规划设计水库时预先选定的，故称之为设计工作保证率，简称设计保证率。

在水利水电工程规划设计时，设计保证率的选择，是一个重要且复杂的技术经济问题。所选设计保证率提高时，用水部门正常工作遭受破坏的机会就减小，但工程规模加大，所需的费用增高。反之，所选设计保证率降低，则用水部门正常工作遭受破坏的机会增加，造成的国民经济损失及其他不良后果加重，但工程规模减小，所需的费用降低。所以，设计保证率应当通过技术经济比较分析确定。因涉及因素十分复杂，在实际工作中，一般考虑工程有关条件，参照有关规范确定设计保证率。

1. 水电站设计保证率的选择

水电站设计保证率的取值直接影响到供电可靠性、水能资源的利用程度以及电站的造价。水电站设计保证率的选择通常考虑以下原则：

（1）大型水电站应选择较高的设计保证率，而中、小型水电站应选择较低的设计保证率。一般水电站装机容量越大，设计保证率定得越高。这是因为水电站装机容量越大，其正常工作遭受破坏时所产生的后果越严重。

（2）系统中水电容量的比重大时，所选设计保证率应较高。这是因为系统中水电容量的比重越大，水电站正常工作遭受破坏时，其不足出力就越难用系统中其他电站的备用容量来替代。

（3）系统中重要用户多时，水电站正常工作遭受破坏时所产生的损失大，故应选择较高的设计保证率。

（4）在水能资源丰富的地区，水电站设计保证率可选得高些，在水能资源缺乏地区，设计保证率可选得低些。

（5）水库调节性能好，天然径流变化小时，设计保证率应选择得较高。反之，所选设计保证率不宜过高。

（6）在综合利用工程中，如果以其他目标为主（如以灌溉为主），水电站的设计保证率应服从主要目标的要求而适当降低。

各类水电站设计保证率应参照表2-4、表2-5进行选择。

表 2-4　　　　　　　　大中型水电站的设计保证率

系统中水电站容量比重/%	25 以下	25~50	50 以上
水电站设计保证率/%	80~90	90~95	95~98

表 2-5　　　　　　　　小型水电站的设计保证率

水电站装机容量占当地电力系统总容量的比重/%	15 以下	15~30	30 以上
水电站设计保证率/%	75~80	80~85	85~90

2. 灌溉设计保证率的选择

灌溉设计保证率是指设计灌溉用水量获得满足的保证程度。灌溉设计保证率是灌溉工程规划设计采用的主要标准，是规划设计中一项重要指标，直接影响到工程的规模以及农业生产情况，必须慎重选择。

灌溉设计保证率选择的一般原则为：水源丰富地区比缺水地区高，大型工程比中、小型工程高，远景规划工程比近期工程高，自流灌溉比提水灌溉高。

实际工作中，灌溉设计保证率通常根据灌区水土资源情况、农作物组成、水文气象条件、水库调节性能、国家对当地农业生产的规划、地区工程建设及经济条件等因素，参照有关规范选取（表2-6）。

表2-6 灌 溉 设 计 保 证 率

地 区 特 点	农作物种类	灌溉设计保证率/%
缺水地区	以旱作物为主	50~75
	以水稻为主	70~80
水源丰富地区	以旱作物为主	70~80
	以水稻为主	75~95

有的地区采用抗旱天数作为灌溉设计标准。抗旱天数是指依靠灌溉设施供水，能够抗御连续无雨情况，保丰收的天数。采用抗旱天数作为灌溉设计标准的地区，旱作物和单季稻灌区抗旱天数可为30~50d，有条件的地区应予提高。由于无雨日的确定存在一些实际困难，且此标准不便与其他部门的保证率标准比较，所以，一般只在农田基本建设和一些小型灌区的规划设计中采用抗旱天数作为灌溉设计标准。

3. 通航设计保证率的选择

通航设计保证率是指最低通航水位的保证程度，通常用历时（日）保证率表示。最低通航水位是确定枯水期航道标准水深的起算水位。

通航设计保证率通常根据航道等级，并考虑其他因素，由航运部门提供。设计时可参照表2-7选用。

表2-7 通 航 设 计 保 证 率

航 道 等 级	历时设计保证率/%
一~二级	97~99
三~四级	95~97
五~六级	90~95

4. 供水设计保证率的选择

供水设计保证率表示工业及城市民用供水的保证程度。工业及城市民用供水遭到破坏，将直接影响到人民生活并造成生产上的严重损失，所以供水设计保证率定得较高，一般采用95%~99%（年保证率）。对大城市及重要工矿区取较高值。

在综合利用水库的水利水能计算中，应将各用水部门设计保证率按式（2-14）换算成相同表示形式的保证率。各用水部门的设计保证率通常不相同，应以其中主要用水部门的设计保证率为准，进行径流调节计算。凡设计保证率比主要用水部门的设计保证率高的用水部门，其用水应得到保证，而设计保证率比主要用水部门的设计保证率低的用水部门，其用水量可在允许范围内适当削减。

第四节 设 计 代 表 期

设计水利水电工程时，根据长系列水文资料进行计算，所得结果精度较高，但计算工作量大。特别是进行多方案比较，需要进行大量的水利水能计算时，采用长系列资料进行计算，其计算工作更为繁重。同时，此种情况对计算精度要求不是很高，所以在实际工作中，通常采用简化方法，即从实测的长系列资料中，选择若干典型年份或典型多年径流系列作为设计代表期，对其进行计算，所得成果精度一般能满足规划设计的要求。

一、设计代表年的选择

按典型年法确定设计代表年时，设计枯水年的年径流量按 $P_枯 = P_设$（$P_设$ 为设计年保证率）确定，设计丰水年的年径流量按 $P_丰 = 1 - P_设$ 确定，设计中水年（也称平水年）的年径流量按 $P_中 = 50\%$ 确定。

二、设计多年径流系列的选择

对于多年调节水库，为简化计算，一般选择设计代表期进行水利水能计算，即从长系列资料中，选出具有代表性的短系列，对其进行计算，便可满足规划设计要求。

1. 设计枯水系列

设计枯水系列主要用于推求符合设计要求的水库兴利库容或与设计保证率对应的调节流量及水电站出力。

由于多年调节水库的调节周期较长，掌握的水文资料所限，能获得的完整调节周期数不多，很难应用频率分析的方法来确定设计枯水系列。通常采用下面方法加以确定。

首先，按下式计算恰好满足设计保证率要求时，正常工作允许破坏年数：

$$T_破 = n - P_设(n+1) \qquad (2-15)$$

式中 n——水文系列总年数。

然后，在长系列实测资料中选出枯水情况最严重的连续枯水年组，从该枯水年组最末逆时序扣除允许破坏年数 $T_破$，余下的即为设计枯水系列。

【算例 2-2】 某水电站有 29 年径流资料，设计保证率为 90%，在这 29 年径流资料中枯水情况最严重的连续枯水年组为 1951—1956 年，则

$$T_破 = n - P_设(n+1) = 29 - 0.9 \times (29+1) = 2(年)$$

所以设计枯水年系列应为 1951—1954 年。

需要指出，应该用设计枯水系列的调节计算结果对其他枯水年组进行校核，若正常用水另有被破坏的年份，应从 $T_破$ 中扣除，再重新确定设计枯水系列；另外，在正常用水遭破坏的年份 $T_破$ 内，如果 $T_破$ 内的可用天然来水量不能满足最低用水要求（如水电站最低出力要求、最低供水要求等），则应在允许破坏年份 $T_破$ 时段之前预留部分蓄水量。

2. 设计中水系列

设计中水系列主要用于确定水库兴利的多年平均效益。其选择应满足下列要求：

（1）系列中连续径流资料至少包括一个完整的调节周期。

（2）系列的年径流均值应接近于长系列的年径流均值。

（3）系列应包括丰水年、中水年、枯水年 3 种年份，且其比例关系要与长系列的大体相当。

无调节、日调节及年调节水电站一般选取设计代表年进行计算，多年调节水电站一般选取设计多年径流系列进行计算。采用设计代表年和设计代表期进行计算，可减少工作量，但计算精度较低。随着电子计算机的广泛应用，目前对长系列资料进行计算的效率已

大为提高。在水利水电工程规划设计的各个阶段，应针对不同的精度要求及计算者的工作条件选取相应的计算方法。

第五节　兴利调节计算基本原理及方法

根据国民经济各有关部门的用水要求，利用水库重新分配天然径流所进行的计算，称兴利调节计算。对单一水库，计算任务是求出各种水利水能要素（供水量、电站出力、库水位、蓄水量、弃水量、损失水量等）的时间过程以及调节流量、兴利库容和设计保证率三者的关系，作为确定工程规模、工程效益和运行方式的依据。对于具有水文、水力、水利及电力联系的水库群，径流调节计算还包括研究河流上下游及跨流域之间的水量平衡，提出水文补偿、库容补偿、电力补偿的合理调度方式。

一、兴利调节计算基本原理

水库兴利调节计算的基本依据为水库水量平衡原理，即在任一时段之内，进入水库的水量与流出水库的水量之差，等于在这一时段之内水库蓄水量的变化。针对某一时段 Δt，水库水量平衡原理可表示为水量平衡方程式：

$$\Delta W_入 - \Delta W_出 = \Delta W \qquad (2-16)$$

式中　$\Delta W_入$——时段 Δt 内的入库水量，m^3，一般为天然来水量；

　　　$\Delta W_出$——时段 Δt 内的出库水量，m^3；

　　　ΔW——时段 Δt 内水库蓄水量的增减值，m^3，水库蓄水时为正值，供水时为负值。

其中，出库水量包括各兴利部门的用水量、水库水量损失及水库蓄满后产生的弃水量。此外，时段 Δt 内水库蓄水量的增减值可用相应时段水库蓄水容积的增减值代替。式（2-16）也可表示为

$$\Delta W_入 - \Delta W_用 - \Delta W_损 - \Delta W_弃 = \Delta V = V_末 - V_初 \qquad (2-17)$$

式中　$\Delta W_用$——时段 Δt 内各兴利部门的用水总量，m^3；

　　　$\Delta W_损$——时段 Δt 内的水库水量损失，m^3；

　　　$\Delta W_弃$——时段 Δt 内水库弃水量，m^3；

　　　ΔV——时段 Δt 内水库蓄水容积的增减值，m^3；

　　　$V_末$——时段 Δt 末的水库蓄水容积，m^3；

　　　$V_初$——时段 Δt 初的水库蓄水容积，m^3。

当用时段平均流量表示时，式（2-16）可改写为

$$(Q_入 - Q_出)\Delta t = \Delta W \qquad (2-18)$$

式中　$Q_入$——时段 Δt 内入库平均流量，m^3/s；

　　　$Q_出$——时段 Δt 内出库平均流量，m^3/s；

　　　Δt——计算时段，s。

其他符号意义与前述相同。

注意：式（2-18）中的 $Q_出$，除了时段 Δt 内各兴利部门的用水流量以外，还应该包括时段 Δt 内水库损失流量及弃水流量。

计算时段 Δt 的取值，与调节周期的长短、径流和用水变化的剧烈程度及计算精度要

求有关。调节周期越短、径流和用水变化越剧烈，计算精度要求越高，Δt 取值应越小。反之，取值应越大。计算时段的通常取法为：日调节取小时，周调节取日，对于年或多年调节水库，在枯水期一般以月、丰水期一般以旬为单位，为更精确，有时年调节取旬或15 天。

由式（2-16）知：

$$W_入 - W_出 = W_末 - W_初 = \pm \Delta W（或\ \Delta V）\tag{2-19}$$

式（2-19）表示水库在计算时段内蓄水量的增、减值 ΔW 实际上是水库在该时段必须具备的库容值 ΔV。具体计算时，来水量 $W_入$ 和时段初水库蓄水量 $W_初$ 是已知的，故水库兴利调节计算主要可概括为下列三类课题：①根据用水要求，确定兴利库容；②根据兴利库容，确定设计保证率条件下的供水水平（调节流量）；③根据兴利库容和水库操作方案，求水库运用过程。

三类课题的实质是找出天然来水、各部门在设计保证率条件下的用水和兴利库容三者的关系。

二、兴利调节计算的基本方法

按照对原始径流资料描述和处理方式的差异，兴利调节计算方法主要分为时历法和概率法（也称数理统计法）两大类。时历法是以实测径流资料为基础，按历时顺序逐时段调节水库水量蓄泄平衡的径流调节计算方法，其计算结果（调节流量、水库蓄水量等）也是按历时顺序给出，其结果较直观；概率法是应用径流的统计特性，按概率论原理，对入库径流的不均匀性进行调节的计算方法，成果以调节流量、蓄水量、弃水量、不足水量等的概率分布或保证率曲线的形式给出，其结果不太直观，一般多用于对径流资料较短的多年调节水库进行兴利调节计算。

由于在开发、利用水资源的规划设计中出现了许多复杂的课题，从 20 世纪 60 年代开始，H. A. Jr. 托马斯等人相继提出径流调节随机模拟法，它是应用随机过程，将时间序列分析理论与时历法相结合的径流调节计算方法，即先根据历史径流资料和径流过程的物理特性，建立径流系列的随机模型，并据此模拟出足够长的径流系列，再按径流调节时历法进行计算。随机模拟法不能改善历史径流系列的统计特性，但可给出与历史径流系列在统计特性上基本一致的足够长的系列，以反映径流系列的各种可能组合情况。可见，随机模拟法兼有时历法与概率法的特点，但径流系列随机模型的选择、识别、参数估计、检验、适用性分析以及调节后径流系列的统计检验等，均需进行大量的计算工作，其中某些环节尚须进一步探讨。

第六节　年调节水库兴利调节时历列表法

年调节水库兴利调节计算常采用时历法，时历法又分为时历列表法和时历图解法。时历列表法是直接利用过去观测的按时历顺序排列的径流资料，以列表形式进行调节计算；时历图解法是先根据入库流量过程线作出水量差积曲线，在水量差积曲线上进行调节计算。时历列表法计算结果较精确，且便于借助于计算机进行计算，故本书只介绍时历列表法。

在兴利调节计算中，一般不采用常见的日历年度，而是采用调节年度。调节年度是指从水库蓄水期初库空开始蓄水，直到库满，经供水期水库放空为止经历的时间长度。调节年度的起止点与水库一个完整的蓄泄过程的起止点相同。调节年度的长度为 12 个月左右，不一定恰好为 12 个月。

一、年调节水库运用情况

根据来水和用水过程的不同，在一个调节年度之内，水库运用可概括为下列情况。

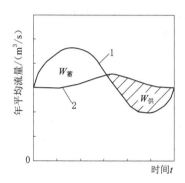

图 2-9 水库一次运用示意图
1—天然来水流量过程；
2—用水流量过程

1. 一次运用

在一个调节年度之内，水库蓄水一次，供水一次，称为水库一次运用。如图 2-9 所示，$W_蓄$ 为余水量，$W_供$ 为缺水量。显然，水库只需蓄存 $W_供$ 的水量，就能够保证该年的用水需要。所以，该年所需要的兴利库容 $V_兴 = W_供$。故水库在一次运用时，累积供水期各月的缺水量即可得所需的兴利库容。

2. 多次运用

水库在一个调节年度内，蓄水、供水两次或两次以上，称为水库多次运用。如图 2-10 所示，$t_0 \sim t_1$ 为第一次蓄水期，其余水量为 $W_{蓄1}$，$t_1 \sim t_2$ 为第一次供水期，其缺水量为 $W_{供1}$；$t_2 \sim t_3$ 为第二次蓄水期，其余水量为 $W_{蓄2}$，$t_3 \sim t_4$ 为第二次供水期，其缺水量为 $W_{供2}$。确定水库多次运用时所需的兴利库容就不像一次运用时那么简单，以下举例说明。

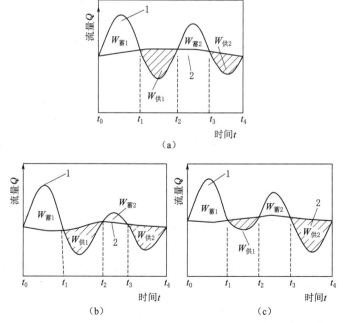

图 2-10 水库二次运用示意图
1—天然来水流量过程；2—用水流量过程

(1) 如图 2-10 (a) 所示，$W_{蓄1} > W_{供1}$，$W_{蓄2} > W_{供2}$，即每次余水量都大于其后相邻的一次缺水量。此时，水库虽属两次运用，但两次运用之间是互相独立的，没有水量联系，所以水库兴利库容取两次缺水量中较大者，即兴利库容等于 $W_{供1}$ 和 $W_{供2}$ 中的较大值。

显然，图 2-10 (a) 所示情况在 t_2 时刻水库放空也不影响以后的正常供水，因 $t_2 \sim t_3$ 时间内的蓄水量足以补充 $t_3 \sim t_4$ 时间内的缺水量。

(2) 如图 2-10 (b) 所示，$W_{蓄1} > W_{供1}$，$W_{蓄2} < W_{供2}$，且 $W_{蓄2} < W_{供1}$，即第二次余水量 $W_{蓄2}$ 比相邻的缺水量 $W_{供1}$ 和 $W_{供2}$ 都小。由于 $W_{蓄2} < W_{供2}$，所以 t_2 时刻水库不能放空，也就是第二次缺水必须借助于第一次余水才能满足，即两次运用之间有水量联系。下面分析其所需的兴利库容。

因调节周期结束的时刻水库兴利蓄水量应为 0（相应库水位为死水位），故 t_4 时刻水库兴利蓄水量 $V_4 = 0$（用相应蓄水容积表示，下同）。

$t_3 \sim t_4$ 水库供出水量 $W_{供2}$，所以 t_3 时刻水库应有的兴利蓄水量为
$$V_3 = V_4 + W_{供2} = 0 + W_{供2} = W_{供2}$$

$t_2 \sim t_3$ 水库蓄存水量 $W_{蓄2}$，所以 t_2 时刻水库应有的兴利蓄水量为
$$V_2 = V_3 - W_{蓄2} = W_{供2} - W_{蓄2}$$

$t_1 \sim t_2$ 水库供出水量 $W_{供1}$，所以 t_1 时刻水库应有的兴利蓄水量为
$$V_1 = V_2 + W_{供1} = W_{供2} - W_{蓄2} + W_{供1} = W_{供2} + (W_{供1} - W_{蓄2})$$

由于 t_0 时刻为调节周期开始时刻，所以 t_0 时刻水库应有的兴利蓄水量 $V_0 = 0$。

经上分析，找出了各特征时刻 t_0、t_1、t_2、t_3、t_4 相应的兴利蓄水量 V_0、V_1、V_2、V_3、V_4，据已知条件，$(W_{供1} - W_{蓄2})$ 为正值，则 t_1 时刻所对应的兴利蓄水量 V_1 最大，故兴利库容为
$$V_兴 = W_{供2} + (W_{供1} - W_{蓄2})$$

显然，兴利蓄水量最大应发生在 t_1 或 t_3 时刻，不可能发生在各控制时刻之间。

(3) 如图 2-10 (c) 所示，$W_{蓄1} > W_{供1}$，$W_{蓄2} < W_{供2}$，但 $W_{蓄2} > W_{供1}$，分析方法与图 2-10 (b) 所示的情况相同，只是条件不同。因为 $W_{蓄2} > W_{供1}$，所以 $(W_{供1} - W_{蓄2})$ 为负值，则 t_3 时刻所对应的兴利蓄水量 V_3 最大，故兴利库容为 $V_兴 = W_{供2}$。

由以上讨论可知，年调节年内多次运用时，求兴利库容时不能简单地将年内缺水量累计求和。经分析，可总结出多次运用情况下确定水库兴利库容的方法：从调节周期末兴利蓄水为 0 开始，逆时序往前计算，遇缺水相加［如图 2-10 (b) 所示的情况中 $t_4 \sim t_3$ 时期遇缺水，其缺水量为 $W_{供2}$，所以应相加，即 $V_3 = V_4 + W_{供2}$］，遇余水相减［如图 2-10 (b) 所示的情况中 $t_3 \sim t_2$ 时期遇余水，余水量为 $W_{蓄2}$，所以应相减，即 $V_2 = V_3 - W_{蓄2}$］，相减后若出现负值作为 0 处理（即取为 0），如此可求出各特征时刻所需的兴利蓄水量，取其最大值即为该年所需的兴利库容。

无论是几次运用或运用之间的供、蓄水量属于何种关系，都可按照此方法求出所需的兴利库容。在运用此方法时必须注意，如遇余水相减后出现负值应取为 0，不能按负值继续加减。

二、根据用水要求确定水库兴利库容

根据用水部门的用水要求确定所需的兴利库容是水库规划设计的重要内容之一。天然来水过程及兴利部门用水过程已知，所以通过来水与用水对照，不难看出何时缺水，需要

水库供水，何时有余水，水库可以蓄水，并确定水库的供、蓄水期。由于来、用水不同，其供、蓄水期及水库运用情况就不相同，则所需的兴利库容也不相同。上面讨论的针对任意年份的来、用水过程所求得的兴利库容，不一定能满足其他年份正常用水要求。我们要确定的设计兴利库容应为符合设计保证率要求的库容，即按照所确定的兴利库容，在多年期间，兴利部门用水获得满足的保证程度应达到设计保证率要求。

确定兴利库容的方法可分为长系列法和代表年法，下面分别介绍。

1. 长系列法

长系列法是利用全部来水、用水资料进行调节计算，具体步骤如下。

（1）划分调节年度。据长系列资料进行来水、用水对照，根据调节年度定义找出各调节年度的起止时间。如果调节年度的起止时间有提前或错后情况，划分时应照顾大多数年份。表 2-12 中调节年度统一为 11 月至次年 10 月。划分为统一的调节年度只是为了列表方便，具体确定每年库容时还应根据相应实际调节年度计算。如表 2-12 中的 1955—1956 年，计算其库容时应按实际调节年度 1955 年 11 月至 1956 年 11 月计算，即该调节年度为 13 个月。

（2）逐年调节计算。针对每一调节年度，按其实际运用情况，进行调节计算，求出每年所需的兴利库容。

按照是否计入水库水量损失，推求兴利库容又可分为两种方法。

1）不计水库水量损失的年调节列表计算法。由于不计入水库水量损失，出库水量只包括各兴利部门的用水量及弃水量。此时，进行来用水对照，便可确定当年所需的兴利库容，现举例说明。

【算例 2-3】 某水库一次运用时的年调节列表计算。已知某水库 1969 年 7 月至 1970 年 6 月调节年度的逐月入库水量及用水部门的用水量，分别列入表 2-8 中第（2）栏及第（3）栏，试确定该调节年度兴利所需的库容。

表 2-8　　　　　　　　　某水库不计水量损失的年调节计算（一次运用）

时段 /（年·月）	来水量 /万 m³	用水量 /万 m³	来水量－用水量 /万 m³		时段末水库兴利 蓄水量/万 m³	弃水量 /万 m³	备　注
			余水（＋）	余水（－）			
（1）	（2）	（3）	（4）	（5）	（6）	（7）	（8）
1969.7	15918	7876	8042		8042		水库蓄水
1969.8	13253	4885	8368		16410		水库蓄水
1969.9	6573	2378	4195		20605		水库蓄水
1969.10	7810	2530	5280		20767	5118	蓄满弃水
1969.11	3518	1073	2445		20767	2445	保持库满
1969.12	2175	2308		133	20634		水库供水期，库水位逐月下降,6 月末兴利库容放空
1970.1	2205	2390		185	20449		
1970.2	2180	2830		650	19799		
1970.3	2625	4865		2240	17559		
1970.4	3556	8385		4829	12730		
1970.5	4018	11358		7340	5390		
1970.6	5235	10625		5390	0		
合计	69066	61503	28330	20767		7563	
校核	69066－61503＝7563						

　　解：本例以月为计算时段，全部计算过程如表2-8所示。调节计算时，以第（2）栏减去第（3）栏，其差值为正时为余水量，填入第（4）栏。其差值为负时为缺水量，填入第（5）栏。由第（4）、（5）栏可以看出水库为一次运用，即属于图2-8的情况。余水期为7—11月，总余水量 $W_蓄$ 为28330万 m^3。缺水期为12月至次年6月，总缺水量 $W_供$ 为20767万 m^3。据前所述，水库一次运用时，累积供水期缺水量即为所需的兴利库容，所以该年所需的兴利库容为20767万 m^3。必须有这样大的库容用以蓄存水量，才能满足该年正常用水要求。

　　求得水库该年所需的调节库容后，可进行水库运用过程的计算，即求出水库各月蓄水量变化情况及水库弃水情况，见表2-8中第（6）栏及第（7）栏。计算时先找出水库供水期和蓄水期。蓄水期本月末水库兴利蓄水量应为本月初（即上月末）水库兴利蓄水量加上本月蓄水量。如计算出的兴利蓄水量超过兴利库容20767万 m^3，说明已库满并有弃水，则取兴利蓄水量为20767万 m^3。供水期本月末水库兴利蓄水量应为本月初（即上月末）水库兴利蓄水量减去本月缺水量。

　　由第（4）、（5）栏知本例从7月初开始蓄水，7月初水库兴利蓄水量为0（相应库水位为死水位），7月有余水8042万 m^3，则7月末兴利蓄水量应为（0＋8042）万 m^3＝8042万 m^3；

　　8月有余水8368万 m^3，则8月末兴利蓄水量应为（8042＋8368）万 m^3＝16410万 m^3；

　　同理，9月末兴利蓄水量应为（16410＋4195）万 m^3＝20605万 m^3；

　　10月有余水5280万 m^3，（20605＋5280）万 m^3＝25885万 m^3＞20767万 m^3，故10月末兴利蓄水量应为20767万 m^3，即本月水库已蓄满并产生弃水（25885－20767）万 m^3＝5118万 m^3；

　　11月有余水2445万 m^3，因水库已蓄满，所以其余水量均为弃水量，该月保持库满。蓄水期各月弃水计入表2-8中第（7）栏。

　　水库12月初开始供水，12月份缺水量为133万 m^3，则12月末兴利蓄水量应为（20767－133）万 m^3＝20634万 m^3。以此类推，可求出供水期12月至次年6月各月应有的兴利蓄水量，见表2-8中第（6）栏。6月末兴利蓄水量为0，水库放空，此时水库完成一个调节循环。

　　显然，年来水量减去年用水量应等于年弃水量，即（69066－61503）万 m^3＝7563（万 m^3）。年余水量减去年缺水量应等于年弃水量，即（28330－20767）万 m^3＝7563（万 m^3），可用于校核计算结果。

　　【算例2-4】　某水库多次运用时的年调节。

　　解：列表计算如表2-9所示，计算步骤如下：

　　a. 以月为计算时段，将已知的入库水量及用水部门的用水量资料列入表中第（1）、第（2）、第（3）栏。

　　b. 第（2）栏减去第（3）栏，差值为正时，表示有余水，列入表中第（4）栏；差值为负时，表示缺水，列入表中第（5）栏。

　　c. 计算该年兴利所需的库容。从第（4）、第（5）栏可以看出，水库年内供、蓄水各三次，属多次运用情况。为分析方便，可将水库运用情况作出简图，如图2-11所示。据表2-9中第（4）、第（5）栏数据，可求出图2-11中示意的供、蓄水量为

$$W_{\text{蓄}1} = (576+1472+76) \text{万 m}^3 = 2124 \text{ 万 m}^3$$

$$W_{\text{供}1} = 63 \text{ 万 m}^3$$

$$W_{\text{蓄}2} = (43+35) \text{万 m}^3 = 78 \text{ 万 m}^3$$

$$W_{\text{供}2} = (207+217) \text{万 m}^3 = 424 \text{ 万 m}^3$$

$$W_{\text{蓄}3} = 14 \text{ 万 m}^3$$

$$W_{\text{供}3} = (142+451+313) \text{万 m}^3 = 906 \text{ 万 m}^3$$

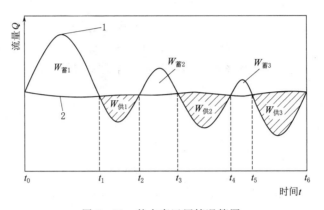

图 2-11 某水库运用情况简图

1—天然来水量过程；2—用水流量过程

表 2-9   某水库不计水量损失的年调节计算（多次运用）

月 份	来水量 /万 m³	用水量 /万 m³	来水量－用水量 /万 m³		时段末水库兴利 蓄水量/万 m³	弃水量 /万 m³	备 注
			余水(+)	余水(-)			
(1)	(2)	(3)	(4)	(5)	(6)	(7)	(8)
7	1126	550	576		576		水库蓄水
8	1992	520	1472		1316	732	蓄满弃水
9	367	291	76		1316	76	保持满库
10	289	352		63	1253		水库供水
11	195	152	43		1296		水库蓄水
12	156	121	35		1316	15	蓄满弃水
1	55	262		207	1109		水库供水
2	45	262		217	892		水库供水
3	235	221	14		906		水库蓄水
4	253	395		142	764		水库供水
5	280	731		451	313		水库供水
6	292	605		313	0		供水放空
合计	5285	4462	2216	1393		823	
校核	5285－4462=823		2216－1393=823				

d. 按照前述的水库多次运用时确定兴利库容的方法确定 $V_兴$。即从调节周期末兴利蓄水为零开始，逆时序往前计算，遇缺水相加，遇余水相减，相减后若出现负值作为 0 处理（即取为 0）。如此可求出各特征时刻所需的兴利蓄水量：

t_6 时刻 $V_6=0$；

t_5 时刻 $V_5=V_6+W_{供3}=(0+906)$ 万 $m^3=906$ 万 m^3；

t_4 时刻 $V_4=V_5-W_{蓄3}=(906-14)$ 万 $m^3=892$ 万 m^3；

t_3 时刻 $V_3=V_4+W_{供2}=(892+424)$ 万 $m^3=1316$ 万 m^3；

t_2 时刻 $V_2=V_3-W_{蓄2}=(1316-78)$ 万 $m^3=1238$ 万 m^3；

t_1 时刻 $V_1=V_2+W_{供1}=(1238+63)$ 万 $m^3=1301$ 万 m^3；

t_0 时刻 $V_0=V_1-W_{蓄1}=(1301-2124)$ 万 $m^3=-823$ 万 $m^3<0$，取 $V_0=0$。

经比较可知，t_3 时刻所需的兴利蓄水容积 V_3 最大，可确定该年所需的兴利库容为 1316 万 m^3。

e. 计算各月末水库兴利蓄水量及各月弃水量。计算方法与［算例 2-3］相同，结果见表中第（6）、第（7）栏。

2）计入水库水量损失的年调节计算。水库在进行兴利调节运用时，会产生各种水量损失（见本章第一节）。在进行调节计算时，应考虑这部分损失水量，故水库水量平衡方程式中的出库水量，除用水量和弃水量外，还应包括损失水量。考虑水库水量损失时，水库水量平衡计算按式（2-17）进行。

由于水库水量损失是在蓄水和供水过程中陆续产生的，且与水库当时的蓄水量及水面面积有直接关系，因此，只有确定了某时段初、末的水库蓄水量，才能确定该时段的水库水量损失。而某时段初、末的水库蓄水量又与该时段的水库水量损失有关，二者互相影响，所以，考虑水量损失进行计算时，无法直接用水量平衡方程式求解。在实际工作中，计入水库水量损失的调节计算一般采用近似计算方法，即先不考虑水库水量损失进行调节计算，近似求得各时段初、末水库蓄水量，用各时段水库平均蓄水量（包括死库容）求出相应时段的水量损失，从来水中扣除水量损失作为净来水量，或将水量损失加到用水量中作为毛用水量，再按与不计入水库水量损失相同的方法进行调节计算，便可求得计入水库水量损失所需的兴利库容。此方法根据不计入水库水量损失时的水面面积计算水量损失，是一种近似方法，具有一定的误差。如果要求更高的计算精度，可按新的水库蓄水量过程再重新计算水量损失，并重复上述过程，直到所得结果满足精度要求为止。现举例说明。

【算例 2-5】　对于［算例 2-4］所述水库，计入水库水量损失，确定其该年兴利所需的库容。该水库死库容为 200 万 m^3，水库水位与面积、容积关系见表 2-10，水库蒸发损失深度见表 2-11 中第（9）栏，渗漏损失按时段蓄水量的 1% 计入。

表 2-10　　　　　　　　　某水库水位与面积、容积关系表

水位/m	90	92	94	96	98	100	102	104	106
面积/万 m^2	0	70	150	240	320	410	510	620	730
容积/万 m^3	0	70	290	680	1240	1970	2890	4020	5370

表 2-11

计入损失的年调节计算表

月份	来水量/万m³	用水量/万m³	来水量-用水量		时段末水库蓄水量/万m³	月平均水库蓄水量/万m³	月平均水库水面面积/万m²	水库水量损失					计入损失后净来水量/万m³	净来水量-用水量		时段末水库蓄水量/万m³	弃水量/万m³
								蒸发		渗漏		总损失量/万m³					
			余水(+)/万m³	缺水(-)/万m³				标准/m	损失量/万m³	标准/%	损失量/万m³			余水(+)/万m³	缺水(-)/万m³		
(1)	(2)	(3)	(4)	(5)	(6)	(7)	(8)	(9)	(10)	(11)	(12)	(13)	(14)	(15)	(16)	(17)	(18)
7	1126	550	576		(7月初200)776	488	200	0.075	15	以当月水库蓄水量的1%计	5	20	1106	556		(7月初200)756	
8	1992	520	1472		1516	1146	305	0.070	21		11	32	1960	1440		1686	510
9	367	291	76		1516	1516	355	0.050	18		15	33	334	43		1686	43
10	289	352		63	1453	1485	351	0.045	16		15	31	258		94	1592	
11	195	152	43		1496	1475	350	0.030	11		15	26	169	17		1609	
12	156	121	35		1516	1506	354	0.015	5		15	20	136	15		1624	
1	55	262		207	1309	1413	342	0.013	4		14	18	37		225	1399	
2	45	262		217	1092	1201	315	0.018	6		12	18	27		235	1164	
3	235	221	14		1106	1099	302	0.030	9		11	20	215		6	1158	
4	253	395		142	964	1035	293	0.035	10		10	20	233		162	996	
5	280	731		451	513	739	249	0.045	11		7	18	262		469	527	
6	292	605		313	200	357	167	0.060	10		4	14	278		327	200	
合计	5285	4462	2216	1393				0.486	136		134	270	5015	2071	1518		553

调节计算过程见表 2-11，计算步骤如下：

a. 据表 2-10 作出水库面积与水库容积关系曲线（图 2-12）。

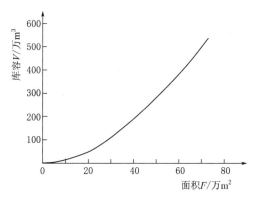

图 2-12　某水库面积与容积关系曲线

b. 不计入水量损失，计算各时段的蓄水量。计算结果列入表 2-11 中第（1）～第（6）栏。表中第（1）～（5）栏即为表 2-9 中的第（1）～（5）栏，表中第（6）栏为水库总蓄水容积，即表 2-9 中的第（6）栏与死库容之和。

c. 计算水量损失。取第（6）栏月初和月末蓄水量的平均值作为月平均蓄水量，列入表中第（7）栏。据第（7）栏查图 2-12 可求得月平均水面面积，列入第（8）栏。第（9）栏与第（8）栏的乘积即为蒸发损失，列入第（10）栏。第（7）栏与第（11）栏的乘积即为渗漏损失，列入第（12）栏。第（10）栏与第（12）栏之和即为水量损失，列入第（13）栏。

此例只要求计算兴利库容，故直接作出水库面积与水库容积关系曲线，以便据水库蓄水量直接查得水库面积，从而确定蒸发损失。若要求计算水库库水位变化过程，则应绘制水库水位与容积关系曲线和水库水位与面积关系曲线。

d. 计算净来水量。净来水量等于第（2）栏与第（13）栏之差，列入第（14）栏。

e. 计算净来水量与用水量差值，即第（14）栏与第（3）栏之差。差值为正时，列入第（15）栏，差值为负时，列入第（16）栏。

f. 计算该年所需要的调节库容。从表中第（15）栏、第（16）栏可以看出，水库为多次运用，如图 2-10（b）所示情况。其中，$W_{蓄1} = (556 + 1440 + 43)$ 万 $m^3 = 2039$ 万 m^3，$W_{供1} = 94$ 万 m^3，$W_{蓄2} = (17 + 15)$ 万 $m^3 = 32$ 万 m^3，$W_{供2} = (225 + 235 + 6 + 162 + 469 + 327)$ 万 $m^3 = 1424$ 万 m^3，所以，$V_{兴} = W_{供1} + W_{供2} - W_{蓄2} = (94 + 1424 - 32)$ 万 $m^3 = 1486$ 万 m^3。

g. 求各时段水库蓄水及弃水情况。计算方法与［算例 2-3］相同，第（17）栏为各时段末水库总蓄水量。

h. 校核计算。年净来水量减去年用水量应等于年弃水量，年余水量减去年缺水量应等于年弃水量。按表 2-11 中各栏合计数进行校核计算，因 5015-4462＝2071-1518＝553，故可知计算无误。

经上计算知，该年的兴利库容为 1486 万 m^3，比不计入损失的兴利库容 1316 万 m^3

增大了 170 万 m³。

若要求更高的精度，可将表中第（17）栏移作第（6）栏，按同样的方法再作调节计算，直到得到满足精度的结果。

在中、小型水库的设计工作中，为简化计算，可按下述方法考虑水量损失：首先不计水量损失算出兴利库容，取此库容的一半，加上死库容，作为水库全年平均蓄水量，从水库特性曲线中查定相应的全年平均水位及平均水面面积，据此求出年损失水量，并平均分配在 12 个月份。不计损失时的兴利库容加上供水期总损失水量，即为考虑水量损失后的兴利库容近似解。

以简化方法考虑水量损失对上述算例 2-4 计算所需兴利库容，结果表明简化法获值较大。一方面，由于表 2-11 仅为一次近似计算，算值稍偏小；另一方面，在简化计算中水量损失按年内均匀分配考虑，又使结果稍偏大，因为实际上冬季水量损失比夏季小些。

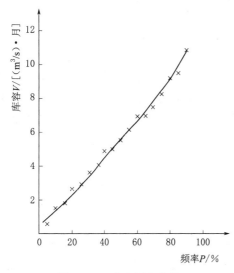

图 2-13 库容频率曲线

（3）设计兴利库容的确定。经逐年调节计算，可求得各年所需的兴利库容值。将这些库容值按从小到大的顺序排队，用经验频率计算公式 $P = \dfrac{m}{n+1} \times 100\%$ 计算库容的经验频率，并可绘制出库容频率曲线（图 2-13）。然后，可根据已定的设计保证率，从该曲线上查得相应的设计兴利库容。

【算例 2-6】 已知某水库坝址断面的 19 年各月来水量与用水量的差值（见表 2-12）。供水设计保证率选定为 $P=80\%$，不计水库水量损失，用长系列法求年调节水库的兴利库容。

解： 表 2-12 中所列数据为各月余缺水量，即月天然来水量减去月用水量。为计算方便，表中水量单位采用（m³/s）·月。在水利计算中，为了简化计算，一个月的天数按常数 30.4d 计，则一个月的秒数为 $3600 \times 24 \times 30.4\text{s} = 2626560\text{s}$。1(m³/s)·月 $=1$(m³/s)$\times 2626560$(s)$=2626560\text{m}^3 \approx 2.63 \times 10^6\text{m}^3$。

针对 19 年的来、用水资料，按前述的调节计算方法，求得各年所需的库容，列入表 2-12 中。各年中，水库属一次运用的有 13 年，属多次运用的有 5 年。1996—1997 年因年来水量小于年用水量，已不属年调节范围，可不计算其库容，但进行库容频率计算时，应留有其位置。

将求得的 19 年的库容值，按由小到大顺序排列，计算每一库容的经验频率，计算过程及结果见表 2-13。据表 2-13 可绘制库容频率曲线（图 2-13）。由供水设计保证率 $P=80\%$ 从该曲线上可查得相应的年调节兴利库容为 $V_{兴} = 9.2$(m³/s)·月。

表 2-12　某水库长系列年调节库容计算表

单位：(m³/s)·月

| 年份 | 各月余缺水量 | | | | | | | | | | | | 年来水量 | 年用水量 | 库容 | 备注 |
---	11月	12月	1月	2月	3月	4月	5月	6月	7月	8月	9月	10月				
1980—1981	1.82	1.10	1.62	2.80	6.70	3.20	4.65	9.68	-6.24	-1.11	-1.85	6.53	51.55	22.65	9.20	
1981—1982	2.55	1.8	1.52	1.65	3.86	3.85	11.26	13.35	-5.65	-1.32	0.13	2.80	60.23	25.15	6.97	
1982—1983	3.06	2.05	1.63	1.05	2.67	3.68	4.57	-2.65	1.08	2.35	0.08	1.32	31.10	10.21	2.65	
1983—1984	2.15	1.65	3.83	4.25	8.52	13.86	15.80	21.05	-3.68	4.68	-5.13	-3.12	80.36	16.50	8.25	多次运用
1984—1985	2.38	1.85	1.06	3.75	5.68	7.50	8.85	-1.61	-3.65	2.15	-3.12	-4.62	41.38	21.06	10.85	多次运用
1985—1986	0.35	2.08	1.86	2.03	3.48	4.85	4.32	11.38	11.36	3.28	-1.82	-2.10	65.82	24.75	5.00	
1986—1987	-1.08	1.25	2.35	3.08	2.01	3.76	5.32	12.35	6.06	-1.82	-5.12	6.37	60.25	25.72	6.94	
1987—1988	2.13	1.67	2.36	2.85	1.32	4.65	5.78	2.13	2.01	-0.82	-2.85	-0.12	45.12	24.01	3.79	多次运用
1988—1989	1.65	2.08	1.98	3.55	2.66	5.33	4.92	2.48	2.58	0.68	0.31	-4.12	42.26	18.16	4.12	
1989—1990	1.88	1.97	2.55	3.65	6.28	9.96	4.53	12.35	-1.12	-2.01	2.45	-2.16	60.56	20.23	4.89	
1990—1991	-2.05	2.51	1.65	2.92	6.78	5.52	4.69	7.57	-2.15	-3.05	-1.12	-3.18	45.65	25.56	9.50	
1991—1992	2.45	3.01	2.33	3.42	1.56	5.87	5.01	2.55	-3.18	3.65	2.80	2.67	48.28	16.14	3.18	
1992—1993	2.33	4.55	2.62	3.49	2.84	5.95	5.66	3.01	0.25	1.51	1.13	-2.14	42.85	11.65	2.14	
1993—1994	2.55	3.64	4.65	5.15	3.68	4.75	4.82	8.43	11.35	8.36	12.65	-0.58	93.15	23.70	0.58	
1994—1995	2.94	3.55	3.63	8.85	12.68	4.87	10.38	-1.52	18.35	11.26	13.85	11.50	121.4	21.01	1.52	多次运用
1995—1996	1.64	2.36	2.68	4.65	3.45	8.26	5.95	-6.15	4.35	3.25	-2.45	-0.52	45.36	17.89	6.15	多年调节
1996—1997	0.35	1.78	1.56	2.38	1.58	2.75	2.35	-3.42	-2.41	-6.15	-3.46	-3.25	18.35	24.29		多次运用
1997—1998	0.85	1.08	1.85	1.56	2.65	3.86	2.36	1.26	-5.15	4.15	-2.13	-4.14	35.28	27.08	7.27	
1998—1999	1.15	2.65	3.86	1.36	3.58	5.25	8.75	-4.18	-1.35	12.67	6.36	1.85	60.27	18.32	5.53	
1999—2000	2.36	3.65	2.16													

表 2-13   库容频率计算表

序 号	年 份	库容/[(m³/s)·月]	频率 $P=\dfrac{m}{n+1}\times100$(%)
1	1993—1994	0.58	5.0
2	1994—1995	1.52	10.0
3	1992—1993	2.14	15.0
4	1982—1983	2.65	20.0
5	1991—1992	3.18	25.0
6	1987—1988	3.79	30.0
7	1988—1989	4.12	35.0
8	1989—1990	4.89	40.0
9	1985—1986	5.00	45.0
10	1998—1999	5.53	50.0
11	1995—1996	6.15	55.0
12	1986—1987	6.94	60.0
13	1981—1982	6.97	65.0
14	1997—1998	7.27	70.0
15	1983—1984	8.25	75.0
16	1980—1981	9.20	80.0
17	1990—1991	9.50	85.0
18	1984—1985	10.85	90.0
19	1996—1997	—	95.0

由表 2-13 可知，按照统计规律，在多年期间，有 80% 的年份所需兴利库容小于或等于 9.2(m³/s)·月。因此，若修建水库的兴利库容为 9.2(m³/s)·月，应能满足设计保证率为 80% 的要求。

2. 设计代表年法

上述用长系列法确定年调节兴利库容的方法，其保证率概念明确，成果较为可靠，但计算工作量大，且需要较长的来、用水资料。缺乏资料或进行多方案初步比较时，常采用设计代表年法。即针对设计枯水年的来、用水过程，进行调节计算，求得该年所需的年调节库容，以此作为设计的兴利库容。

通过以上内容，可归纳出以下几点。

(1) 径流来水过程与用水过程差别越大，则所需兴利库容越大。

(2) 在一次充蓄条件下，累计整个供水期总不足水量和损失水量之和，即得兴利库容，任意改变供水期各月用水量，只要整个供水期总用水量不变，则其不足水量不变，所求兴利库容也将保持不变，仅各月的库存水量有所变动而已。因此，为简化计算，可用供水期各月用水量的均值代替各月实际用水量，即假定整个供水期为均匀供水。这种径流调节计算称为等流量调节。

（3）［算例 2 - 3］中，供水期总调节水量为 $(2308+2390+2830+4865+8385+11358+10625)\times10^4 cm^3=42761\times10^4$（$m^3$），除以供水期秒数可得相应调节流量为 23.2$m^3$/s。通常将设计枯水年供水期调节流量（多年调节时为设计枯水系列调节流量）与多年平均流量的比值称为调节系数 α，用以度量径流调节的程度。

（4）兴利部门全年用水量不大于设计枯水年来水量时，枯水期不足水量可由径流年调节解决。当全年用水量大于设计枯水年来水量时，仅靠径流年内重新分配是不可能满足要求的，必须借助于丰水年份之水量，即需进行径流多年调节才能解决问题。

前述以年调节水库为例，说明了确定兴利库容的径流调节时历列表法，其水量平衡原理和逐时段推算的步骤和方法，对于调节周期更长的多年调节和周期更短的日（周）调节都基本适用。

如同前述，水库多年调节的调节周期长达若干年，且不是常数，即使有较长的水文资料，其周期循环数目仍然不多，难以保证计算精度。一般认为，只在具有 30～50 年以上水文资料时才应用长系列法，否则采用代表期（设计枯水系列）法进行径流调节时历列表计算。

对于周期短的日（周）调节，其计算时段常按小时（日）计，当采用代表期法时，则针对设计枯水日（周）进行径流调节时历列表计算。

三、根据兴利库容确定调节流量

对于具有一定调节库容的水库，天然枯水径流提高程度，也是水库规划设计中经常碰到的问题。例如，在多方案比较时，常需推求各方案在供水期能获得的可用水量（调节流量 $Q_{调}$），进而分析每个方案的效益，为方案比较提供依据；对于选定方案则需进一步进行较为精确的计算，以便求出最终效益指标。

用水（调节流量）是未知值，所以不能直接通过来、用水对照确定水库的供、蓄水期，一般需通过试算求得调节流量。根据用水的特点来确定采取的试算方法。当年内用水流量变化过程较复杂时，可按其分配比例假定若干用水流量方案，对每个方案采用上述已知用水求库容的方法，求出相应的兴利库容，并绘制调节流量与兴利库容关系曲线，如图 2 - 14 所示。在该曲线上，可根据给定的兴利库容 $V_{兴0}$ 查得相应的用水流量 $Q_{调0}$。然后可按其分配比例求得年内调节流量过程。

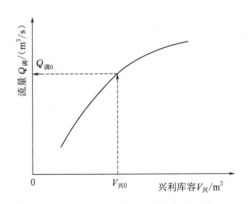

图 2 - 14　调节流量与兴利库容关系曲线

当水库年内一次蓄放运用，且用水可以供水期（或蓄水期）等流量调节方式简化表示时，可直接采用以下的公式法，求得供水期和蓄水期的调节流量。其中，等流量调节指供水期、蓄水期分别按等流量进行调节，而非全年按等流量调节。

由水库水量平衡原理可知，年调节一次运用时，供水期水库能够提供的可用水量（调节水量）由两部分组成。一部分是供水期内的天然来水量（除去损失），另一部分是全部兴利库容补充的水量，用公式表示为

$$(W_{供天} - W_{供损}) + V_{兴} = W_{供用} = Q_{供} T_{供} \qquad (2-20)$$

式中　$W_{供天}$——供水期的天然来水总量，$(m^3/s) \cdot$ 月；

　　　$W_{供用}$——供水期的用水总量，$(m^3/s) \cdot$ 月；

　　　$W_{供损}$——供水期的水量损失，$(m^3/s) \cdot$ 月；

　　　$V_{兴}$——兴利库容，$(m^3/s) \cdot$ 月；

　　　$Q_{供}$——供水期的调节流量，m^3/s；

　　　$T_{供}$——供水期的时间，月。

由式（2-20）知供水期调节流量为

$$Q_{供} = \frac{W_{供天} - W_{供损} + V_{兴}}{T_{供}} \qquad (2-21)$$

蓄水期水库应蓄满，以便在供水期补充天然来水的不足。所以，蓄水期的可用水量应为蓄水期的天然来水量（应为除去损失后的净来水量）减去兴利库容，用公式表示为

$$(W_{蓄天} - W_{蓄损}) - V_{兴} = W_{蓄用} = Q_{蓄} T_{蓄} \qquad (2-22)$$

式中　$W_{蓄天}$——蓄水期的天然来水总量，$(m^3/s) \cdot$ 月；

　　　$W_{蓄用}$——蓄水期的用水总量，$(m^3/s) \cdot$ 月；

　　　$W_{蓄损}$——蓄水期的水量损失，$(m^3/s) \cdot$ 月；

　　　$V_{兴}$——兴利库容，$(m^3/s) \cdot$ 月；

　　　$Q_{蓄}$——蓄水期的调节流量，m^3/s；

　　　$T_{蓄}$——蓄水期的时间，月。

由式（2-22）知蓄水期的调节流量为

$$Q_{蓄} = \frac{W_{蓄天} - W_{蓄损} - V_{兴}}{T_{蓄}} \qquad (2-23)$$

在式（2-21）及式（2-23）中，库容及水量单位均为 $(m^3/s) \cdot$ 月，时间单位为月，这样可使计算简化。

式（2-21）及式（2-23）仅适用于年调节年内一次蓄放情况。用式（2-21）及式（2-23）确定调节流量时，还要注意以下问题：

（1）水库调节性能问题。首先应确定水库属年调节，因只有年调节水库才在当年蓄满，且存水全部用于该调节年度的供水期内。

如同前述，一般库容系数 $\beta = 8\% \sim 30\%$ 时为年调节水库，$\beta > 30\%$ 可进行多年调节，可作为初步判定水库调节性能的参考。通常还以对设计枯水年按等流量进行完全年调节所需兴利库容 $V_{完}$ 为界限，当实际兴利库容大于 $V_{完}$ 时，水库可进行多年调节，否则为年调节。显然，令各月用水量均等于设计枯水年平均月水量，对设计枯水年进行时历列表计算，即能求出 $V_{完}$ 值。$V_{完}$ 也可直接用下式计算：

$$V_{完} = \overline{Q}_{设枯} T_{枯} - W_{设枯} \qquad (2-24)$$

式中　$Q_{设枯}$——设计枯水年平均天然流量，m^3/s；

　　　$W_{设枯}$——设计枯水年枯水期来水总量，m^3；

　　　$T_{枯}$——设计枯水年枯水期历时，s。

（2）划定蓄水期、供水期的问题。应用式（2-21）计算供水期调节流量时，需正确

划分蓄水期、供水期。前述已经提到，径流调节供水期指天然来水小于用水，需由水库放水补充的时期。水库在调节年度内一次充蓄、一次供水的情况下，供水期开始时刻应是天然流量开始小于调节流量之时，而终止时刻则应是天然流量开始大于调节流量之时。可见，供水期长短是相对的，调节流量越大，要求供水的时间越长，但在此处，调节流量是未知值，故不能很快地定出供水期，通常需试算。先假定供水期，待求出调节流量后进行核对，如不正确则重新假定后再算。

应用式（2-21）及式（2-23）计算时，需先假设供、蓄水期，然后求得供、蓄水期的调节流量。按算得的调节流量，根据水量平衡关系判断供、蓄水期，如与假设的供、蓄水期相同，说明假设正确，其调节流量即为所求。若不相同，则需重新假设。

供水期内各时段来水均应小于调节流量，供水期外各时段来水均应大于或等于调节流量。蓄水期内各时段来水均应大于调节流量，蓄水期外各时段来水均应小于或等于调节流量。

现通过算例来说明公式法的应用。

【算例 2-7】　某拟建水库坝址处多年平均流量为 $\overline{Q}=22.5\mathrm{m^3/s}$，多年平均年水量 $\overline{W}_年=710.1\times10^6\mathrm{m^3}$。按设计保证率 $P_设=90\%$ 选定的设计枯水年流量过程线如图 2-15 所示。初定兴利库容 $V_兴=120\times10^6\mathrm{m^3}$，试计算调节流量和调节系数。

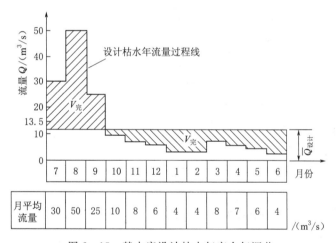

月份	7	8	9	10	11	12	1	2	3	4	5	6	
月平均流量	30	50	25	10	8	6	4	4	4	7	6	4	/(m³/s)

图 2-15　某水库设计枯水年完全年调节

解：（1）判定水库调节性能。

水库库容系数 $\beta=120\times10^6/(710.1\times10^6)\approx0.17$，初步认定为年调节水库。

进一步分析设计枯水年进行完全年调节的情况，以确定完全年调节所需兴利库容，其步骤为：

1）计算设计枯水年平均流量和年水量。$\overline{Q}_{设年}=13.5\mathrm{m^3/s}$，$W_{设年}=426.1\times10^6\mathrm{m^3}$。

2）定出设计枯水年枯水期。进行完全年调节时，调节流量为 $\overline{Q}_{设年}$，由图 2-15 可见，其丰、枯水期十分明显，即当年 10 月到次年 6 月为枯水期，$T_枯=9\times2.63\times10^6=23.67\times10^6$（s）。

3）求设计枯水年枯水期总水量。$W_{设枯}=57\times2.63\times10^6=149.91\times10^6$（m³）

4）确定设计枯水年进行完全年调节所需兴利库容。根据公式得

$$V_{完}=(13.5\times23.67-149.9)\times10^6=169.6\times10^6(m^3)$$

已知兴利库容小于 $V_{完}$，判定拟建水库是年调节水库。

（2）按已知兴利库容确定调节流量（不计水量损失）。

该调节流量一定比 $\overline{Q}_{设年}$ 小，先假定 11 月到次年 6 月为供水期，由式（2-21）得

$$Q_{调}=(120\times10^6+47\times2.63\times10^6)/(8\times2.63\times10^6)\approx11.6(m^3/s)$$

计算得到的 $Q_{调}$ 大于 10 月份天然流量，故 10 月也应包含在供水期之内，即实际供水期应为 9 个月。按此供水期再进行计算，得

$$Q_{调}=(120\times10^6+57\times2.63\times10^6)/(9\times2.63\times10^6)\approx11.4(m^3/s)$$

计算得到的 $Q_{调}$ 小于 9 月份天然流量，说明供水期按 9 个月计算是正确的。该水库所能获得的调节流量为 11.4m³/s，其调节系数为

$$\alpha=Q_{调}/\overline{Q}=11.4/22.5=0.51$$

【算例 2-8】　某拟建水库坝址处多年平均年径流总量 $W_{年}=6406\times10^6 m^3$，设计枯水年的月平均流量见表 2-14。初定水库的兴利库容 $V_{兴}=1025\times10^6 m^3$，水量损失可按每月 $12\times10^6 m^3$ 计。试求设计枯水年的调节流量（可用供水期、蓄水期平均调节流量表示）。

表 2-14　　　　　　　　某水库设计枯水年来水过程

月　　份	6	7	8	9	10	11
流量/（m³/s）	268	340	214	206	160	102
月　　份	12	1	2	3	4	5
流量/（m³/s）	75	50	46	38	36	86

解：计算可按下列步骤进行：

（1）判别水库的调节类型。

库容系数

$$\beta=\frac{V_{兴}}{W_{年}}=\frac{1025\times10^6}{6406\times10^6}=0.16$$

由 β 值可确定水库属年调节类型。

（2）求供水期调节流量。

为计算简便，将兴利库容的单位转换为（m³/s）·月，则 $V_{兴}=1025\times10^6 m^3=389.7$（m³/s）·月。

用公式法进行计算时，因尚未求得调节流量，供水期无法直接判断，故需先假设供水期，并在求得调节流量后进行校核。因 10 月份开始来水较枯，可先假设供水期为 10 月至次年 5 月，则

$$T_{供}=8 个月$$

$$W_{供天}=(160+102+75+50+46+38+36+86)(m^3/s)\cdot 月=593(m^3/s)\cdot 月$$

$$W_{供损}=\frac{12\times10^6\times8}{2.63\times10^6}(m^3/s)\cdot 月=36.5(m^3/s)\cdot 月$$

由式（2-19）可求得供水期调节流量

$$Q_供=\frac{W_{供天}-W_{供损}+V_兴}{T_供}=\frac{593-36.5+389.7}{8}\mathrm{m^3/s}=118\mathrm{m^3/s}$$

将求得的 $Q_供=118\mathrm{m^3/s}$ 与表 2-14 中各月来水流量对照，发现所设供水期内也出现来水流量大于调节流量的情况（10 月的来水流量大于 $118\mathrm{m^3/s}$），说明假设的供水期有误，需重新假设。

第二次假设供水期为 11 月至次年 5 月，则

$$T_供=7\ 个月$$

$$W_{供天}=(102+75+50+46+38+36+86)(\mathrm{m^3/s})\cdot 月=433(\mathrm{m^3/s})\cdot 月$$

$$W_{供损}=\frac{12\times10^6\times7}{2.63\times10^6}(\mathrm{m^3/s})\cdot 月=31.9(\mathrm{m^3/s})\cdot 月$$

供水期调节流量为

$$Q_供=\frac{433-31.9+389.7}{7}\mathrm{m^3/s}=113\mathrm{m^3/s}$$

将求得的 $Q_供=113\mathrm{m^3/s}$ 与来水对照知，假设供水期为 11 月至次年 5 月正确。此时，可确定调节流量 $Q_供=113\mathrm{m^3/s}$ 即为所求。

（3）求蓄水期调节流量。假定蓄水期为 6—10 月，则

$$T_蓄=5\ 个月$$

$$W_{蓄天}=(268+340+214+206+160)(\mathrm{m^3/s})\cdot 月=1188(\mathrm{m^3/s})\cdot 月$$

$$W_{蓄损}=\frac{12\times10^6\times5}{2.63\times10^6}(\mathrm{m^3/s})\cdot 月=22.8(\mathrm{m^3/s})\cdot 月$$

由式（2-20）可求得蓄水期的可用流量

$$Q_蓄=\frac{W_{蓄天}-W_{蓄损}-V_兴}{T_蓄}=\frac{1188-22.8-389.7}{5}\mathrm{m^3/s}=155\mathrm{m^3/s}$$

将求得的 $Q_蓄=155\mathrm{m^3/s}$ 与表 2-14 中各月来水流量对照，可知蓄水期假设正确，其调节流量 $Q_蓄=155\mathrm{m^3/s}$ 即为所求。

显然，水库进行年调节时，所求得的供水期调节流量应小于蓄水期调节流量。

以上例子比较简单，在一个调节年度内只分供水期和蓄水期两种时期。在用公式法推求调节流量时，还可能遇到稍复杂的情况，现举例说明。

【算例 2-9】　某发电水库坝址处多年平均年径流总量 $W_年=11250\times10^6\mathrm{m^3}$，水库的兴利库容 $V_兴=1354\times10^6\mathrm{m^3}$，设计枯水年入库径流资料见表 2-15 中第（2）栏。不计水量损失，其他部门无用水要求，求发电可用流量（可用供水期、蓄水期平均调节流量表示）。

解：计算步骤如下。

（1）判别水库的调节类型。

库容系数　　　　　　　　$$\beta=\frac{V_兴}{W_年}=\frac{1354\times10^6}{11250\times10^6}=0.12$$

由 β 值可确定水库属年调节类型。

(2) 确定供水期可用流量。已知 $V_兴 = 1354 \times 10^6 \text{m}^3 = 1354 \times 10^6 / (2.63 \times 10^6)$ $(\text{m}^3/\text{s}) \cdot 月 = 515 (\text{m}^3/\text{s}) \cdot 月$

假设供水期为 12 月至次年 4 月，则

$$T_供 = 5 \text{ 个月}$$

$$W_{供天} = (152 + 90 + 76 + 65 + 63)(\text{m}^3/\text{s}) \cdot 月 = 446(\text{m}^3/\text{s}) \cdot 月$$

$$Q_供 = \frac{W_{供天} - W_{供损} + V_兴}{T_供} = \frac{446 - 0 + 515}{5} \text{m}^3/\text{s} = 192\text{m}^3/\text{s}$$

将求得的 $Q_供 = 192\text{m}^3/\text{s}$ 与表 2-15 中各月来水流量对照知，12 月至次年 4 月来水流量均小于 192 (m^3/s)。供水期假设正确，发电可用流量为 192m^3/s。

除去上面已求得的供水期 12 月至次年 4 月外，余下的为 5—11 月，初次假设余下月份的全部为蓄水期，经校核若不符，说明在该调节年度内不只供、蓄水期两种时期，应重新假设。

(3) 确定蓄水期可用流量。假定蓄水期为 5—11 月，则

$$T_蓄 = 7 \text{ 个月}$$

$$W_{蓄天} = (460 + 768 + 782 + 720 + 462 + 346 + 262)(\text{m}^3/\text{s}) \cdot 月$$
$$= 3800(\text{m}^3/\text{s}) \cdot 月$$

$$Q_蓄 = \frac{W_{蓄天} - W_{蓄损} - V_兴}{T_蓄} = \frac{3800 - 0 - 515}{7} \text{m}^3/\text{s} = 469\text{m}^3/\text{s}$$

将求得的 $Q_蓄 = 469\text{m}^3/\text{s}$ 与表 2-15 中各月来水流量对照，可知所设蓄水期内有的月份（5 月、9 月、10 月、11 月）来水流量小于所求得的调节流量，说明假设的蓄水期有误。需要重新假设。

重新假设蓄水期为 6—8 月，则

$$T_蓄 = 3 \text{ 个月}$$

$$W_{蓄天} = (768 + 782 + 720)(\text{m}^3/\text{s}) \cdot 月 = 2270(\text{m}^3/\text{s}) \cdot 月$$

$$Q_蓄 = \frac{W_{蓄天} - W_{蓄损} - V_兴}{T_蓄} = \frac{2270 - 0 - 515}{3} \text{m}^3/\text{s} = 585\text{m}^3/\text{s}$$

将求得的 $Q_蓄 = 585\text{m}^3/\text{s}$ 与表 2-15 中各月来水流量对照，可知蓄水期假设正确，蓄水期发电可用流量为 585m^3/s。

表 2-15   某水库设计枯水年入库流量及可用流量表

月 份	(1)	5	6	7	8	9	10
入库流量/(m^3/s)	(2)	460	768	782	720	462	346
可用流量/(m^3/s)	(3)	460	585	585	585	462	346
月 份	(1)	11	12	1	2	3	4
入库流量/(m^3/s)	(2)	262	152	90	76	65	63
可用流量/(m^3/s)	(3)	262	192	192	192	192	192

(4) 确定其他时期可用流量。供水期、蓄水期以外的月份，因其天然流量介于供水期

调节流量与蓄水期调节流量之间，属不供不蓄期，可用流量等于天然流量。

经上述计算便可求出设计枯水年各月发电可用流量，计算结果列入表 2-15 中第（3）栏。

［算例 2-7］中出现了不供不蓄期，这是较［算例 2-6］更为常见的情况。不供不蓄期中水库既不供水又不蓄水，库水位保持不变。

四、根据既定兴利库容和水库操作方案推求水库运用过程

所谓推求水库运用过程，主要内容为确定库水位、下泄量和弃水等的时历过程，进而计算、核定工程的工作保证率。在既定库容条件下，水库适用过程与其操作方式有关，水库操作方式可分为定流量和定出力两种类型。

（一）定流量操作

这种水库操作方式的特点是设想各时段调节流量为已知值。当各时段调节流量相等时，称等流量操作。

水库对于灌溉、给水和航运等部门的供水，多根据需水过程按定流量操作。在初步计算时也可简化为等流量操作。这时，可分时段直接进行水量平衡，推求出水库运用过程。显然，对于既定兴利库容和操作方案来讲，入库径流不同，水库运用过程亦不同。以年调节水库为例，若供水期由正常蓄水位开始推算，当遇特枯年份，库水位很快消落到死水位，后一段时间只能靠天然径流供水，用水部门的正常工作将遭破坏。而且，在该种年份的丰水期，兴利库容也可能蓄不满，则供水期缺水情况就更加严重。相反，在丰水年份，供水期库水位不必降到死水位便能保证兴利部门的正常用水，而在丰水期则水库可能提前蓄满并有弃水。显而易见，针对长水文系列进行径流调节计算，即可统计得出工程正常工作的保证程度。而对于设计代表期（日、年、系列）进行定流量操作计算，便得出具有相应特定含义的水库运用过程。

（二）定出力操作

为满足用电要求，水电站调节水量要与负荷变化相适应，这时，水库应按定出力操作，定出力操作又有两种方式，第一种是供水期以 $V_兴$ 满蓄为起算点，蓄水期以 $V_兴$ 放空为起算点，分别以顺时序算到各自的期末。其计算结果表明水电站按定出力运行水库在各种来水情况下的蓄、放水过程。类似于定流量操作，针对长水文系列进行定出力顺时序计算，可统计得出水电站正常工作的保证程度；第二种方式是供水期以期末 $V_兴$ 放空为起算点，蓄水期以期末 $V_兴$ 满蓄为起算点，分别逆时序计算到各自的期初，其计算结果表明水电站按定出力运行且保证 $V_兴$ 在供水期末正好放空、蓄水期末正好蓄满，各种来水年份各时段水库必须具有的蓄水量。

由于水电站出力与流量和水头两个因素有关。而流量和水头彼此又有影响，定出力调节常采用逐次逼近的试算法。如表 2-16 所示为顺时序一个时段的试算数例。如上所述，计算总是从水库某一特定蓄水情况（库满或库空）开始，即第（11）栏起算数据为确定值。表中第（4）栏指电站按第（2）栏定出力运行时应引用的流量，与水头值有关，先任意假设一个数值（表中为 $40\mathrm{m^3/s}$），依此进行时段水量平衡，求得水库蓄水量变化并定出时段平均库水位 $\overline{Z}_上$［第（16）栏］。根据假设的发电流量和时段内通过其他途径泄往下游的流量，查出同时段下游平均水位 $\overline{Z}_下$，填入第（17）栏。同时段上、下游平均水位差

即为该时段水电站的平均水头 $\overline{H}$，填入第（18）栏，将第（4）栏的假设流量值和第（18）栏的水头值代入公式 $N'=AQ_电\overline{H}$（本算例出力系数 A 取值8.0），求得出力值并填入第（19）栏。比较第（2）栏的 N 值和第（19）栏的 N' 值，若两者相等，表示假设的 $Q_电$ 无误，否则另行假定重算，直至 N' 和 N 相符为止。本算例第一次试算 $N'=16.0\times10^3\,\mathrm{kW}$，与要求出力 $N=15.0\times10^3\,\mathrm{kW}$ 不符，而第二次试算求得 $N'=15.09\times10^3\,\mathrm{kW}$，与要求值很接近。算完一个时段后继续下个时段的试算，直至期末。在计算过程中。上时段末水库蓄水量就是下个时段初的水库蓄水量。

表 2-16　　　　　　　　　　定出力操作水库调节计算（顺时序）

月　份		（1）	某　月		
水电站月平均出力 $N/10^3\,\mathrm{kW}$		（2）	15		
月平均天然流量 $Q_天/(\mathrm{m^3/s})$		（3）	30		
水电站引用流量 $/(\mathrm{m^3/s})$		（4）	40	（假定）	37.5
其他部门用水流量 $Q_电/(\mathrm{m^3/s})$		（5）	0		0
水库水量损失 $\sum Q_损/(\mathrm{m^3/s})$		（6）	0		0
水库存入或放出的流量 $\Delta Q/(\mathrm{m^3/s})$	多余流量	（7）			
	不足流量	（8）	10		7.5
水库存入或放出的水量 $\Delta W/\mathrm{m^3}$	多余水量	（9）			
	不足水量	（10）	26.3		19.7
时段初水库蓄水量 $W_初/10^6\,\mathrm{m^3}$		（11）	126		126
时段末水库蓄水量 $W_末/10^6\,\mathrm{m^3}$		（12）	99.7		106.3
弃水量 $W_弃/10^6\,\mathrm{m^3}$		（13）	0		0
时段初上游水位 $Z_初/\mathrm{m}$		（14）	201		201
时段末上游水位 $Z_末/\mathrm{m}$		（15）	199		199.4
上游平均水位 $Z_上/\mathrm{m}$		（16）	200		200.2
下游平均水位 $Z_下/\mathrm{m}$		（17）	150		149.9
平均水头 H/m		（18）	50		50.3
校核出力值 $N'/10^3\,\mathrm{kW}$		（19）	16		15.09

注　1. 已知正常蓄水位为201.0m，相应的库容为 $126\times10^6\,\mathrm{m^3}$。

　　2. 出力计算公式 $N=AQ_电\overline{H}=8.0Q_电\overline{H}$。

根据列表计算结果，即可点绘出水库蓄水量或库水位 [表2-16第（12）栏或第（16）栏] 过程线，兴利用水 [表2-16第（4）、第（5）栏] 过程线和弃水流量 [表2-16第（13）栏] 过程线等。

定出力逆时序计算仍可按表2-16格式进行。这时，由于起算点控制条件不同，供水期初库水位不一定是正常蓄水位，蓄水期初兴利库容也不一定正好放空。针对若干典型天然径流进行定出力逆时序操作，绘出水库蓄水量（或库水位）变化曲线组，它是制作水库调度图的重要依据之一。

第七节　兴利调节计算的时历图解法

时历图解法（以下简称图解法）常用于年调节和多年调节水库的兴利调节计算中，此法解算速度快，特别是对于多方案比较的情况，优点更为明显。

一、水量累积曲线和水量差积曲线

图解法是利用水量累积曲线或水量差积曲线进行计算的。因此，在讨论图解法之前，先介绍两条曲线的绘制及特性。

（一）水量累积曲线

图解法的计算原理与列表法相同，都是以水量平衡为原则，即通过天然来水量和兴利部门用水（可计入水量损失）之间的对比求得供需平衡。

来水或用水随时间变化的关系可用流量过程线表示，也可用水量累积曲线表示。这两种曲线均以时间为横坐标，如图 2-16 所示，流量过程线的纵坐标表示相应时刻的流量值，而水量累积曲线的纵坐标则表示从计算起始时刻 t_0（坐标原点）到相应时刻 t 之间的总水量，即水量累积曲线是流量过程线的积分曲线，而流量过程线则是水量累积曲线的一次导数线，表示两者关系的数学式为

$$W = \int_{t_0}^{t} Q \mathrm{d}t \qquad (2-25)$$

$$Q = \mathrm{d}W/\mathrm{d}t \qquad (2-26)$$

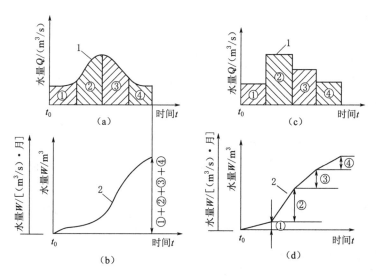

图 2-16　流量过程线和水量累积曲线

1—流量过程线；2—水量累积曲线

在绘制累积曲线时，为简化计算，可采用近似求积法，即将流量过程线历时分成若干时段 Δt，求各时段平均流量 $\overline{Q}$，并用它代替时段内变化的流量 [图 2-16 (c)]，则式（2-25）可改写为

$$W = \sum \Delta W = \sum_{t_0}^{t} \overline{Q} \Delta t \qquad (2-27)$$

Δt 的长短可视天然流量变化情况、计算精度要求及调节周期长短而定。在长周期调节计算中，一般采用一个月，半个月或一旬。

显然，可根据流量过程资料绘出水量累积曲线，计算步骤如表 2-17 所示，计算时段取一个月（即 $\Delta t = 2.63 \times 10^6 s$）。表中第（5）栏就是从某年 7 月初起，逐月累计来水量增值 ΔW 而得到的各月末的累积水量值。若以月份 [表中第（1）栏] 为横坐标，各月末相应的第（5）栏 $\sum \Delta W$ 值为纵坐标，便可绘出水量累积曲线 [图 2-16 (d)]。

表 2-17　　　　　　　　　　　　　　　水量累积曲线计算表

时间		月平均流量 $Q_月$ /(m³/s)	水量增值 ΔW		水量累积值 $W = \sum \Delta W$	
年	月		按 $10^6 m^3$ 计	按 [(m³/s)·月] 计	按 $10^6 m^3$ 计	按 [(m³/s)·月] 计
(1)		(2)	(3)	(4)	(5)	(6)
某年	—	—	—	—	0（月初）	0（月初）
	7	Q_7	$Q_7 \times 2.63$	Q_7	$Q_7 \times 2.63$	Q_7
	8	Q_8	$Q_8 \times 2.63$	Q_8	$(Q_7 + Q_8) \times 2.63$	$Q_7 + Q_8$
	9	Q_9	$Q_9 \times 2.63$	Q_9	$(Q_7 + Q_8 + Q_9) \times 2.63$	$Q_7 + Q_8 + Q_9$
	10	Q_{10}	$Q_{10} \times 2.63$	Q_{10}	$(Q_7 + Q_8 + Q_9 + Q_{10}) \times 2.63$	$Q_7 + Q_8 + Q_9 + Q_{10}$
	…	…	…	…	…	…

为了便于计算和绘图，常以 [(m³/s)·月] 为水量的计算单位，其含义是 1m³/s 的流量历时一个月的水量，即

$$1[(m^3/s) \cdot 月] \approx 1(m^3/s) \times 2.63 \times 10^6 (s) = 2.63 \times 10^6 m^3$$

表 2-17 中的第（4）栏和第（6）栏就是以 [(m³/s)·月] 为单位的各月水量增值 ΔW 和水量累积值 W。按表中（1）栏和（6）栏对应数据点绘成的水量累积曲线，其纵坐标以 [(m³/s)·月] 为单位。

归纳起来，水量累积曲线的主要特性是：

（1）曲线上任意 A、B 两点的纵坐标差值 ΔW_{AB} 表示 t_A 至 t_B 期间（即 Δt_{AB}）的水量（如图 2-17 所示）。

（2）连接曲线上任意 A、B 两点得割线 AB，它与横轴夹角 β 的正切，正好表示 Δt_{AB} 内的平均流量。因为 $BC \times m_W / AC \times m_t = \overline{Q}_{AB}$，即斜率 $\tan\beta = BC/AC = Q_{AB} \times m_t/m_W$，式中的 m_W 和 m_t 分别为水量和时间的比尺。如图 2-17 所示，全历时（t_0 到 t_D）的平均流量可用连接曲线首、末两端的直线 OD 的斜率表示。

（3）如使曲线上 B 点逐渐逼近 A 点，最后取时段 Δt 为无限小，则割线 AB 将成为曲线在 A 点处的切线 AB'。这时，AB' 的斜率 $\tan\alpha = dW/dt$ 表示时刻 t_A 的瞬时流量（应计入坐标比尺关系，下同）。即水量累积曲线上任意一点的切线斜率代表该时刻的瞬时流量。可见，若某时段流量为常数。则该时段内水量累积曲线应为直线段。也就是说按时段平均流量绘成的水量累积曲线呈折线状 [图 2-16 (c)、(d)]；而按瞬时流量绘制时，则呈曲

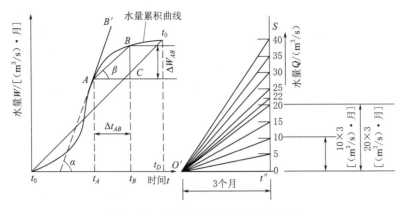

图 2-17　水量累积曲线及其流量比尺

线状 [图 2-16 (a)、(b)]。

由上述切线斜率表示流量的特性可见，当选定比尺绘成水量累积曲线后，必然产生与之相对应的流量比尺，为绘出这种比尺，先取任意历时（图 2-17 的比尺是取 3 个月），针对所取定历时计算水量和流量的关系（表 2-18）。再取水平线段 $O't''$，令其长度代表水量累积曲线时间比尺 3 个月（或 7.89×10^6 s）。根据表 2-18 中若干水量值，例如 0、5×3、10×3 和 15×3 [(m³/s)·月] 等，在图 2-17 中的垂直线 $t''S$ 上按水量比尺截取 0、5、10、15 等点，则这些点与 O' 点的连线（星射线状）的斜率就分别代表流量为 0、5、10、15（单位为 m³/s）。同理，在 $t''S$ 纵线上可按水量比尺截取各水量值的点，或在若干水量值内按比例内插其他水量值，作出刻度，各刻度点与 O' 连线的斜率分别表示各刻度所示流量值（图 2-17 中的 22m³/s 等）。显然，水平线 $O't''$ 的斜率为 0，它所代表的流量即等于 0。绘成流量比尺后，可在水量累积曲线上直接读出各时刻的瞬时流量或各时段的平均流量。

表 2-18　　　　　　　　　　　　　流量与水量计算关系表

流量 Q/(m³/s)	(1)	0	5	10	15	20	…
水量 W　(m³/s)·月	(2)	0	$5 \times 3^*$	10×3	15×3	20×3	…
10^6 m³	(3)	0	$5 \times 7.89^*$	10×7.89	15×7.89	20×7.89	…

*　分别为月数和根据月数算出的秒数。

天然径流不会是负值，故水量累积曲线呈逐时上升状。当历时较长时，图形在纵向将有大幅度延伸，使绘制和使用均不方便。若缩小水量比尺，又会降低图解精度。针对这个缺点，在工程设计中常采用水量差积曲线来代替水量累积曲线。

（二）水量差积曲线

如图 2-18 所示，（b）图是斜坐标网格内的水量累积曲线（称斜坐标水量累积曲线）。斜坐标网格绘制时保持横坐标网格（即时间间隔）原有宽度不变，使水平横轴向下倾斜一个角度，即作一种"错动"，也就是说把表示流量值等于零的水平横轴 $0t$ 错动到 $0t'$ 位置。而通常把所需绘制水量累积曲线的平均流量值 $\overline{Q}$ "错动"到水平横轴上，即让横轴 $0t$ 方向线代表平均流量 $\overline{Q}$。这样所绘制水量累积曲线的最后一点正好落在横轴上 [图 2-18

(b) 上的 f' 点〕。但在实际绘制工作中，为便于计算，往往让水平方向线代表接近于平均流量值的整数值。如平均流量为 $47.5\mathrm{m^3/s}$，则可令水平方向线代表 $45\mathrm{m^3/s}$ 流量，那么，绘制出的水量累积曲线终值点将略高于横轴；如果令水平方向线代表 $50\mathrm{m^3/s}$ 流量，则水量累积曲线终值点将略低于横轴。斜坐标累积曲线是一条围绕横轴上下起伏的曲线〔图 2-18 (b)〕。实际使用时，只需查用图 2-18 (b) 中水平点划线间的带状区域。

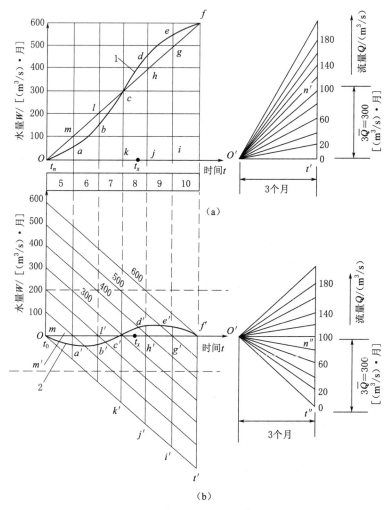

图 2-18 水量差积曲线及其流量比尺
1—直坐标水量累积曲线；2—斜坐标水量累积曲线

斜坐标累积曲线的纵距仍代表水量累积值，只不过量度的起始线不是横轴，而是倾斜的 Ot' 轴。例如某年 5 月初到 8 月底的总水量在直坐标里以 jd 线段量度〔图 2-18 (a)〕，等于 $450[(\mathrm{m^3/s})\cdot$ 月〕；而在斜坐标里则以 $j'd'$ 量度〔图 2-18 (b)〕，$jd=j'd'$，但读数时要过 d' 作与 Ot' 平行的线在纵轴上读出，仍为 $450[(\mathrm{m^3/s})\cdot$ 月〕。在斜坐标水量累积曲线上，$j'd'=j'h'+h'd'$，故 $h'd'=j'd'-j'h'$。其中 $j'h'=4\overline{Q}[(\mathrm{m^3/s})\cdot$ 月〕$=jh$（因水平轴方向代表平均流量 $\overline{Q}$）。同理，$k'c'=3\overline{Q}=kc$，$i'g'=5\overline{Q}=ig$，…。可见，从斜坐标

水平轴上 t_x 时刻量到水量累积曲线的纵距，表示自起始时刻 t_0 到 t_x 期间的总水量与以水平轴方向所代表流量（图 2-18 为平均流量 $\overline{Q}$）的同期水量之差，称差积水量。其读数可在直坐标纵轴上读出。例如 d' 点的差积水量 $h'd' = j'd' - j'h' = 450 - 400 = 50[(\mathrm{m}^3/\mathrm{s}) \cdot 月]$，它可由过 d' 点作平行于横轴的水平线在纵轴上读出。因此，这种在斜坐标里绘成的水量累积曲线叫做水量差积曲线，即把斜坐标网格换成水平横坐标网格，却不变动其曲线，这时曲线就成水量差积曲线。差积水量的数学表达式为

$$W_{差积} = \int_{t_0}^{t} (Q - Q_{定}) \mathrm{d}t = \int_{t_0}^{t} Q \mathrm{d}t - \int_{t_0}^{t} Q_{定} \mathrm{d}t \tag{2-28}$$

或近似表示为

$$W_{差积} = \sum_{t_0}^{t} (Q - Q_{定}) \Delta t \tag{2-29}$$

式中　Q——在式（2-28）和式（2-29）中分别为瞬时流量和时段平均流量；

$Q_{定}$——接近于绘图历时平均流量的整数值，图 2-18 中的 $Q_{定}$ 等于 $\overline{Q}$。

根据上述讨论，绘制水量差积曲线的具体计算可按表 2-19 方式进行。表中数例与图 2-18 所示一致。在此例中，水平轴方向表示的流量值等于绘图历时（共 6 个月）的平均流量 $\overline{Q}$，即 $Q_{定} = \overline{Q} = 100\mathrm{m}^3/\mathrm{s}$。根据表 2-19 中（1）、（5）两栏数据，即可在直坐标网上点绘出水量差积曲线。再次指出：差积曲线上水量的量度仍以水平轴为基准，但量度的数值不是总水量累积值，而是水量差积值（表 2-19）。差积值有正有负，遇正值往水平轴上部量取。如图 2-18 中 $h'd' = 50(\mathrm{m}^3/\mathrm{s}) \cdot 月$，$g'e' = 50(\mathrm{m}^3/\mathrm{s}) \cdot 月$，即表 2-19 中 8 月末和 9 月末的情况；遇负值则自水平轴向下量取，如图中 $m'a' = -50(\mathrm{m}^3/\mathrm{s}) \cdot 月$，$j'b' = -50(\mathrm{m}^3/\mathrm{s}) \cdot 月$，即表中 5 月末和 6 月末的情况；表中水量差积值为 0 的点则恰好落在横轴上，如图 2-18 中 c' 点及 f' 点，即表 2-19 中 7 月末和 10 月末的情况。

表 2-19　　　　　　　　　水量差积曲线计算表（$\Delta t = 1$ 个月）

时 间		月平均流量 $\overline{Q}_{月}/(\mathrm{m}^3/\mathrm{s})$	月水量 $W_{月}(=Q_{月} \Delta t)$ /$[(\mathrm{m}^3/\mathrm{s}) \cdot 月]$	水量差积值 $W_{月} - W_{定}$ $(= Q_{月} \Delta t - Q_{定} \Delta t)$ /$[(\mathrm{m}^3/\mathrm{s}) \cdot 月]$	水量差积值 $\sum(W_{月} - W_{定})$ /$[(\mathrm{m}^3/\mathrm{s}) \cdot 月]$
年	月				
(1)		(2)	(3)	(4)	(5)
					0（月初）
	5	50	50	(50−100=)−50	−50
	6	100	100	(100−100)0	−50
某年	7	150	150	(150−100=)50	0
	8	150	150	(150−100=)50	50
	9	100	100	(100−100)0	50
	10	50	50	(5−100=)−50	0
平均值		$Q=100=Q_{定}$			

再研究水量差积曲线上的流量表示法。对式（2-28）取一次导数，得

$$\mathrm{d}W_{差积}/\mathrm{d}t = Q - Q_{定} \tag{2-30}$$

或 $$Q = \mathrm{d}W_{差积}/\mathrm{d}t + Q_{定} \qquad (2-31)$$

上式说明水量差积曲线也有以切线斜率表示流量的特性。但曲线上某点切线斜率并不等于该时刻实际流量值 Q，而等于实际流量与某固定流量 $Q_{定}$ 的差值。或者说，任意时刻的实际流量等于水量差积曲线上该时刻切线斜率（计及坐标比尺关系）与 $Q_{定}$ 的代数和。可见，水量差积曲线也具有与水量和时间比尺相适应的流量比尺，只不过这时水平方向不表示流量为零，而表示接近于绘图历时平均流量的整数流量 $Q_{定}$，流量等于零的射线已"错动"到倾向右下方的 $O't''$ 位置，如图 2-18 （b）所示。

水量差积曲线流量比尺的具体做法是：先画水平线段 $O'n''$，使它按时间比尺表示某一定时段 Δt（图中以 $\Delta t = 3$ 个月为例）。然后由 n'' 点垂直向下作线段 $n''t''$，使它按水量比尺等于 $Q_{定} \times \Delta t [(\mathrm{m}^3/\mathrm{s}) \cdot 月]$。图 2-18 （b）中 $n''t'' = 3\overline{Q} = 300 (\mathrm{m}^3/\mathrm{s}) \cdot 月$。这时，水平线 $O'n''$ 的方向代表 $Q_{定} = 100\mathrm{m}^3/\mathrm{s}$，而 $O't''$ 的指向即是流量等于零的方向。将 $t''n''$ 及其延长线等分，即可绘出水量差积曲线的流量比尺。不难证明，按上述方法绘出的流量比尺，与式（2-31）所描述的关系相符。

归纳起来，水量差积曲线的主要特性是：

（1）$Q > Q_{定}$ 时，曲线上升；$Q < Q_{定}$ 时，曲线下降。当 $Q_{定}$ 等于或接近于绘图历时的平均流量时，曲线将围绕水平轴上下摆动。

（2）水量差积曲线上任一时刻 t_x 的纵坐标（对水平轴面而言，读数仍用直坐标）表示从起始时刻 t_0 到该时刻 t_x 期间的水量差积值 $\displaystyle\sum_{t_0}^{t_x}(Q - Q_{定})\Delta t = \sum_{t_0}^{t_x}Q\Delta t - \sum_{t_0}^{t_x}Q_{定}\Delta t$。

而水平轴到倾斜线 Ot' 的垂直距离，则表示同期累积水量 $\displaystyle\sum^{t_x}Q_{定}\Delta t$，也就是说，从倾斜线 Ot' 到差积曲线上的纵距表示某时刻为止的实际总累积水量。为便于定出曲线上的总累积水量，通常利用斜坐标网格，即在坐标系统里按比尺绘制一些与 Ot' 线平行的斜线组，并注明各斜线的水量值，如图 2-18 （b）中斜线上的 300、400 等，单位是 $(\mathrm{m}^3/\mathrm{s}) \cdot 月$，以便读数。

（3）曲线上任意两点量至斜线 Ot' 的垂直距离之差，即该两点历时内的实际水量。

（4）任一时刻的流量可由水量差积曲线上该点切线斜率按流量比尺确定。当某时段流量为常数时，该时段内差积曲线呈直线状。某时段的平均流量可由水量差积曲线相应两点的连线斜率，按流量比尺确定。

可见，水量差积曲线的基本特性与水量累积曲线十分相似。

二、根据用水要求确定兴利库容的图解法

此类图解法是在来水水量差积曲线坐标系统中，绘制用水水量差积曲线，按水量平衡原理对来水和用水进行比较、解算。

（一）确定年调节水库兴利库容的图解法（不计水量损失）

当采用代表期法时，首先根据设计保证率选定设计枯水年，然后针对设计枯水年进行图解，其步骤为：

（1）绘制设计枯水年水量差积曲线及其流量比尺（图 2-19）。

（2）在流量比尺上定出已知调节流量的方向线（$Q_{调}$ 射线），绘出平行于 $Q_{调}$ 射线并

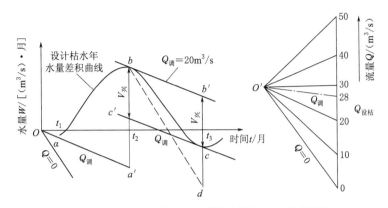

图 2-19　确定年调节水库兴利库容图解法（代表期法）

与天然水量差积曲线相切的平行线组。

（3）供水期（bc 段）上、下切线间的纵距，按水量比尺量取，即等于所求的水库兴利库容 $V_兴$。

图 2-19 给出的例子为：当 $Q_调 = 20\mathrm{m}^3/\mathrm{s}$ 时，年调节水库兴利库容 $V_兴 = b'c \times m_W = bc' \times m_W [(\mathrm{m}^3/\mathrm{s}) \cdot 月]$。它的正确性不难证明，作图方法本身确定了图 2-19 中 a 点（t_1 时刻）、b 点（t_2 时刻）和 c 点（t_3 时刻）处天然流量均等于调节流量 $Q_调$。而在 b 点前和 c 点后天然流量均大于调节流量，不需水库补充供水，b 点后和 c 点前的 $t_2 \sim t_3$ 期间，天然流量小于调节流量，为水库供水期。过 b 点作平行于零流量线（$Q=0$ 射线）的辅助线 bd，由差积曲线特性可知：纵距 cd 按水量比尺等于供水期天然来水量。同时，在坐标系统中，bb' 也是一条流量为 $Q_调$ 的水量差积曲线，即水库出流量差积曲线，则 $b'd \times m_W [(\mathrm{m}^3/\mathrm{s}) \cdot 月]$ 为供水期总需水量。水库兴利库容应等于供水期总需水量与同期天然来水量之差，即 $V_兴 = (b'd - cd) \times m_W = b'c \times m_W = bc' \times m_W [(\mathrm{m}^3/\mathrm{s}) \cdot 月]$。

显而易见，上切线 bb' 和天然来水量差积曲线间的纵距表示从供水期开始到此刻水库补充的总水量，而切线 bb' 和 cc' 间的纵距为兴利库容 $V_兴$，$V_兴$ 减去水库供水量即为水库蓄水量（条件是供水期初兴利库容蓄满）。因此，天然水量差积曲线与下切线 cc' 之间的纵距表示供水期水库蓄水量变化过程。例如 t_2 时 $V_兴$ 蓄满，为供水期起始时刻，t_3 时 $V_兴$ 放空。

应该注意，图中 aa' 和 bb' 也是与 $Q_调$ 射线同斜率且与天然水量差积曲线相切的两条平行线，但其间纵距 ba' 却不表示水库必备的兴利库容。这是因为 $t_1 \sim t_2$ 为水库蓄水期，故 ba' 表示多余水量而并非不足水量。因此，采用调节流平行切线法确定兴利库容时，首先应正确地定出供水期，要注意供水期内水库局部回蓄问题，不要把局部回蓄当作供水期结束；然后遵循由上切线（在供水期初）顺时序计量到相邻下切线（在供水期末）的规则。

以上是等流量调节情况。实际上，对于变动的用水流量也可按整个供水期需用流量的平均值进行等流量调节，这对确定兴利库容并无影响。但是，当要求确定枯水期水库蓄水量变化过程时，变动的用水流量不能按等流量处理。这时，水库出流量差积曲线不再是一条直线。

当采用径流调节长系列时历法时，首先针对长系列实测径流资料，用与上述相同的步骤和方法进行图解，求出各年所需的兴利库容。再按由大到小顺序排列，计算，绘制兴利库容经验频率曲线。最后，根据设计保证，根据频率 $P_设$ 在兴利库容频率曲线上查定所求的兴利库容 $V_兴$ [图 2-20（a）]。

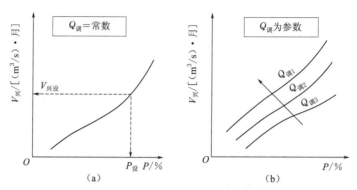

图 2-20　年调节水库兴利库容频率曲线

显然，改变 $Q_调$ 将得出不同的 $V_兴$。针对每一个 $Q_调$ 方案进行长系列时历图解，将求得各自特定的兴利库容经验频率曲线，如图 2-20（b）所示。

（二）确定多年调节水库兴利库容的图解法（不计水量损失）

利用水量差积曲线求解多年调节兴利库容的图解法，比时历列表法更加简明，在具有长期实测径流资料（30～50 年以上）的条件下，是水库工程规划设计中常用的方法。

针对设计枯水系列进行多年调节的图解方法，与上述年调节代表期法相似，其步骤如下。

（1）绘制设计枯水系列水量差积曲线及其流量比尺。

（2）按照公式 $T_破 = n - P_设(n+1)$ 计算在设计保证率条件下的允许破坏年数 [式（2-15）] 图 2-21 示例具有 30 年水文资料，即 $n=30$，若 $P_设=94\%$，则 $T_破 = 30 - 0.94 \times 31 \approx 1$ 年。

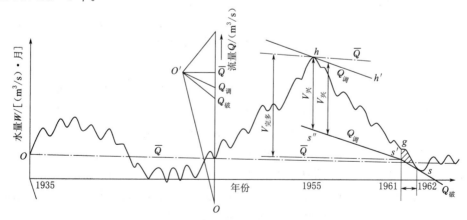

图 2-21　确定多年调节水库兴利库容图解法（代表期法）

（3）选出最严重的连续枯水年系列，并自此系列末期扣除 $T_破$，以划定设计枯水系列。如图 2-18 所示，由于 $T_破=1$ 年，在最严重枯水年系列里找出允许被破坏的年份为

1961—1962 年，则 1955—1961 年为设计枯水系列。

（4）根据需要与可能，确定在正常工作遭破坏年份的最低用水流量 $Q_破$，$Q_破 < Q_调$。

（5）在最严重枯水年系列末期（最后一年）作天然水量差积曲线的切线，使其斜率等于 $Q_破$（图中 ss'）。差积曲线与切线 ss' 间纵距表示正常工作遭破坏年份里水库蓄水量变化情况，如图 2-21 阴影线所示，其中 $gs' \times m_W [(m^3/s) \cdot 月]$ 表示应在破坏年份前一年枯水期末预留的蓄水量（只有这样才能保证破坏年份内能按照 $Q_破$ 放水），从而得到 s' 特定的点位置。

（6）自点 s' 作斜率等于 $Q_调$ 的线段 $s's''$，同时在设计枯水系列起始时刻作差积曲线的切线 hh'，其斜率也等于 $Q_调$，切点为 h，$s's''$ 与 hh' 间的纵距便表示该多年调节水库应具备的兴利库容，即 $V_兴 = hs'' \times m_w [(m^3/s) \cdot 月]$。

（7）当长系列水文资料中有两个以上的严重枯水年系列而难以确定设计枯水系列时，则应按上述步骤分别对各枯水年系列进行图解，取所需兴利库容中的最大值，以策安全。

显然，多年调节的调节周期和兴利库容值均将随调节流量的改变而改变。多年调节水库调节流量的变动范围为：大于设计枯水年进行等流量完全年调节的调节流量（即 $\overline{Q_设枯}$），小于整个水文系列的平均流量 $\overline{Q}$。在图 2-21 中用点划线示出确定完全多年调节（按设计保证率）兴利库容的图解方法。

也可对长系列水文资料，运用绘制调节流量平行切线的方法，求出各种年份和年组所需的兴利库容，而后对各兴利库容值进行频率计算，按设计保证率确定必需的兴利库容。在图 2-22 中仅取 10 年为例，说明确定多年调节多年兴利库容的长系列径流调节时历图解方法。首先绘出与天然水量差积曲线相切，斜率等于调节流量 $Q_调$ 的许多平行切线。绘制该平行切线组的原则是：凡天然水量差积曲线各年低谷处的切线都绘出来，而各年峰部的切线，只有不与前一年差积曲线相交的才有效，若相交则不必绘出（图 2-22 中第 3年、第 4 年、第 5 年及第 10 年）。然后将每年天然来水与调节水量相比，不难看出，在第

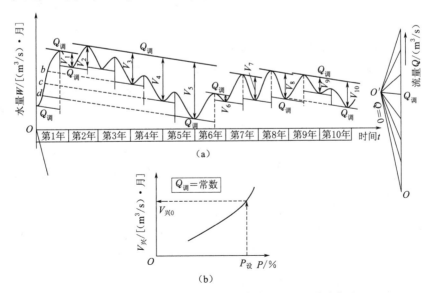

图 2-22 确定多年调节水库兴利库容图解法（代表期法）

1、2、6、7、8、9年等6个年度里，当年水量能满足兴利要求，确定兴利库容的图解法与年调节时相等。如图2-22所示，由上下切线间纵距定出各年所需库容为 V_1、V_2、V_3、V_4、V_5、V_6、V_7、V_8 及 V_9。对于年平均流量小的枯水年份，如第3、4、5、10年等，各年丰水期水库蓄水量均较少（如图2-22阴影线所示），必须连同它前面的丰水年份进行跨年度调节，才有可能满足兴利要求。例如第10年连同前面来水较为丰的第9年，两年总来水量超过两倍要求的用水量，即 $\overline{Q}_{10}+\overline{Q}_9>2Q_调$。这一点可由图中第10年末 $Q_调$ 切线沿线与差积曲线交点 a 落在第9年丰水期来说明。于是，可把该两年看成一个调节周期，仍用绘制调节流量平行切线法，求得该调节周期的必需兴利库容 V_{10}。再看第3年，也是来水不足，且与前一年组合的来水总量仍小于两倍需水量，必须再与更前一年组合。第1年、第2年和第3年三年总来水量已超过三倍调节水量，即 $\overline{Q}_1+\overline{Q}_2+\overline{Q}_3>3Q_调$。对这样三年为一个周期的调节，也可用平行切线法求出必需的兴利库容 V_3。同理，对于第4年和第5年，则分别应由四年和五年组成调节周期进行调节，这样才能满足用水要求，由图解法确定其兴利库容分别为 V_4 和 V_5。由图2-22（a）可见，在该10年水文系列中，从第2年到第5年连续出现四个枯水年，成为枯水年系列。显然，枯水年系列在多年调节计算中起着重要的作用。

在求出各种年份和年组所需的兴利库容 V_1、V_2、V_3、…、V_{10} 之后，按由小到大顺序排列，计算各兴利库容值的频率，并绘制兴利库容频率曲线，根据 $P_设$ 便可在该曲线上查定所需多年调节水库的兴利库容 $V_兴$［图2-22（b）］。

（三）计入水库水量损失确定兴利库容的图解法

图解法对水库水量损失的考虑，与时历列表法的思路和方法基本相同。常将计算期（年调节指供水期；多年调节指枯水系列）分为若干时段，由不计损失时的蓄水情况初定各时段的水量损失值。以供水终止时刻放空兴利库容为控制量，逆时序操作并逐步逼近地求出较精确的解答。

为简化计算，常采用计入水量损失的近似方法。即根据不计水量损失求得的兴利库容定出水库在计算期的平均蓄水量和平均水面面积，从而求出计算期总水量损失并折算成损失流量。用既定的调节流量加上损失流量得出毛调节流量，再根据毛调节流量在天然水量差积曲线上进行图解，便可求出计入水库水量损失后的兴利库容近似解。

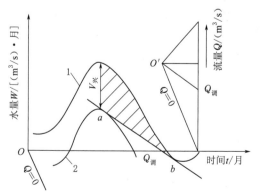

图2-23 确定调节流量的图解法（代表期法）
1—设计枯水年水量差积曲线；2—满库线

三、根据兴利库容确定调节流的图解法

如前所述，采用时历列表法解决这类问题需进行试算，而图解法可直接给出答案。

（一）确定年调节水库调节流量的图解法

当采用代表期法时，针对设计枯水年进行图解的步骤为：

（1）在设计枯水年水量差积曲线下方绘制与之平行的满库线，两者间纵距等于已知的兴利库容 $V_兴$（图2-23）。

（2）绘制枯水期天然水量差积曲线和满库线的公切线 ab。

（3）根据公切线的方向，在流量比尺上定出相应的流量值，就是已知兴利库容所能获得的符合设计保证率要求的调节流量。根据切点 a 和 b 分别定出按等流量调节时水库供水期的起讫日期。

（4）当考虑水库水量损失时，先求平均损失流量，从上面求出的调节流量中扣除损失流量，即得净调节流量（有一定近似性）。

在设计保证率一定时，调节流量值将随兴利库容的增减而增减（图 2-14）；当改变 $P_设$ 时，只需分别对各个 $P_设$ 相应的设计枯水年，用同样方法进行图解，便可绘出一组以 $P_设$ 为参数的兴利库容与调节流量的关系曲线（图 2-24）。

可按上述步骤对长径流系列进行图解（即长系列法），求出各种来水年份的调节流量（$V_兴$＝常数）。将这些调节流量值按大小顺序排列，进行频率计算并绘制调节流量频率曲线。根据规定的 $P_设$，便可在该频率曲线上查定所求的调节流量值，如图 2-25（a）所示。对若干兴利库容方案，用相同方法进行图解，就能绘出一组调节流量频率曲线，如图 2-25（b）所示。

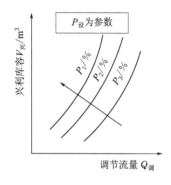 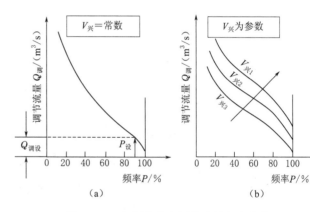

图 2-24　$P_设$ 为参数的 $V_兴$-$Q_调$ 曲线组　　　　图 2-25　年调节水库调节流量频率曲线

（二）确定多年调节水库调节流量的图解法

图 2-26 中给出从长水文系列中选出的最枯枯水年组，要使枯水年组中各年均正常工作，则须由天然水量差积曲线和满库线的公切线 ss'' 方向确定调节流量 $Q_调$。实际上，根据水文系列的年限和设计保证率，按式（2-15）可算出正常工作允许破坏年数，据此在图中确定 s' 点位置。自 s' 点作满库线的切线 $s's''$，可按其方向在流量比尺上定出调节流量 $Q_调$。

这类图解也可对长系列水文资料进行，如图 2-27 所示。表示用水情况的调节水量差积曲线，基本上由天然水量差积曲线和满库线的公切线组成。但应注意，该调节水量差积曲线不应超越天然水量差积曲线和满库线的范围。例如，图 2-27 中 T 时期内就不能再拘泥于公切线的做法，而应改为两种不同调节流量的用水方式（即 $Q_{调7}$ 和 $Q_{调8}$）。

以上这种作图方法所得调节方案，就好似一根细线绷紧在天然水量差积曲线与满库线之间的各控制点上（要尽量使调节流量均衡些），所以又被形象地称为"绷线法"。

根据图解结果便可绘制调节流量的频率曲线，然后按照 $P_设$ 即可查定相应的调节流

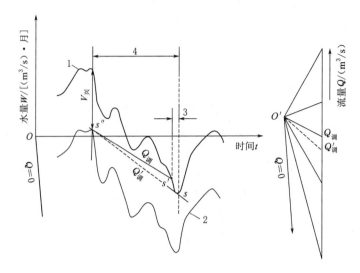

图 2-26　确定多年调节水库调节流量的图解法（代表期法）

1—天然水量差积曲线；2—满库线；3—允许破坏的时间；4—最枯枯水年组

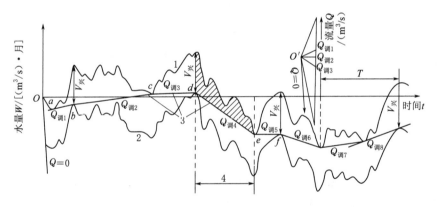

图 2-27　确定多年调节水库调节流量的图解法（长系列法）

1—天然水量差积曲线；2—满库线；3—调解方案；4—最枯枯水年组

量 [方法类似图 2-25（a）]。

综合上述讨论，可将 $V_兴$、$Q_调$ 和 $P_设$ 三者关系归纳为以下几点：

（1）$V_兴$ 一定时，$P_设$ 越高，可能获得的供水期 $Q_调$ 越小，反之则大（如图 2-25 所示）。

（2）$Q_调$ 一定时，要求的 $P_设$ 越高，所需的 $V_兴$ 也越大，反之则小 [如图 2-20 和图 2-22（b）所示]。

（3）$P_设$ 一定时，$V_兴$ 越大，供水期 $Q_调$ 也越大（如图 2-24 所示）。

显然，若将图 2-20、图 2-24 和图 2-25 上的关系曲线绘在一起，则构成 $V_兴$、$Q_调$ 和 $P_设$ 三者的综合关系图，在规划设计阶段，特别是对多方案的分析比较时，应用起来很方便。

四、根据水库兴利库容和操作方案，推求水库运用过程

利用水库调节径流时，在丰水期或丰水年系列应尽可能地加大用水量，使弃水减至最少。对于灌溉用水，由于丰水期雨量较充沛，需用水量有限。而对于水力发电来讲，充分利用丰水期多余水量增加季节性电能，是十分重要的。因此，在保证蓄水期末蓄满兴利库容的前提下，在水电站最大过水能力（用 Q_T 表示）的限度内，丰水期径流调节的一般准则是充分利用天然来水量。在枯水期，借助于兴利库容的蓄水量，合理操作水库，以便有效地提高枯水径流，满足各兴利部门的要求。

下面以年调节水电站为例，介绍确定水库运用过程的图解方法。

（一）等流量调节时的水库运用过程

为了便于确定水库蓄水过程，特别是确定兴利库容蓄满的时刻，先在天然水量差积曲线下绘制满库线。若水库在供水期按等流量操作，则作天然水量差积曲线和满库线的公切线 [图 2-28 （a_1）上的 cc' 线]，它的斜率即表示供水期水库可能提供的调节流量 $Q_{调1}$。在丰水期，则作天然水量差积曲线的切线 aa' 和 $a''m$，使它们的斜率在流量比尺上对应于水电站的最大过流能力 Q_T。切线 aa' 与满库线交于 a' 点（t_2 时刻），说明水库到 t_2 时刻恰好蓄满。$a''m$ 线与天然水量差积曲线切于 m 点（t_3 时刻）。显然，t_3 时刻即天然来水流量 $Q_天$ 大于 Q_T 的分界点，可确定丰水期的放水情况。可总结为：在 $t_1 \sim t_2$ 期间，放水流量为 Q_T，因为 $Q_天 > Q_T$，故水库不断蓄水，到 t_2 时刻将 $V_兴$ 蓄满；$t_2 \sim t_3$ 期间，$Q_天$ 仍大于 Q_T，天然流量中大于 Q_T 的那一部分流量被弃往下游，总弃水量等于 $qp \times m_w$ [（m³/s）·月]；$t_3 \sim t_4$ 期间，$Q_天 < Q_T$，但仍大于 $Q_{调1}$，水电站按天然来水流量运行，$V_兴$ 保持蓄满，以利提高枯水流量；$t_4 \sim t_5$ 期间，水库供水，水电站用水流量等于 $Q_{调1}$，至 t_5 时刻，水库水位降到死水位。

综上所述，$aa'qc'c$ 就是该年内水库放水水量差积曲线。任何时刻兴利库容内的蓄水量可由天然水量差积曲线与放水水量差积曲线间的纵距表示。根据各时刻库内蓄水量，可绘出库内蓄水量变化过程。根据水库容积特性，可将不同时刻的水库蓄水量换算成相应的库水位，从而绘成库水位变化过程线 [图 2-28 （c_1）]。在图 2-28 （b_1）中，根据水库操作方案，给出水库蓄水、供水、不蓄不供及弃水等情况。整个图 2-28 清晰地表示出水库全年运用过程。

显然，天然来水不同，则水库运用过程也不相同。实际中常选择若干代表年份进行计算，以期较全面地反映实际情况。如图 2-28 （a_2）中所示年份的特点是来水较均匀，丰水期以 Q_T 运行，$V_兴$ 可保证蓄满而并无弃水，供水期具有较大的 $Q_{调2}$。如图 2-28 （a_3）所示年份为枯水年，丰水期若仍以 Q_T 发电，则 $V_兴$ 不能蓄满，其最大蓄水量为 $ij \times m_w$ [（m³/s）·月]，枯水期可用水量较少，调节流量仅为 $Q_{调3}$。为了在这年内能蓄满 $V_兴$ 以提高供水期调节流量，在丰水期应降低用水，其用水流量值 Q_n 由天然水量差积曲线与满库线的公切线方向确定 [在图 2-28 （a_3）中，以虚线表示]，显然 $Q_n < Q_T$，由于 $V_兴$ 蓄满，使供水期能获得较大的调节流 $Q'_{调3}$（即 $Q'_{调3} > Q_{调3}$）。

通常用水利用系数 $K_{利用}$ 表示天然径流的利用程度，即

$$K_{利用} = \frac{利用水量}{全年总水量} = \frac{全年总水量 - 弃水量}{全年总水量} \times 100\% \qquad (2-32)$$

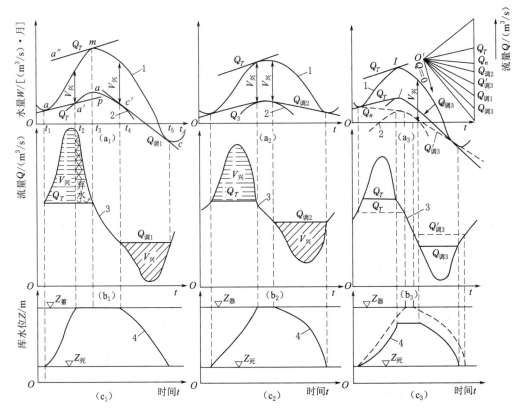

图 2-28　年调节水库运用过程图解（等流量调节）

1—天然水量差积曲线；2—满库线；3—天然流量过程线；4—库水位变化过程线

对于无弃水的年份，$K_{利用}=100\%$。

对于综合利用水库，放水时应同时考虑若干兴利部门的要求，大多属于变流量调节。如图 2-29 所示，为满足下游航运要求，通航期间（$t_1 \sim t_2$）水库放水流量不能小于 $Q_{航}$。这时，供水期水库的操作方式就由前述的按公切线斜率作等流量调节改变为折线 $c'c''c$ 放水方案。其中 $c'c''$ 线段斜率代表 $Q_{航}$ 并与满库线相切于 c'，而全年的放水水量差积曲线为 $aa'qc'c''c$。这样，就满足了整个通航期的要求。$t_2 \sim t_3$ 期间所能获得的调节流量，将比整个枯水期均按等流量调节时有所减小。实际综合利用水库的操作方式可能远比图 2-29 中给出的例子复杂，但图解的方法并无原则区别。

（二）定出力调节时的水库运用过程

采用时历列表试算的方法，不难求出定出力条件下的水库运用过程（表 2-16），而利用水量差积曲线进行这类课题的试算也很方便。如图 2-30 所示为定出力逆时序试算图解的例子，若需进行顺时序计算，方法基本相同，但要改变起算点，即供水期以开始供水时刻为起算时间，该时刻水库兴利库容为满蓄；而蓄水期则以水库开始蓄水的时刻为起算时间，该时刻兴利库容放空。

在图 2-30 的逆时序作图试算中，先假设供水期最末月份（图中为 5 月）的调节流量

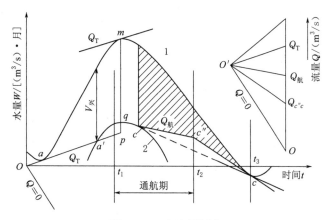

图 2-29 变流量调节

1—设计枯水年水量差积曲线；2—满库线

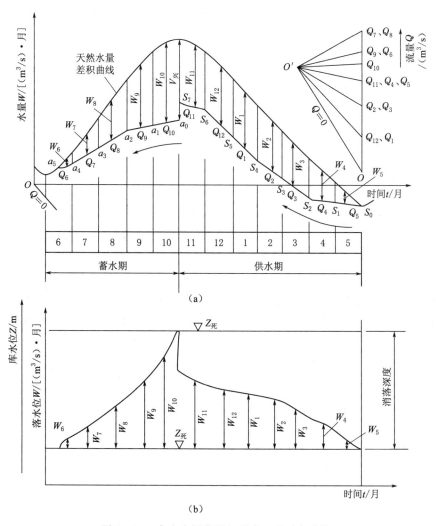

（a）

（b）

图 2-30 定出力调节图解示意（逆时序试算）

Q_5，并按其相应斜率作天然水量差积曲线的切线（切点为 S_0）。可由图查定该月里水库平均蓄水量 $\overline{W}_5$，从而根据水库容积特性得出上游月平均水位，并求得水电站月平均水头 $\overline{H}_5$。再按公式 $\overline{N}=AQ_5\overline{H}_5$（kW）计算该月平均出力。如果算出的 $\overline{N}$ 值与已知的 5 月固定出力值相等，则假设的 Q_5 无误，否则，另行假定调节流量值再算，直到符合为止。5 月调节流量经试算确定后，则 4 月底（即 5 月初）水库蓄水量便可在图中固定下来，也就是说放水量差积曲线 4 月底的位置可以确定（图中 S_1 点）。以 S_1 点为起点，采用和 5 月份相同的试算过程，可定出 3 月底放水量差积曲线位置 S_2。依此类推，即能求出整个供水期的放水量差积曲线，如图中折线 $S_0S_1S_2S_3S_4S_5S_6S_7$。

蓄水期的定出力逆时序调节计算是以蓄水期末兴利库容蓄满为前提的。如图 2-30 所示，由蓄水期末（即 10 月底）的 a_0 点开始，采用与供水期相同的作图试算方法，即可依次确定 a_1、a_2、a_3、a_4、a_5 诸点，从而绘出蓄水期放水量差积曲线，如图中折线 $a_0a_1a_2a_3a_4a_5$。显然，图中天然水量差积曲线与全年放水量差积曲线间的纵距，表示水库中蓄水量的变化过程，据此可作出库水位变化过程线［图 2-30 (b)］。

上面用了两节的篇幅（本章第六节、第七节），对水库兴利调节时历法（列表法和图解法）进行了比较详细的介绍。时历法的特点和适用情况可归纳为以下几点：①概念直观、方法简便；②计算结果直接提供水库各种调节要素（如供水量、蓄水量、库水位、弃水量、损失水量等）的全部过程；③要求具备较长和有一定代表性的径流系列及其他如水库特性资料；④列表法和图解法又都可分为长系列法和代表期法，其中长系列法适用于对计算精度要求较高的情况；⑤适用于用水量随来水情况、水库工作特性及用户要求而变化的调节计算，特别是水能计算、水库灌溉调节计算以及综合利用水库调节计算，对于这类复杂情况的计算，采用时历列表法尤为方便；⑥固定供水方式和多方案比较时的兴利调节，多采用图解法。

第八节　多年调节计算的概率法

多年调节时水库需进行年际径流调节。多年调节兴利计算的时历列表法的原理与年调节计算相同，为推求设计兴利库容，可对设计枯水系列进行水量调节计算，按累计缺水量确定设计兴利库容。推求满足设计保证率的调节流量时，可用试算法，即假设一定的调节流量过程，推求相应的兴利库容，如所求得的库容与已知兴利库容一致，则试算成功，否则再重新试算。当推求多年平均调节流量时，可对设计中水系列或长系列径流资料进行调节计算。

多年调节的调节周期较长，当径流资料系列较短时，用时历法进行兴利调节计算的可靠性受到较大影响。此时，可采用数理统计法。

应用数理统计法时，可将多年调节水库兴利库容看作由两部分组成，其中用于调节年内径流变化所需的库容称为年库容 $V_年$，用于调节年际径流变化所需的库容称为多年库容 $V_多$。即

$$V_兴 = V_多 + V_年 \tag{2-33}$$

下面由图 2-31 所示的来水、用水情况来说明年库容和多年库容的作用。

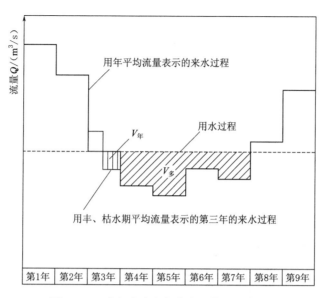

图 2-31 多年库容与年库容的作用示意图

图 2-31 中粗实线为以年平均流量表示的来水过程，虚线表示用水过程，细实线为考虑年内分配不均，以丰、枯水期平均流量表示的第三年的来水过程。图 2-31 中第三年的年来水量等于年用水量只是一个特例，并非每一个调节周期内枯水年组的前一年都是此情况。

第一、二年为丰水年，来水够当年使用，且有余水。

第三年为中水年，来水够当年使用。

第四、五、六、七年为枯水年组，其当年来水量小于当年用水量，为保证这四年正常用水，必须补足的水量为 $V_多$。

$V_多$ 是将第一、二年的余水蓄存起来，补充第四、五、六、七这四年的水量之不足所需的库容，如图 2-31 中斜线阴影所示。

第三年水量虽够用，但为了调节其径流年内分配的不均匀性，还必须再用一部分库容 $V_年$ 存水，以补充当年枯水期水量不足，如图 2-31 中竖线阴影所示。

因此，水库进行多年调节所需的兴利库容，应为多年库容 $V_多$ 与年库容 $V_年$ 两者之和。

为何多年调节水库兴利库容除了 $V_多$ 以外，还需要设置年库容 $V_年$？仍用图 2-31 说明。从图中可以看出，如果不设置 $V_年$，势必用多年库容 $V_多$ 来补充枯水年组前一年（图 2-31 中第三年）枯水期的水量之不足，而造成枯水年组最后一年（图 2-31 中第七年）用水遭破坏。这是因为多年库容 $V_多$ 本应恰好补充枯水年组（图 2-31 中第四、五、六、七年）的水量不足，可由于有相当于 $V_年$ 的水量在枯水年组前一年被用掉，因此，到枯水年组最后一年必然少相当于 $V_年$ 的水量。所以，为保证正常供水，水库进行多年调节时，除了设置多年库容外，还必须设置年库容。

应该指出，将多年调节水库的兴利库容硬性地划分为多年库容和年库容两部分是一种假想，水库运用时是根据来、用水情况统一调度的。

以下分别讨论多年库容和年库容的计算方法。

1. 多年库容计算

采用数理统计法计算，通常使用一些无因次的参数。其中来水量表示为模比系数

$$K_i = \frac{W_{来i}}{W_年} \tag{2-34}$$

调节流量表示为调节系数

$$\alpha = \frac{W_用}{W_年} \tag{2-35}$$

多年库容表示为多年库容系数

$$\beta_多 = \frac{V_多}{W_年} \tag{2-36}$$

式中 $W_{来i}$——第 i 年的年来水量，m^3；

       $W_年$——多年平均年径流量，m^3；

       $W_用$——水库设计年用水量，m^3。

对于来水，一般仍用皮尔逊Ⅲ型曲线表示其统计规律。因计算中来水用年径流量模比系数 K_i 表示，来水的统计规律便表示为皮尔逊Ⅲ型的模比系数频率曲线（$K-P$ 曲线）。皮尔逊Ⅲ型曲线有 3 个统计参数，但因任何随机变量模比系数的均值均为 1，故当偏态系数 C_S 与离势系数 C_V 的关系确定后，$K-P$ 曲线便仅有 1 个统计参数（即 C_V 确定后，$K-P$ 曲线唯一确定）。

兴利调节计算的有关因素包括四个方面，即来水、用水（或调节流量）、兴利库容和保证率（或设计保证率）。引入以上各参数后，兴利调节计算的各因素表示为来水年径流系列的离势系数 C_V、调节系数 α、库容系数 $\beta_多$ 和保证率 P（或设计保证率 $P_设$）。前苏联工程师普列什科夫制作了线解图（简称普氏线解图），如图 2-32 所示。利用普氏线解图可以在已知 C_V、α、$\beta_多$ 和 P 四个参数中任意 3 个参数的条件下，求得第四个参数。

普氏线解图是在年径流系列 $C_S = 2C_V$ 的条件下绘制的。当 $C_S \neq 2C_V$ 时，必须进行参数转换才能按上述方法进行求解。转换公式为

$$C'_V = \frac{C_V}{1 - a_0} \tag{2-37}$$

$$\alpha' = \frac{\alpha - a_0}{1 - a_0} \tag{2-38}$$

$$\beta'_多 = \frac{\beta_多}{1 - a_0} \tag{2-39}$$

$$a_0 = \frac{m-2}{m} \tag{2-40}$$

$$m = \frac{C_S}{C_V} \tag{2-41}$$

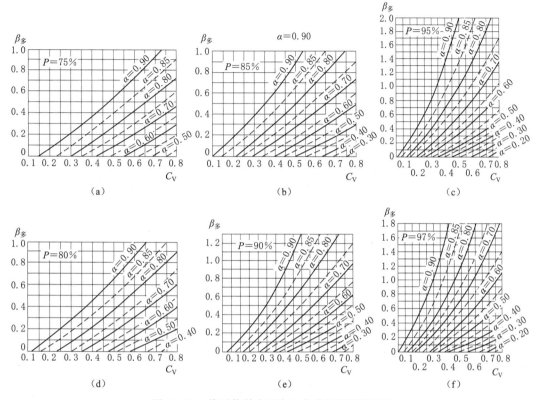

图 2-32　普列什科夫固定用水多年调节线解图

应用普氏线解图，可以方便地推求设计保证率对应的多年库容或调节流量，多年库容确定时还可以推求不同调节流量所具有的保证率。通过以下算例说明普氏线解图的应用。

【算例 2-10】　某多年调节水库，设计保证率 $P=80\%$，多年平均年径流量 $W_{年}=400\times10^6\,\mathrm{m}^3$，$C_V=0.45$，$C_S=2C_V$，多年库容 $V_{多}=116\times10^6\,\mathrm{m}^3$，求调节流量 $Q_{调}$。

解：（1）求多年库容系数 $\beta_{多}$。

$$\beta_{多}=\frac{V_{多}}{W_{年}}=\frac{116\times10^6}{400\times10^6}=0.29$$

（2）求调节系数 α。

从 $P=80\%$ 的普氏线解图中查出 $C_V=0.45$，$\beta_{多}=0.29$ 所对应的调节系数 $\alpha=0.8$。

（3）求调节流量 $Q_{调}$。

由式（2-35）可求得年用水量 $W_{用}=\alpha W_{年}=0.8\times400\times10^6\,\mathrm{m}^3=320\times10^6\,\mathrm{m}^3$。从而求得调节流量 $Q_{调}=320\times10^6\div(12\times2.63\times10^6)\,\mathrm{m}^3/\mathrm{s}\approx10\,\mathrm{m}^3/\mathrm{s}$。

【算例 2-11】　某多年调节水库，设计保证率 $P=85\%$，多年平均年径流量 $W_{年}=550\times10^6\,\mathrm{m}^3$，年径流系列的 $C_V=0.32$，$C_S=2.5C_V$，水库设计年用水量 $W_{用}=462\times10^6\,\mathrm{m}^3$，求多年库容 $V_{多}$。

解：（1）求调节系数 α。

$$\alpha = \frac{W_{用}}{W_{年}} = \frac{462 \times 10^6}{550 \times 10^6} = 0.84$$

（2）将 C_V、α 转化为 C'_V、α'。

由式（2-37）至式（2-41）可得

$$m = \frac{C_S}{C_V} = \frac{2.5 C_V}{C_V} = 2.5$$

$$a_0 = \frac{m-2}{m} = \frac{2.5-2}{2.5} = 0.2$$

$$C'_V = \frac{C_V}{1-a_0} = \frac{0.32}{1-0.2} = 0.4$$

$$\alpha' = \frac{\alpha - a_0}{1 - a_0} = \frac{0.84 - 0.2}{1 - 0.2} = 0.8$$

（3）求多年库容系数 $\beta_{多}$。

从 $P=85\%$ 的普氏线解图中查出 $C'_V = 0.4$，$\alpha' = 0.8$ 时对应的 $\beta'_{多}$ 为 0.31。由式（2-39）可求得

$$\beta_{多} = \beta'_{多}(1-a_0) = 0.31 \times (1-0.2) = 0.248$$

（4）求多年库容 $V_{多}$。

由式（2-36）可求得多年库容

$$V_{多} = \beta_{多} W_{年} = 0.248 \times 550 \times 10^6 (\text{m}^3) = 136.4 \times 10^6 (\text{m}^3)$$

应该指出，普氏线解图是针对固定用水量（即 α = 常数）绘制的，如果是变动用水量，必须先将变动用水转化为固定用水才能查用普氏线解图，具体方法不作详述，如有需要，请参阅其他书籍。

2. 年库容 $V_{年}$ 的计算

多年调节水库年库容的概念和年调节兴利库容的概念一致，都是为了调节径流年内变化而设置的库容，所以，上述确定年调节兴利库容的时历法对确定多年调节水库年库容仍然适用。

年库容同样可用库容系数表示。年库容系数

$$\beta_{年} = \frac{V_{年}}{W_{年}} \tag{2-42}$$

年库容系数的计算式为

$$\beta_{年} = \alpha \frac{T_{枯}}{12} - K_{枯} \tag{2-43}$$

式中　α——调节系数；

$T_{枯}$——年内枯水期月数；

$K_{枯}$——枯水期水量模数，即年内枯水期的来水量与多年平均年径流量的比值。

式（2-43）是按照时历法的概念推出的，推导过程从略。应用式（2-43）计算时，关键问题是需要合理地定出 $T_{枯}$ 和 $K_{枯}$ 的值。各年份的 $T_{枯}$ 和 $K_{枯}$ 值是不同的，应选择何种年份的枯水期月数及枯水期水量模数作为 $T_{枯}$ 和 $K_{枯}$ 呢？在工程设计中一般作如下考

虑：多年调节水库的年库容取决于设计枯水系列的前一年，该年的年来水量必然大于或等于年用水量。年来水量小于年用水量的年份应包括在多年调节的枯水系列里，其不足水量应由多年库容 $V_多$ 补充，该年不能用来计算年库容。一般说来，年水量大的年份，其枯水期水量也较大，所以，若选择年来水量大于年用水量的年份计算年库容，所得的库容较小。显然，根据年来水量等于年用水量的年份计算年库容，所求得的库容是在设计枯水系列前一年可能发生的各种来水年份中，所需的库容的最大值。所以，为保险起见，应选择年来水量等于（或十分接近）年用水量的年份，用该年的枯水期月数及枯水期水量模数作为 $T_枯$ 和 $K_枯$，进行计算。

将以上分别确定的多年库容和年库容相加，便可确定出多年调节水库的总兴利库容 $V_兴$，即 $V_兴 = V_多 + V_年$。

以上计算未计入水量损失，多年调节计入水量损失与年调节计入水量损失的计算方法类似，可先不计入水量损失进行计算，然后，按不计入水量损失求得的蓄水情况，近似求出损失水量，并考虑水量损失重新计算，逐次求得满足精度要求的结果。

第三章 洪 水 调 节

第一节 防 洪 措 施

千百年来，洪水一直对人类的生产、生活甚至生命造成巨大威胁。从某种意义上说，人类漫长的历史就是与洪水灾害作斗争的历史。按当前的技术水平，完全消除洪水灾害是不现实的，只能因地、因时、因水制宜，采取防洪措施，防洪是根据洪水规律和洪灾危害状况，采取的防止或减免洪水灾害的对策、措施和方法。防洪实践证明：综合防洪措施能较好地发挥防洪作用，收到较好的防洪效益。综合防洪措施通常分为两类：工程防洪措施和非工程防洪措施。工程防洪措施包括防洪水库、滞蓄洪、堤防、河道、分洪道等防洪工程建筑；非工程防洪措施包括洪水预报、警报、洪泛区的划分管理、防洪保险、社会经济等。

一、工程措施

工程措施是指利用水利工程拦蓄调节洪量、削减洪峰或分洪、滞洪等，以改变洪水天然运动状况，达到控制洪水、减少损失的目的。常用的水利工程包括河道堤防、水库、涵闸、蓄滞分洪区、排水工程等。

1. 修筑堤防，约束水流

河道是渲泄洪水的通道。提高河道泄洪能力是平原地区防洪的基本措施，修筑堤防是这一措施的重要组成部分。堤防在防洪中的作用是：约束水流，提高河道泄洪排水能力；限制洪水泛滥，保护两岸工农业生产和人民生命财产安全；抗御风浪和海潮，防止风暴潮侵袭陆地。

堤防的建设，一般都与河道整治密切结合。例如为了扩大河道泄洪能力，除加高培厚堤防外，还要采取疏浚河道、裁弯取直、改建退建以及及时清除河道内的阻水障碍物等措施。为了巩固堤防，需要修建针对河道流势的控导工程和险工段的防护工程等。

2. 兴建水库，调蓄洪水

水库一般是指利用山谷建造拦河坝，拦截径流，抬高水位，在坝上形成蓄水体，即人工湖泊。在平原地区，利用湖泊、洼地、河道，通过修筑围堤和控制闸等建筑物，形成平原水库。许多河道受洪水的严重威胁，如不修建控制性水库是无法解决洪水问题的。不少中小河流及其下游的城市，也必须有水库的调节控制，才能保证防洪安全。

水库的防洪一般要兼顾上下游。为了水库上游周边的工农业生产发展及人民生活，要限制库内蓄水高度；水库向下游泄洪量的大小则应考虑下游河道的安全。在一个流域或地区内如有多个水库，可以通过联合运用，发挥干支流错峰、补偿调节的作用。水库的任务一般除了防洪还要兴利，前者要求在洪水到来前能腾出较充分的库容以接纳洪水，后者则要求水库经常保持较多的蓄水量。因此，水库在防洪时，既要兼顾上下游，又要拦蓄部分洪水以转化为可利用的水资源供非汛期使用，这就要制定出合理的水库工程控制运用方案。在方案实施时还要以及时准确的气象、水文情报与预报作为决策的依据。

3. 建造水闸，控制洪水

水闸是一种低水头水工建筑物，既能挡水，又能泄水，按其防洪排涝作用可分为：

（1）分洪闸，即分泄河道洪水的水闸。当河道上游出现的洪峰流量超过下游河道安全泄量时，为保护下游重要城镇及农田免遭洪灾，将部分洪水通过分洪闸泄入预定的湖泊洼地（蓄洪区或滞洪区），也可将洪水分泄入水位较低的邻近河流。

（2）挡潮闸，即设于感潮河流的河口，防止海潮倒灌的水闸。涨潮时，潮水位高于河水位，关闸挡潮；汛期退潮时，潮水位低于河水位，开闸排水。枯水期闸门关闭，既挡潮水，又兼蓄淡水。

（3）节制闸，即调节上游水位，控制下泄流量的水闸。天然河道的节制闸也称为拦河闸。枯水期，关闭闸门抬高上游水位，以满足兴利要求；洪水期，开闸泄洪，使上游洪水位不超过防洪限制水位，同时控制下泄洪水流量，使其不超过下游河道的安全泄量。

（4）排水闸。它是排泄洪涝水的水闸，一般是指洪涝地区向江河排水的水闸。当外河水位高于堤内水位时，关闸挡水，防止河水倒灌；当堤外江河水位低于堤内洪涝水位时，开闸排水，减免洪涝灾害损失。

4. 利用蓄滞、分洪区，减轻河道行洪压力

大江大河中下游两岸常有湖泊洼地与江河相通，洪水期江河洪水漫溢，这些湖洼起自然滞蓄洪水、降低河道水位、减轻洪水对下游威胁的作用。为了更有效地利用沿岸湖洼调蓄稀遇洪水，现在许多流域都有计划地用围堤将大部分沿岸湖洼与河道分开，建设为蓄滞、分洪区。在水位达到一定高度时采取自流分洪、水闸控制分洪或人为开口分洪等措施，以临时蓄、滞洪水，减轻河道的行洪压力。

由于蓄滞洪区、分洪区一般使用机会不多，随着人口的增长和经济的发展，蓄滞洪区、分洪区内居民日益增多，造成了分洪困难和损失巨大。因此，尚需要有一系列的非工程措施与之配合，才能使蓄滞洪区、分洪区的作用得以发挥。

5. 建立排水系统

排水系统用于排除洪涝积水，排涝工程有自排工程和机电排水工程两类。

（1）自排工程。自排工程也就是自流排涝工程，主要包括河道及排水沟。可选择地势较低的江河、湖泊作为自排的容泄区。

（2）机电排水工程。洪涝积水无法向容泄区自排时，需要在适当地点修建排水站，利用机电进行排水。沿江沿湖圩区，在遇到雨涝时，一般都采用自排与机电排相结合的方式进行排涝。

二、非工程措施

非工程防洪措施是指在洪水发生之前，预作周密安排，通过技术、法律、政策等手段，尽量避免可能发生灾害的措施。主要包括洪水预报、洪水警报、洪泛区的土地划分与管理、洪水保险、洪灾救济等。随着社会的发展和进步，非工程措施越来越受重视。

1. 洪水预报、报警

根据场次暴雨资料及有关水文气象信息，对暴雨形成的洪水过程进行的预报称为暴雨洪水预报。它包括流域内一次暴雨径流量（称降雨产流预报）及其径流过程（流域汇流预报）。预报项目一般包括洪峰水位、洪峰流量及其出现时间、洪水涨落过程及洪水总量。在洪水到来之前，发布洪水预报警报，及时采取紧急行动避免洪水的灾害，力求使洪水损失降到最低。根据洪水预报警报可有计划的采取分洪、蓄洪等措施；可对水库进行合理防洪调度；可及时地进行防洪逃洪疏散，使人民群众在洪水来到之前撤到安全区，减少生命财产损失。

洪水预报警报作用的大小与其正确性和有效性密切相关，一般来说，预报精度愈高，有效时间愈长，洪灾造成的损失就愈小，因此各级防汛部门要努力改进通讯、计算等技术手段，提高测报精度，增长有效预见期。

2. 洪泛区的划分管理

可根据不同的洪水频率及其造成的危害程度来划分洪泛区，并采取相应的对策。规定洪泛区（如行洪区、蓄洪区、江心洲圩、滩地建筑物、外护圩等）的土地利用，限制盲目开发，以适应洪水的天然特性。有的国家将洪泛区划分几个区：①严禁区，5年一遇洪水位以下区，不准建设永久性建筑物；②限制区，5～20年一遇洪水以下地区，只允许建设一些经济价值比较小的建筑物，并要求这些建筑物有防洪设施；③警报区，20～50年一遇洪水位以下地区，建筑物可不受限制，但要求区内居民保持警惕，收到洪水预报警报后要采取必要措施。

3. 防洪保险

实行洪水保险可以减缓受洪灾居民和企业的损失，使其损失不是一次承受而是分期偿付，有利于安定广大人民生活、稳定社会生产秩序、减轻国家负担起。这是一种改变损失承担的方式，是一项主要的防洪非工程措施。实行洪水保险是我国救灾体制和社会防洪保障的重大改革。洪水保险是洪泛区洪水风险管理的重要手段，它投资省、效益明显、风险小。保险的功能是把不确定的、不稳定的和巨额的灾害损失风险转化为确定性的、稳定的和小量的开支。另外还可动员社会力量来关心防洪事业、促进防洪建设的发展。洪水保险可分为：①法定保险，又称强制保险，国家以法律、法令的行政手段来实施的；②自愿保险，由保险双方当事人在自愿的基础上协商、订立保险合同。

参加防洪保险的居民和单位每年交纳保险费，树立灾情观念，这种与经济利益相关的防汛可能更有效。如果能将保险费用的大小与洪泛区的划分联系起来，可能更有效地制止在洪泛区盲目建设。另外，防洪保险的目的不是单纯的消极赔偿，更重要的是防患于未然。

4. 灾后重建

各级政府部门在及时引导灾民生产自救的同时，还要调动社会力量进行有效地救济、救助，同时，国家也拨出防灾、救灾经费给予扶持。

第二节 防 洪 标 准

在水库调洪过程中，入库洪水的大小不同，下泄洪水、拦蓄库容、水库水位变化等也将不同。通常，入库洪水的大小要根据防洪标准或水工建筑物的设计标准来选定。因此，在进行水库调洪计算时，必须先确定合理的防洪标准或水工建筑物的设计标准。

若水库不需承担下游防洪任务，则应按水工建筑物设计标准的规定（规定设计洪水和校核洪水的频率），选定合适的设计洪水和校核洪水的流量过程线，作为调洪计算的原始资料。

若水库要承担下游防洪任务，则除了要选定水工建筑物的设计标准外，还要选定下游防护对象的防护标准，即防护对象应抗御的设计洪水频率。国家统一规定了不同重要性的防护对象应采用的防洪标准，作为推求设计洪水、设计防洪工程的依据。防护对象的防护标准，应根据防护对象的重要性、历次洪灾情况、对政治、经济的影响，结合防护对象和防洪工程的具体条件，并征求有关方面的意见，参照表3-1选用。应注意以下几点：

（1）对洪水泛滥后可能造成特殊严重灾害的城市、工矿和重要粮棉基地，其防洪标准可适当提高；

（2）一时难以达到防洪标准者，可采用分期提高的办法；

（3）交通运输及其他部门的防洪标准，可参照有关部门的规定选用。

表3-1　　　　　　　　　　　不同防护对象的防洪标准

防护对象			防洪标准	
城镇	工矿区	农田面积/万亩	重现期/年	频率/%
特别重要城市	特别重要的	>500	>100	<1
重要城市	重要的	100～500	50～100	2～1
中等城市	中等的	30～100	20～50	5～2
一般城市	一般的	<30	10～20	10～5

第三节　水库调洪的过程与任务

利用水库蓄洪或滞洪是防洪工程措施之一。通常，洪水波在河槽中经过一段距离时，由于槽蓄作用，洪水过程线逐步变形。一般随着洪水波沿河向下游推进，洪峰流量逐渐减小，而洪水历时逐渐加长。水库容积比一段河槽要大得多，对洪水的调蓄作用也比河槽要强得多。特别是当水库有泄洪闸门控制时，洪水过程线的变形更为显著。

当水库有下游防洪任务时，它的作用主要是削减下泄洪水流量，使其不超过下游河床的安全泄量。水库的任务主要是滞洪，即在一次洪峰到来时，将超过下游安全泄量的那部分洪水暂时拦蓄在水库中，待洪峰过去后，再将拦蓄的洪水下泄掉，腾出库容来迎接下一次洪水（图3-1）。有时，水库下泄的洪水与下游区间洪水或支流洪水遭遇，叠加后其总流量会超过下游的安全泄量。这时就要求水库起"错峰"的作用，使下泄洪水不与下游洪水同时到达需要防护的地区。这是滞洪的一种特殊情况。若水库是防洪与兴利相结合的综合利用水库，则除了滞洪作用外还起蓄洪作用。例如，多年调节水库在一般年份或库水位较低时，常有可能将全年各次洪水都拦蓄起来供兴利部门使用；年调节水库在汛初水位低于防洪限制水位时，以及在汛末兴利部门使用。这都是蓄洪的性质。蓄洪既能削减下泄洪峰流量，又能减少下游洪量；而滞洪只削减下泄洪峰流量，基本上不减少下游洪量。在多数情况下，水库对下游承担的防洪任务主要是滞洪。湖泊、洼地也能对洪水起调蓄作用，与水库滞洪类似。

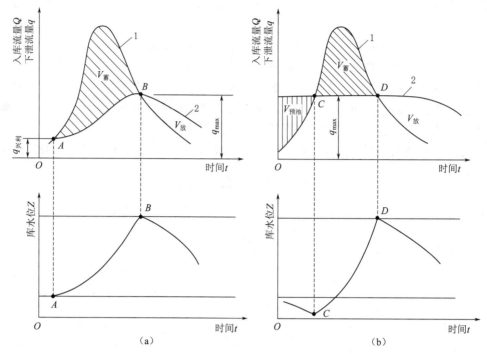

图 3-1 水库调蓄后洪水过程线的变形示例

(a) 无闸门控制时 (b) 有闸门控制时

1—入库洪水过程线；2—下泄洪水过程线

若水库不需承担下游防洪任务，则洪水期下泄流量可不受限制。但由于水库本身自然地对洪水有调蓄作用，洪水流量过程经过水库时仍然要变形，客观上起着滞洪的作用。从兴利部门的要求来说，蓄洪更重要。

洪水流量过程线经过水库时的具体变化情况，与水库的容积特性、泄洪建筑物的型式和尺寸以及水库运行方式等有关。特别是，泄洪建筑物是否有闸门控制，对下泄洪水流量过程线的形状有不同的影响，可参见图 3-1 的例子。在水库调蓄洪水的过程中，入库洪水、下泄洪水、拦蓄洪水的库容、水库水位的变化以及泄洪建筑物型式和尺寸等之间存在着密切的关系。水库调洪计算的目的，正是为了定量地找出它们之间的关系，以便为决定水库的有关参数和泄洪建筑物型式、尺寸等提供依据。

第四节 水库调洪计算的原理

水库泄洪建筑物的主要形式有表面式溢洪道和深水式溢洪洞两种。表面式溢洪道分为有闸控制和无闸控制两种型式。深水式泄洪洞包括设在坝体的底孔、泄水管道及泄洪隧洞等。深水式泄洪洞都设有闸门控制，当设置高程较低时，还可起到放空水库、排沙和施工导流的作用。因此，重要的大中型水库工程，大多同时设置有上述两类泄洪建筑物。

泄洪建筑物在某水位的泄流能力，是指该水位下泄洪建筑物可能通过的最大流量。无闸门溢洪道的泄流量与该水头的泄流能力是一致的。有闸门控制的泄洪建筑物的泄流能力，是指闸门全开时的泄流量。对于拟定的某一具体泄洪建筑区而言，无论是有闸还是无闸，其泄流量和泄洪能力随水位升降而变化。

当采用开敞式溢洪道或溢流坝顶闸门完全开启对水流不起控制作用时，水流自由下泄，这种水流状态称为堰流，其泄流公式为

$$q_1 = \varepsilon m B \sqrt{2g} H_0^{3/2} \tag{3-1}$$

式中　q_1——溢洪道泄流量，m^3/s；

　　　ε——侧收缩系数；

　　　m——流量系数；

　　　B——溢流堰净宽，m；

　　　H_0——考虑行近流速的堰顶水头，m，$H_0 = H + v^2/2g$；

　　　H——溢流堰堰顶水头，m。

泄洪洞或底孔泄流，可按有压管流公式计算

$$q_2 = \mu \omega \sqrt{2gH_0} \tag{3-2}$$

式中　q_2——泄洪洞泄流量，m^3/s；

　　　μ——孔口出流流量系数；

　　　ω——泄洪洞的过水断面面积，m^2；

　　　H_0——考虑行近流速的堰顶水头，即 $H_0 = H + v^2/2g$，$v^2/2g$ 可忽略不计。非淹没出流时，H 等于上游水位与洞口中心高程之差；淹没出流时，H 为上下游水位差（m）。

为调洪计算方便，根据式（3-1）、式（3-2）绘制蓄泄关系 q-V。其中 q 为水库需水量 V 所对应的泄流能力。

【算例 3-1】 某水库的泄洪建筑物包括泄洪洞和溢流坝。泄洪洞孔口尺寸为 4m×4m，平板闸门控制，洞底高程 257.0m，此泄洪洞兼作排沙洞。溢流坝净宽 143m，无闸门控制，堰顶高程 288.0m。水电站过水能力 $Q_T = 30m^3/s$。

溢流坝的泄流量

$$q_1 = \varepsilon m B \sqrt{2g} H^{3/2} = 0.48 \times 0.90 \times 143 \times 4.43 H^{3/2} (m^3/s)$$

泄洪洞的泄流量

$$q_2 = \mu \omega \sqrt{2gH} = 0.85 \times 16 \times 4.43 \times H^{1/2} (m^3/s)$$

水库泄流量为

$$q = q_1 + q_2 + Q_T$$

当水库水位低于 290.0m 时，泄洪洞闸门不开启，洪水由溢流坝自由泄流。当库水位高于 290.0m，入库洪水估计为 5 年一遇以上洪水时，全启泄洪洞闸门泄洪。泄洪建筑物泄量包括溢流坝和泄洪洞的泄流量。表 3-2 为该水库的蓄泄关系 q-V，即该水库的水位与库容的关系。

由表 3-2 中的泄流量 q 与水库库容 V，可绘制该水库的蓄泄曲线 q-V，供洪水调节时使用。

表 3-2   **某水库蓄泄关系 q-V 计算表**

水库水位 Z/m	库容 V/万 m³	堰顶水头 H_1/m	溢流堰 q_1/(m³/s)	计算水头 H_2/m	泄洪洞 q_2/(m³/s)	水库泄流量 q/(m³/s)
288	5200	0	0	29	0	30
289	5550	1	273.5	30	0	303.5
290	5900	2	773.6	31	335.2	1138.8
291	6275	3	1421.1	32	340.6	1791.7
292	6650	4	2188	33	345.9	2563.9
293	7075	5	3057.8	34	351.1	3438.9
294	7500	6	4019.6	35	356.2	4405.8
295	7950	7	5065.3	36	361.3	5456.6
296	8450	8	6188.6	37	366.2	6584.8
297	8950	9	7384.5	38	371.2	7785.7
298	9450	10	8648.8	39	376.0	9054.8
299	9975	11	9978.1	40	380.8	10388.9
300	10550	12	11369.2	41	385.5	11784.7
301	11150	13	12819.5	42	390.2	13239.7
302	11750	14	14326.8	43	394.8	14751.6

洪水在水库中运行时，水库沿程的水位、流量、过水断面、流速等均随时间而变化，其流态属于明渠非恒定流。根据水力学，明渠非恒定流的基本方程，即圣维南方程组为

$$\left. \begin{aligned} \text{连续性方程}\ \frac{\partial \omega}{\partial t} + \frac{\partial Q}{\partial s} = 0 \\ \text{运动方程}\ -\frac{\partial Z}{\partial s} = \frac{1}{g}\frac{\partial v}{\partial t} + \frac{v}{g}\frac{\partial v}{\partial s} + \frac{Q^2}{K^2} \end{aligned} \right\} \qquad (3-3)$$

式中 ω——过水断面面积，m²；

     t——时间，s；

    Q——流量，m³/s；

     s——沿水流方向的距离，m；

    Z——水位，m；

    g——重力加速度，m/s²；

    v——断面平均流速，m/s；

    K——流量模数，m³/s。

通常，这个偏微分方程组难以得出精确的分析解，而是采用简化了的近似解法：瞬态法、差分法和特征线法等。长期以来，普遍采用瞬态法，即用有限差值来代替微分值，并加以简化，以近似地求解一系列瞬时流态，比较简便，宜于手算。近年来，随着电子计算

机的广泛使用，国内外不少人用差分法进行电算，使差分法的应用出现了良好的发展前景。本书将介绍目前普遍采用的瞬态法，其他方法请参阅水力学书籍。

瞬态法将式（3-3）进行简化后得出基本公式（推导过程从略），再结合水库的特有条件对基本公式进一步简化，则得专用于水库调洪计算的实用公式如下：

$$\overline{Q} - \overline{q} = \frac{1}{2}(Q_1 + Q_2) - \frac{1}{2}(q_1 + q_2) = \frac{V_2 - V_1}{\Delta t} = \frac{\Delta V}{\Delta t} \qquad (3-4)$$

式中　Q_1、Q_2——计算时段初、末的入库流量，m^3/s；

$\overline{Q}$——计算时段中的平均入库流量，m^3/s，等于 $(Q_1 + Q_2)/2$；

q_1、q_2——计算时段初、末的下泄流量，m^3/s；

$\overline{q}$——计算时段中的平均下泄流量，m^3/s，等于 $(q_1 + q_2)/2$；

V_1、V_2——计算时段初、末水库的蓄水量，m^3；

ΔV——V_2 和 V_1 之差；

Δt——计算时段，一般取 $1 \sim 6\text{h}$，需化为秒数。

这个公式实际为一个水量平衡方程式，表明：在一个计算时段中，入库水量与下泄水量之差即为该时段中水库蓄水量的变化。显然，公式中并未计及洪水自入库处至泄洪建筑物的行进时间，也未计及沿程流速变化和动库容等的影响。这些因素均是其近似性的一个方面。

当已知水库入库洪水过程线时，Q_1、Q_2、$\overline{Q}$ 均为已知；V_1、q_1 则是计算时段 Δt 开始时段的初始条件。于是，式（3-4）中的未知数仅剩 V_2、q_2。当前一个时段的 V_2、q_2 求出后，其值即成为后一时段的 V_1、q_1 值，使计算能逐时段地连续进行下去。当然，用一个方程式来解 V_2、q_2 是不可能的，必需再有一个方程式 $q_2 = f(V_2)$，与式（3-4）联立，才能同时解出 V_2、q_2 的确定值。假定暂不考虑自水库取水的兴利部门泄向下游的流量，则下泄流量 q 应是泄洪建筑物泄流水头 H 的函数，当泄洪建筑物的型式、尺寸等已定时，有

$$q = f(H) = AH^B \qquad (3-5)$$

式中　A——系数，与建筑物型式和尺寸、闸孔开度以及淹没系数等有关（可查阅水力学书籍）；

B——指数，对于堰流，B 一般等于 $3/2$；对于闸孔出流，一般等于 $1/2$。

对于已知的泄洪建筑物来说，$B = 1/2$ 或 $3/2$，视流态而变，而 A 也随有关的水力学参数而变。因此，式（3-5）常用泄流水头 H 与下泄流量 q 的关系曲线来表示。根据水力学公式，H 与 q 的关系曲线并不难求出。若是堰流，H 为库水位 Z 与堰顶高程之差；若是闸孔出流，H 为库水位 Z 与闸孔中心高程之差。因此，不难根据 H 与 q 的关系曲线求出 Z 与 q 的关系曲线 $q = f(Z)$。并且，已知水库水位 Z，可借助水库容积特性 $V = f(Z)$ 求出相应的水库蓄水容积（蓄存水量）V。于是，式（3-5）最终也可以用下泄流量 q 与库容 V 的关系曲线来代替，即

$$q = f(V) \qquad (3-6)$$

式（3-4）与式（3-6）组成的方程组可用来求解 q_2 与 V_2 这两个未知数，但式（3-6）是用关系曲线的形式来表示的。此外，当已知初始条件 V_1 时，也可利用式（3-6）来求出 q_1；或者由 q_1 求 V_1。

不论水库是否承担下游防洪任务，也不论是否有闸门控制，调洪计算的基本公式都是上

述两式。只是，在有闸门控制的情况下，式（3-6）不是一条曲线，而是以不同的闸门开度为参数的一组曲线，因而计算相对复杂。在承担下游防洪任务的情况下，要求保持 q 不大于下游允许的最大安全泄量 q_{max} 时，就要利用闸门控制 q。有时，泄洪建筑物虽设有闸门，但泄洪时将闸门全开，此时与无闸门控制的情况相同。有时，在一次洪水过程中，一部分时间用闸门控制 q，而另一部分时间将闸门全开而不加控制，这种有闸门控制与无闸门控制分时段进行的计算相对繁琐一些。但不论是什么情况，所用的基本公式与方法都是一致的。

利用式（3-4）和式（3-6）进行调洪计算的具体方法有很多种，目前我国常用的是列表试算法和半图解法。下面将分别介绍这两种方法。由于有闸门控制的情况千变万化，计算步骤也比较麻烦，我们也将以比较简单的情况为例来介绍。掌握基本方法以后，可以触类旁通，计算比较复杂的情况。

第五节　水库调洪计算的列表试算法

在水利规划中，常需根据水工建筑物的设计标准或下游防洪标准，按工程水文所介绍的方法，去推求设计洪水流量过程线。因此，对调洪计算来说，入库洪水过程及下游允许水库下泄的最大流量均是已知的；并且，要针对水库汛期防洪限制水位以及泄洪建筑物的型式和尺寸拟定几个比较方案，对每一方案来说，它们也都是已知的。调洪计算就是在这些初始的已知条件下，推求下泄洪水过程线、拦蓄洪水的库容和水库水位的变化。在水库运行中，调洪计算的已知条件和计算结果，基本上也与上述类似。

列表试算法的步骤大体如下：

（1）根据已知的水库水位容积关系曲线 $V=f(Z)$ 和泄洪建筑物方案，用水力学公式［式（3-5）］求出下泄流量与库容的关系曲线 $q=f(V)$。

（2）选取合适的计算时段，以秒为计算单位。

（3）决定开始计算的时刻和此时刻的 V_1、q_1 值，然后列表计算，计算过程中，每一时段的 V_2、q_2 值都要进行试算。

（4）将计算结果绘成曲线（图3-2），供查阅。

在计算过程中，每一时段中的 Q_1、Q_2、q_1、V_1 均为已知。先假定一个 q_2 值，代入式（3-4），求出 V_2 值。然后按此 V_2 值在曲线 $q=f(V)$ 上查出 q_2 值，并与假定的 q_2 值相比较。若两 q_2 值不相等，则要重新假定一个 q_2 值，重复上述试算过程，直至两者相等或很接近为止。这样多次演算求得的 q_2、V_2 值就是下一段的 q_1、V_1 值，可依据此值进行下一时段的试算。逐时段依次试算的结果即为调洪计算的成果。现将具体的演算过程用一例子加以说明。

【算例3-2】某水库的泄洪建筑物型式和尺寸已定，设有闸门。水库的运用方式是：在洪水来临时，先用闸门控制使 q 等于 Q，水库保持汛期防洪限制水位38.0m不变；当 Q 继续加大，使闸门达到全开，以后就不用闸门控制，q 随 Z 的升高而加大，流态为自由泄流，q_{max} 也不限制，情况与无闸门控制相同。

已知水库容积特性 $V=f(Z)$，根据泄洪建筑物型式和尺寸，算出水位和下泄流量关系曲线 $q=f(Z)$，见表3-3和图3-3。堰顶高程为36.0m。

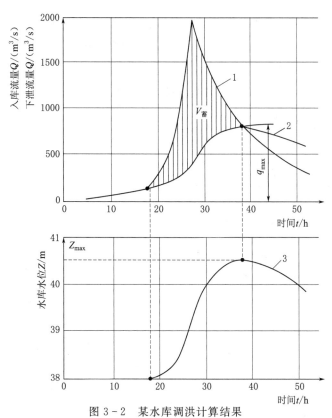

图 3-2 某水库调洪计算结果

1—入库洪水过程线；2—下泄洪水过程线；3—水库水位过程线

表 3-3 某水库 $V=f(Z)$、$q=f(Z)$ 曲线（闸门全开）

水位 Z/m	36.0	36.5	37.0	37.5	38.0	38.5	39.0	39.5	40.0	40.5	41.0
库容 V/万 m^3	4330	4800	5310	5860	6450	7080	7760	8540	9420	10250	11200
下泄流量 q/(m^3/s)	0	22.5	55	105	173.9	267.2	378.3	501.9	638.9	786.1	946

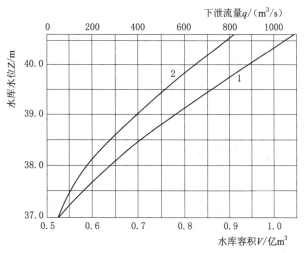

图 3-3 某水库 $V=f(Z)$ 和 $q=f(Z)$ 曲线

1—$V=f(Z)$；2—$q=f(Z)$

解：将已知入库洪水流量过程线列入表 3-4 中的第（1）、第（2）栏，并绘于图 3-2 中（曲线 1）；选取计算时段 $\Delta t=3\text{h}=10800\text{s}$；起始库水位为 $Z_{限}=38.0\text{m}$；在图 3-3 中可查出闸门全开时相应的 $q=173.9\text{m}^3/\text{s}$。

表 3-4　　　　　　　　　　　　调洪计算列表试算法

时间 t /h	入库洪水流量 $Q/(\text{m}^3/\text{s})$	时段平均入库洪水流量 $\overline{Q}(\text{m}^3/\text{s})$	下泄流量 $q/(\text{m}^3/\text{s})$	时段平均下泄流量 $\overline{q}/(\text{m}^3/\text{s})$	时段内水库存水量的变化 $\Delta V^*/万\text{ m}^3$	水库存水量 $V/万\text{ m}^3$	水库水位 Z/m
(1)	(2)	(3)	(4)	(5)	(6)	(7)	(8)
18	174		173.9			6450	38.0
		257		180.5	83		
21	340		187			6533	38.1
		595		224.5	400		
24	850		262			6933	38.4
		1385		343.5	1125		
27	1920		425			8058	39.2
		1685		522.5	1256		
30	1450		620			9314	39.9
		1280		677.0	651		
33	1110		734			9965	40.3
		1005		757.5	267		
36	900		781			10232	40.5
		830		785.5	48		
39	760		790			10280	40.51
		685		781.0	−104		
42	610		772			10176	40.4
		535		751.5	−234		
45	460		731			9942	40.3
		410		702.5	−316		
48	360		674			9626	40.1
		325		645.5	−346		
51	290		617			9280	39.9

注　表中数字下有横线者为初始已知值。

*　$\Delta V=(\overline{Q}-\overline{q})\Delta t$，$\Delta t$ 取 3h（10800s）。

在第 18 小时以前，$q=Q$，且均小于 173.9m³/s。水库不蓄水，无需进行调洪计算。从第 18 小时起，Q 开始大于 173.9m³/s，水库开始蓄水过程。因此，以第 18 小时为开始调洪计算的时刻，此时初始的 $q_1=173.9\text{m}^3/\text{s}$，而初始的 $V_1=6450$ 万 m³。然后按式（3-4）进行计算，计算过程列入表 3-4。

第一个计算时段为第 $18\sim21$ 小时，$q_1=173.9\mathrm{m}^3/\mathrm{s}$，$V_1=6450$ 万 m^3，$Q_1=174\mathrm{m}^3/\mathrm{s}$（接近于 q_1），$Q_2=340\mathrm{m}^3/\mathrm{s}$。对 q_2、V_2 要试算，试算过程见表 3-5。表中数字下有横线的为已知值，有括号的为试算过程中的中间值，无括号的是试算的最后结果。

表 3-5　　　　　　　　　　第一时段（第 $18\sim21$h）的试算过程

时间 t /h	Q /(m³/s)	Z /m	V /(万 m³)	q /(m³/s)	$\overline{Q}$ /(m³/s)	$\overline{q}$ /(m³/s)	ΔV /万 m³	V_2' /万 m³	q_2' /(m³/s)	Z_2' /m
(1)	(2)	(3)	(4)	(5)	(6)	(7)	(8)	(9)	(10)	(11)
<u>18</u>	<u>174</u>	<u>38.0</u>	<u>6450</u>	<u>173.9</u>	<u>257</u>	(211)	(50)			
21	<u>340</u>	(38.4)	(6950)	(248)				(6500)	(180)	(38.04)
						(192.6)	(70)			
		(38.2)	(6690)	(211)				(6520)	(182)	(38.06)
		38.1	6530	187		180.5	83	6533	<u>187</u>	38.10

注　表中 $\Delta V=(\overline{Q}-\overline{q})\Delta t$，$\Delta t=10800\mathrm{s}$。

试算开始时，先假定 $Z_2=38.4\mathrm{m}$，从图 3-3 的 $V=f(Z)$ 和 $q=f(Z)$ 两曲线上，查得相应的 $V_2=6950$ 万 m^3，$q_2=248\mathrm{m}^3/\mathrm{s}$。将这些数字填入表 3-5 的 (3)、(4)、(5) 三栏。表中原已填入 $q_1=173.9\mathrm{m}^3/\mathrm{s}$，$V_1=6450$ 万 m^3，于是 $\overline{q}=(q_1+q_2)/2=(173.9+248)/2=211\mathrm{m}^3/\mathrm{s}$，并可求出对应的 $\Delta V=50$ 万 m^3。由此，可得 $V_2'=V+\Delta V=6450+50=6500$ 万 m^3，填入表 3-5 第 (9) 栏，因此值与第 (4) 栏中假定的 V_2 值不符，故采用符号 V_2' 用以区别。由 V_2' 值查图 3-3，得相应的 $q_2'=180\mathrm{m}^3/\mathrm{s}$，$Z_2'=38.04$ 万 m。显然，V_2'、q_2'、Z_2' 与原假定的 V_2、q_2、Z_2 相差较大，说明假定值不合适，Z_2 偏高。重新假定 $Z_2=38.2\mathrm{m}$，重复以上试算，结果仍不合适。第三次，假定 $Z_2=38.1\mathrm{m}$，结果 V_2 与 V_2' 值很接近，其差值可视为计算结果与曲线所查结果的误差。至此，第一时段的试算即告结束，最后结果是：$q_2=187\mathrm{m}^3/\mathrm{s}$，$V_2=6533$ 万 m^3 和 $Z_2=38.1\mathrm{m}$。

将表 3-5 中试算的最后结果 q_2、V_2、Z_2 分别填入表 3-4 中第 21 小时的第 (4)、(7)、(8) 栏中。按上述试算方法继续逐时段试算，结果均填入表 3-4，并绘制图 3-2（线 2）。

由表 3-4 可见：第 36 小时，水库水位 $Z=40.5\mathrm{m}$、水库蓄水量 $V=10232$ 万 m^3、$Q=900\mathrm{m}^3/\mathrm{s}$，$q=781\mathrm{m}^3/\mathrm{s}$；第 39 小时，$Z=40.51\mathrm{m}$、$V=10280$ 万 m^3、$Q=760\mathrm{m}^3/\mathrm{s}$、$q=790\mathrm{m}^3/\mathrm{s}$。按前述水库调洪的原理，当 $q_{\max}$ 出现时，$q=Q$，此时 Z、V 均达最大值。显然，$q_{\max}$ 将出现在第 36h 与第 39h 之间，在表 3-4 中并未算出。通过进一步试算，可得出在第 38h 16min 处，$q_{\max}=Q=795\mathrm{m}^3/\mathrm{s}$，$Z_{\max}=40.52\mathrm{m}$，$V_{\max}=10290$ 万 m^3。

了解以上试算过程后，如果编出电算程序，则可借助电子计算机很快得出计算结果。

第六节　水库调洪计算的半图解法

由上节可知，列表试算法烦琐且工作量较大，所以人们比较喜欢用半图解法。半图解

法的具体方法有多种，这里只介绍比较常用的一种。将式（3-4）改写为

$$\overline{Q}+\left(\frac{V_1}{\Delta t}-\frac{q_1}{2}\right)=\left(\frac{V_2}{\Delta t}+\frac{q_2}{2}\right) \tag{3-7}$$

式中，$V/\Delta t$、$q/2$、$(V/\Delta t-q/2)$ 和 $(V/\Delta t+q/2)$ 均可与水库水位 Z 建立函数关系。因此，可根据选定的计算时段 Δt 值、已知的水库水位容积关系曲线，以及根据水力学公式算出的水位下泄流量关系曲线（表3-3及图3-3），事先计算并绘制曲线组：$(V/\Delta t-q/2)=f_1(Z)$、$(V/\Delta t+q/2)=f_2(Z)$ 和 $q=f_3(Z)$，参见表3-6和图3-4。其中，$q=f_3(Z)$ 即是水位下泄流量关系曲线，其余两曲线是半图解法中必需的两根辅助曲线，故这一方法在半图解法中亦称为双辅助曲线法，与单辅助曲线法有所区别。

表3-6　　　曲线 $\left(\dfrac{V}{\Delta t}-\dfrac{q}{2}\right)=f_1(Z)$ 和 $\left(\dfrac{V}{\Delta t}+\dfrac{q}{2}\right)=f_2(Z)$ 的计算

库水位 Z /m	库容 V /万 m³	下泄流量 q /(m³/s)	$q/2$ /(m³/s)	$V/\Delta t$ /(m³/s)	$V/\Delta t-q/2$ /(m³/s)	$V/\Delta t+q/2$ /(m³/s)
(1)	(2)	(3)	(4)	(5)	(6)	(7)
37.0	5300	56.7	28.35	4907	4879	4936
37.5	5870	100.3	50.15	5435	5385	5485
38.0	6450	173.9	86.95	5972	5885	6059
38.5	7080	267.2	133.60	6556	6422	6689
39.0	7760	378.3	189.15	7185	6996	7374
39.5	8540	501.9	250.95	7907	7656	8158
40.0	9420	638.9	319.45	8722	8403	9042
40.5	10250	786.1	393.05	9491	9098	9884
41.0	11200	946.0	473.00	10370	9897	10843

得到如图3-4所示的辅助曲线后，就可进行图解计算。为了便于说明，利用图3-4中的曲线来讲解。计算步骤为：

（1）根据已知的入库洪水流量过程线、水库水位容积关系曲线、汛期防洪限制水位、计算时段 Δt 等，确定调洪计算的起始时段，并划分各计算时段。算出各时段的平均入库流量 $\overline{Q}$，以及定出第一时段初始的 Z_1、q_1、V_1 各值。

（2）在图3-4的水位坐标轴上量取第一时段的 Z_1，得 a 点。作水平线 ac 交曲线 A 于 b 点，并使 $bc=\overline{Q}$。因曲线 A 是 $(V/\Delta t-q/2)=f_1(Z)$，a 点代表 Z_1，ab 等于 $(V_1/\Delta t-q_1/2)$，ac 等于 $\overline{Q}+(V_1/\Delta t-q_1/2)$，根据式（3-7）可知，$ac$ 等于 $(V_2/\Delta t-q_2/2)$。

（3）过点 c 作垂线交曲线 B 于 d 点。过 d 点作水平线 de 交水位坐标轴于 e，显然 $de=ac=(V_2/\Delta t+q_2/2)$。因曲线 B 是 $(V/\Delta t+q/2)=f_2(Z)$，d 点在曲线 B 上，e 点就应代表 Z_2，从 e 点可读出 Z_2 值。

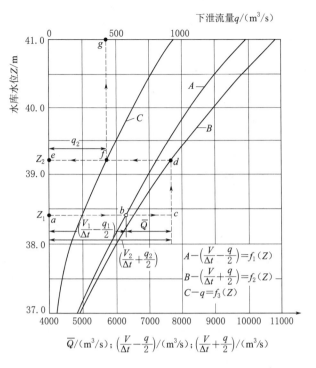

图 3-4　调洪计算半图解法示例（双辅助曲线法）

（4） de 交曲线 C 于 f 点，过 f 点作垂线交 q 坐标轴于 g 点。因曲线 C 是 $q=f_3(Z)$，e 点代表 Z_2，于是 ef 应是 q_2，即从 g 点可以读出 q_2 的值。

（5） 根据 Z_2 值，利用水库水位容积关系曲线可求出 V_2 值。

（6） 将 e 点代表的 Z_2 值作为第二时段的 Z_1，按上述方法进行图解计算，又可求出第二时段的 Z_2、q_2、V_2 等值。按此逐时段进行计算，将结果列成表格，即可完成全部计算。

现通过以下实例加深读者对计算步骤的了解。

【算例 3-3】 某水库及原始资料均与［算例 3-2］相同，用半图解法进行调洪计算。

解： 调洪计算步骤如下：

1） 取 $\Delta t=3\mathrm{h}=10800\mathrm{s}$，列表计算 $(V/\Delta t-q/2)=f_1(Z)$ 与 $(V/\Delta t+q/2)=f_2(Z)$ 两关系曲线，见表 3-6。绘制两曲线和曲线 $q=f_3(Z)$，如图 3-4 所示。

2） 调洪计算从第 18 小时开始。此时水库初始水位 $Z_1=38.0\mathrm{m}$，相应的下泄流量为 $q_1=173.9\mathrm{m}^3/\mathrm{s}$，列于表 3-7 中第 18 小时之第（4）、第（7）栏。由各时刻的入库流量 Q 计算各时段的平均入库流量 $\overline{Q}$，将各 Q 及 $\overline{Q}$ 值列于表 3-7 中第（2）、第（3）两栏。

3） 从图 3-4 上 $Z=38.0\mathrm{m}$ 处作水平线，交曲线 A 于 $(V/\Delta t-q/2)=5885\mathrm{m}^3/\mathrm{s}$ 处，将此数字填入表 3-7 第 18 小时之第（5）栏。已知时段平均流量 $\overline{Q}=257\mathrm{m}^3/\mathrm{s}$，则 $(V_2/\Delta t+q_2/2)=\overline{Q}+(V_1/\Delta t-q_1/2)=257+5885=6142\mathrm{m}^3/\mathrm{s}$，也可在图上直接作图查出 $(V_2/\Delta t+q_2/2)$ 值，将此值列入表 3-7 对应第 21 小时的第（6）栏。

表 3-7 调洪计算半图解法（双辅助曲线法）

时间 t /h	入库流量 Q /(m³/s)	平均入库流量 $\overline{Q}$/(m³/s)	水库水位 Z/m	$\dfrac{V_1}{\Delta t}-\dfrac{q_1}{2}$/(m³/s)	$\dfrac{V_2}{\Delta t}+\dfrac{q_2}{2}$/(m³/s)	下泄流量 q /(m³/s)	水库水位 Z/m
(1)	(2)	(3)	(4)	(5)	(6)	(7)	(8)
18	174		38.0	5885	…	173.9	38.1
		257					
21	340		38.1	5965	6142	188	38.4
		595					
24	850		38.4	6320	6560	248	39.2
		1385					
27	1920		39.2	7260	7705	430	40.0
		1685					
30	1450		40.0	8280	8945	620	40.3
		1280					
33	1110		40.3	8800	9560	725	40.4
		1005					
36	900		40.4	9000	9805	770	40.5
		830					
39	760		40.5	9040	9830	776	40.4
		685					
42	610		40.4	8920	9725	758	40.2
		535					
45	460		40.2	8720	9455	708	40.1
		410					
48	360		40.1	8460	9130	656	39.9
		325					
51	290		39.9	…	8785	596	…

4）在图 3-4 上从曲线 B 查出 $(V/\Delta t+q/2)=6142\text{m}^3/\text{s}$ 处的 Z 值为 38.1m，此即时段第 18～21 小时（即第一时段）对应的 Z_2，或第 21 小时的 Z_1 值，将其填入表 3-7 第 18 小时对应的第（8）栏和第 21 小时的第（4）栏。

5）按上述 $Z_2=38.1\text{m}$，在图 3-4 上由曲线 C 查出 q_2 应为 188m³/s，这也就是第 21 小时对应的 q_1 值，填入表 3-7 第 21 小时对应的第（7）栏。至此，第一时段的计算结束。

6）按照上述步骤进行第二时段（第 21～24 小时）的计算，将结果列入表 3-7 相应各栏，以下以此类推。

7）由表 3-7 可见，q_{max} 发生在第 36h 与第 39h 之间，而且更接近第 39h，确切说应为第 38h 与第 39h 之间。由于 Δt 要改变，并且不能预先得知，故不能用半图解法找出此点的确切数值，只能像［算例 3-2］那样用内插法求得。

比较表 3-4 与表 3-7 可见，上述半图解法与列表试算法的结果非常相近，但半图解法的计算手续更简便、迅速，因此人们更乐意使用。

第七节　水库调洪计算的简化三角形法

规划设计无闸溢洪道的小型水库时，尤其在做多方案比较的过程中，往往只需求出最大下泄流量 q_m 及调洪库容 $V_洪$，无需推求下泄流量过程线。在这种情况下，为了避免列表试算法的大量工作，可以考虑采用简化三角形法进行调洪计算。该法的基本假定是：入库洪水过程线 Q-t 可以简化为三角形（图 3-5），下泄流量过程线的上涨段（虚线 ob）能近似地简化为直线 ob。有了这些假定之后，就可使调洪计算大为简化，现具体介绍如下：

在图 3-5 中，因入库流量过程线 Q-t 已简化为三角形，其高为 Q_m，底宽为过程线的历时 T，三角形的面积即入库洪水的洪量 $W=\frac{1}{2}Q_m T$，所以调洪库容为

$$V_洪=\frac{1}{2}Q_m T-\frac{1}{2}q_m T=\frac{Q_m T}{2}\left(1-\frac{q_m}{Q_m}\right)$$

将 $W=\frac{1}{2}Q_m T$ 代入上式，得

$$V_洪=W\left(1-\frac{q_m}{Q_m}\right) \tag{3-8}$$

或

$$q_m=Q_m\left(1-\frac{V_洪}{W}\right) \tag{3-9}$$

将调洪计算式（3-8）或式（3-9）与水库蓄泄曲线 q-V 联合求解。这里的 V 是堰顶以上库容，即 $V=V_总-V_堰$。解算的方法常用简化试算法或图解法。简化试算法是先假定 q_m，利用式（3-8）求 $V_洪$，再由 q-V 线查得一个新的 q_m，如二者相等，则所设 q_m 和计算出来的 $V_洪$ 即为所求，否则继续试算。图解法如图 3-6 所示。在绘有 q-V 线的图上，沿横轴（q 轴）找出 Q 等于 Q_m 的 B 点，再沿纵轴（V 轴）找出 V 等于 W 的 A 点，作 AB 连线，它与 q-V 线的交点 C 的横标和纵标值即为 q_m 及 $V_洪$。

该图解法的作图原理可证明如下：

因 $\triangle AOB \sim \triangle CDB$，对应边相互成比例，即

$$\frac{DB}{OB}=\frac{CD}{AO}$$

将 $DB=Q_m-q_m$、$OB=Q_m$、$CD=V_洪$、$AO=W$ 代入上式，得

$$\frac{Q_m-q_m}{Q_m}=\frac{V_洪}{W}$$

即

$$q_m=Q_m\left(1-\frac{V_洪}{W}\right)$$

此式与式（3-9）相同，证明了图 3-6 的求解法是完全正确的。

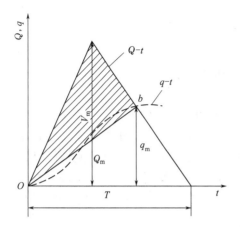
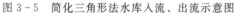

图 3-5　简化三角形法水库入流、出流示意图

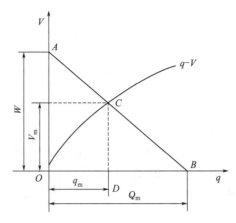

图 3-6　简化三角形法图解示意图

第八节　其他情况下的水库调洪计算

前两节介绍的是不用闸门控制下泄流量 q 时的调洪计算步骤，虽设有闸门而闸门全开时的计算情况与无闸门控制时相同。这是调洪计算中最为基本的情况，工程实际中遇到的情况常常要复杂些。下面介绍几种较为复杂的情况。

利用闸门控制下泄流量 q 时，调洪计算的基本原理与不用闸门控制 q 时类似，不同点是因为水库运行方式有多种多样，要按需要随时调整闸门的开度（包括开启的闸孔数目和每个闸孔的开启高度）。在闸门开度、水库水位、下游淹没等情况不同时，式（3-5）中的系数 A 和 B 也会不同。例如，溢流堰的下泄流量利用闸门控制时，若闸门开启高度为 e、堰前水头为 H，则 $e/H \leqslant 0.75$ 时为闸孔出流，$B = 1/2$；$e/H > 0.75$ 时为堰流，$B = 3/2$。也就是说，闸门开启高度 e 不变，库水位升降时，B 也可能有时为 $1/2$、有时为 $3/2$。反之亦然。影响系数 A 值的因素更多，变化更复杂。所以，利用闸门控制 q 时的调洪计算更烦琐。在这种情况下，若用半图解法进行调洪计算，则需要针对不同的泄流情况作出若干不同的辅助曲线，使计算变得复杂，失去了半图解法简便迅速地优越性。因此，利用闸门控制 q 时的调洪计算，采用列表试算法较为方便。

不同的水库运用方式，要求闸门有不同的启闭过程。水库运用方式变化很多，不可能一一列举。下面介绍几种常见的情况，说明利用闸门控制 q 时水库的调洪过程，如图 3-7 所示。

图 3-7（a）的情况是，当下游有防洪要求时，最大下泄流量 $q_{\max}$ 不能超过下游允许的安全泄量 $q_{\text{安}}$。在 t_1 时刻以前，Q 较小，而闸门全开时的下泄流量较大，故闸门不应全开，而应以闸门控制，使 $q = Q$。闸门随着 Q 的加大而逐渐开大，直到 t_1 时闸门才全部打开。因为从 t_1 时刻开始，Q 已大于闸门全开自由溢流的 q 值，即来水流量大于可能下泄的流量值，库水位逐渐上升。至 t_2 时刻，q 达到 $q_{\text{安}}$，于是用闸门控制使 $q \leqslant q_{\text{安}}$，水库水位继续上升，闸门逐渐关小。至 t_3 时刻，Q 下降至重新等于 q，水库水位达到最高，

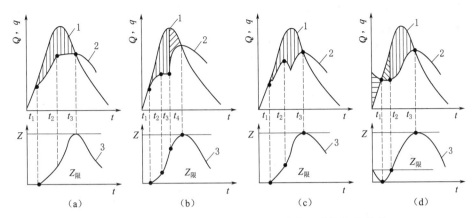

图 3 - 7　利用闸门控制下泄流量时，水库调洪的集中情况

（a）下游有防洪要求的情况；（b）水工建筑物设计标准大于下游防洪标准的情况；
（c）水库下泄洪水要与下游区间洪水错峰的情况；（d）根据预报预泄洪水的情况
1—入库洪水过程线；2—下泄洪水过程线；3—水库水位过程线

闸门也不再关小。t_3 以后是水库泄水过程，水库水位逐渐回降。

图 3 - 7（b）的情况是下游有防护要求，但防洪标准小于水工建筑物的设计标准。在 t_3 时刻以前，情况和图 3 - 7（a）类似，即在 $t_2 \sim t_3$ 间用闸门控制使 q 不大于 $q_安$，以满足下游防洪要求。至 t_3 时，为下游防洪而设的库容（图中竖阴影线表明的部分）已经蓄满，而入库洪水仍然较大，这说明入库洪水已超过了下游防洪标准。为了保证水工建筑物的安全（实际上也是为了下游广大地区的根本利益），不再控制 q，而是将闸门全部打开自由溢流。至 t_4 时刻，库水位达到最高，q 达到最大值。

图 3 - 7（c）的情况是下游要求错峰，以免水库下泄洪水与下游的区间洪水遭遇，危及下游安全。因此在 $t_2 \sim t_3$ 时刻之间用闸门控制下泄流量 q，使其与下游区间洪水叠加后仍不大于下游允许的 $q_安$。

图 3 - 7（d）的情况是有短期洪水预报的情况。在 t_1 时刻以前根据预报信息预泄洪水，随着库水位的下降而逐渐开大闸门。在 $t_2 \sim t_3$ 之间，为了不使 $q > q_安$，随着库水位的上升而适当关小闸门，以控制 q 值。在 $t_1 \sim t_2$ 时刻水库仅将预泄的库容回蓄满，t_2 时刻以后，水库从汛期防洪限制水位起进行蓄洪。

总之，针对不同的闸门启闭过程，调洪计算的具体步骤会有所不同，要根据具体情况灵活运用前述的计算方法。［算例 3 - 4］就是一种有闸门控制的水库调洪方式，可以帮助初学者了解这一特点。有关水库调洪进一步的问题将在后面有关章节作必要讨论。

【算例 3 - 4】　水库及有关资料同［算例 3 - 2］，但水库防洪任务与运用方式和［算例 3 - 2］不同，详见下述。

水库容积特性 $V = f(Z)$ 和水位下泄流量关系曲线 $q = f(Z)$ 均与表 3 - 3 和图 3 - 3 相同。溢洪道设有闸门，堰顶高程为 36.0m，汛期防洪限制水位为 38.0m。水库承担下游防洪任务，如图 3 - 8 所示。水库下泄流量 q 从坝址下游侧 A 点流达防洪防护区上游侧 B 点需历时 6h。遇设计洪水时，入库流量（Q）过程线和区间流量（$Q_区$）过程线见表 3 - 8。

要求水库进行错峰调节，以保证 B 点流量最大值不超过 $600 \mathrm{m}^3/\mathrm{s}$（$Q_B = q + Q_区$）。此外，水库有短期水文预报，在洪水来临前 36h，可开始全开溢洪道闸门，以预降水库水位。A、B 间的河槽调蓄作用可暂忽略不计。

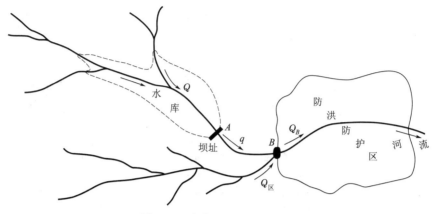

图 3-8　水库平面位置示意图

表 3-8　　　　　　　　　　　　　　洪 水 流 量 过 程 线

时间 t /h	入库洪水流量 Q /(m³/s)	区间洪水流量 $Q_区$ /(m³/s)	时间 t /h	入库洪水流量 Q /(m³/s)	区间洪水流量 $Q_区$ /(m³/s)	时间 t /h	入库洪水流量 Q /(m³/s)	区间洪水流量 $Q_区$ /(m³/s)
(1)	(2)	(3)	(1)	(2)	(3)	(1)	(2)	(3)
0	36	9	24	850	213	48	360	90
3	40	10	27	1920	480	51	290	73
6	47	12	30	1450	363	54	240	60
9	57	14	33	1110	278	57	200	50
12	72	18	36	900	225	60	160	40
15	102	26	39	760	190	63	130	33
18	174	44	42	610	153	66	100	25
21	340	85	45	460	115	69	70	18

　　解：选取计算时段 $\Delta t = 3\mathrm{h} = 10800\mathrm{s}$。先进行提前 36 小时开始的预降水库水位计算。水库初始水位 $Z = 38.0\mathrm{m}$，相应的库容 $V = 6450$ 万 m^3，相应的下限流量（闸门全开）$q = 173.9 \mathrm{m}^3/\mathrm{s}$。此阶段洪水尚未来临，入库流量 Q 保持 $36 \mathrm{m}^3/\mathrm{s}$ 不变，计算结果列于表 3-9 中。计算过程也类似［算例 3-2］中表 3-4，要经过一定的试算。为了说明这一情况，将洪水来临前 36 小时（即-36 小时）至洪水来临前 30 小时（即-30 小时）的两个时段试算列在表 3-10 中。先假设第-33 小时的水库水位 $Z_2 = 37.83\mathrm{m}$，而相应的下泄流量 $q_2 = 150.0 \mathrm{m}^3/\mathrm{s}$。此时，$Z_1 = 38.0\mathrm{m}$，$V_1 = 6450$ 万 m^3，$q_1 = 173.9 \mathrm{m}^3/\mathrm{s}$。于是，$\bar{q} = (q_1 + q_2)/2 = 162.0 \mathrm{m}^3/\mathrm{s}$，$\Delta V = 10800(\bar{Q} - \bar{q}) = -134.0$ 万 m^3，$V_2 = V_1 + \Delta V = 6316$ 万 m^3。根据 V_2 值查如图 3-2 所示的曲线，得到 $Z_2 = 37.89\mathrm{m}$（即表 3-10 中第

（10）栏的 Z' 值），与原假设的 37.83m 不符，故需重新试算。重新假设 $Z_2 = 37.88$m，再重复以上计算步骤，最后得 $V_2 = 6311$ 万 m³，查曲线得相应的 $Z_2 = 37.88$m，与假设值相符，结果正确。于是，第一时段的 Z_2、q_2、V_2 值就成为第二时段的初始值 Z_1、q_1、V_1 值（第 -33 小时），据此可进行下一时段的试算。依次类推，计算结果列入表 3 - 9。从该表可知，在洪水来临时，即第 0 小时，水库水位可从 38.0m 降低至 37.19m。应以它为起点，开始洪水来临后的前半阶段—自由泄流阶段的调洪计算。

表 3 - 9　　　　　　　　　　　　　预降水位阶段的计算

时间 t /h	入库流量 Q /(m³/s)	时段平均入库流量 $\overline{Q}$/(m³/s)	下泄流量 q /(m³/s)	时段平均下泄流量 $\overline{q}$ /(m³/s)	时段内水库存水量的变化 ΔV /万 m³	水库存水量 V/万 m³	水库水位 Z/m
(1)	(2)	(3)	(4)	(5)	(6)	(7)	(8)
-36	36.0		173.9			6450	38.00
		36.0		164.5	-139		
-33	36.0		155.0			6311	37.88
		36.0		147.5	-120		
-30	36.0		140.0			6191	37.79
		36.0		135.0	-107		
-27	36.0		130.0			6084	37.71
		36.0		125.0	-96		
-24	36.0		120.0			5988	37.63
		36.0		115.0	-85		
-21	36.0		110.0			5903	37.56
		36.0		105.0	-75		
-18	36.0		100.0			5828	37.47
		36.0		97.0	-66		
-15	36.0		94.0			5762	37.43
		36.0		91.0	-59		
-12	36.0		88.0			5703	37.37
		36.0		85.5	-53		
-9	36.0		83.0			5650	37.32
		36.0		81.0	-49		
-6	36.0		79.0			5601	37.27
		36.0		77.0	-44		
-3	36.0		75.0			5557	37.23
		36.0		73.5	-41		
0	36.0		72.0			5516	37.19

注　时间 t 的负值表示比洪水来临时间提前 t 小时。

表 3-10   表 3-9 中的试算过程示例

时段序号	时间 t /h	Q /(m³/s)	$\bar{Q}$ /(m³/s)	q /(m³/s)	Z /m	$\bar{q}$ /(m³/s)	$\bar{Q}-\bar{q}$ /(m³/s)	ΔV /万 m³	V /万 m³	Z' /m	备注
		(1)	(2)	(3)	(4)	(5)	(6)	(7)	(8)	(9)	(10)	(11)
1	−36	36.0	36.0	173.9	38.0	(162.0)	(−124.0)	(−134.0)	6450	38.00	初始值
	−33	36.0		(150.0)	(37.83)				(6316)	(37.89)	$Z \neq Z'$
						164.5	−128.5	−138.8	6311	37.88	$Z \neq Z'$
				155.0	37.88						
2	−33	36.0	36.0	155.0	37.88	(137.5)	(−101.5)	(−109.6)	6311	37.88	初始值
	−30	36.0		(135.0)	(37.74)				(6201)	(37.80)	$Z \neq Z'$
						147.5	−111.5	−120.4	6191	37.79	$Z \neq Z'$
				140.0	37.79						

注 表中括号中的数字是试算过程中的中间数;数字下有横线者是已知数值。

在进行自由泄流阶段的调洪计算前,应先根据错峰要求计算出各时段允许水库下泄的流量 q 的上限值,以便根据它来判断必须用闸门控制水库下泄流量的阶段起讫时间。计算结果列于表 3-11 中。计算这个上限时,可先按 $Q_B = 600\text{m}^3/\text{s}$,求出各时段的 $(Q_B - Q_区)$ 值。然后,将 $(Q_B - Q_区)$ 值移前 6 小时,即得相应的 $q_{上限}$ 值。以第 27 小时为例,$Q_区 = 480\text{m}^3/\text{s}$,因此 $(Q_B - Q_区) = 120\text{m}^3/\text{s}$。移前 6 小时,则为第 21 小时,故以第 21 小时允许水库下泄流量的上限值 $q_{上限} = 120\text{m}^3/\text{s}$。以此类推。

表 3-11   各时刻允许水库下泄流量的上限

时间 t/h	$Q_区$ /(m³/s)	$Q_B - Q_区$ /(m³/s)	允许的 $q_{上限}$ /(m³/s)	时间 t/h	$Q_区$ /(m³/s)	$Q_B - Q_区$ /(m³/s)	允许的 $q_{上限}$ /(m³/s)	时间 t/h	$Q_区$ /(m³/s)	$Q_B - Q_区$ /(m³/s)	允许的 $q_{上限}$ /(m³/s)
(1)	(2)	(3)	(4)	(1)	(2)	(3)	(4)	(1)	(2)	(3)	(4)
21			120	39	190	410	485	57	50	550	567
24			237	42	153	447	510	60	40	560	575
27	480	120	322	45	115	485	527	63	33	567	582
30	363	237	375	48	90	510	540	66	25	575	
33	278	322	410	51	73	527	550	69	18	582	
36	225	375	447	54	60	540	560	72			

开始自由泄流阶段的调洪计算。根据预降水位阶段的计算结果,在第 0 小时的初始值 $Z_1 = 37.19\text{m}$、$V_1 = 5516$ 万 m^3、$q_1 = 72.0\text{m}^3/\text{s}$,按此开始进行调洪计算。计算也需进行试算,试算步骤与表 3-5 和表 3-10 类似,结果列于表 3-12,解释从略。由于一开始洪水流量较小,而 q 却较大,因而水库水位继续有所下降,直至第 12 小时以后才重新开始蓄水而使水库水位上升。至第 27 小时,按闸门全开自由泄流方式,$q = 330.0\text{m}^3/\text{s}$。根据

表 3-11，该时刻允许下泄流量的上限值为 $q_{上限}=322\text{m}^3/\text{s}$。这说明从第 27 小时起，要按错峰要求，用闸门控制使 $q\leqslant q_{上限}$。因此，自由泄流阶段到第 24 小时结束。

表 3-12　　　　　　　　　　　　自由泄流阶段的调洪计算

时间 t /h	入库洪水流量 Q /(m³/s)	时段平均入库洪水流量 $\overline{Q}$ /(m³/s)	下泄流量 q /(m³/s)	时段平均下泄流量 $\overline{q}$/(m³/s)	时段内水库存水量的变化 ΔV/万 m³	水库存水量 V/万 m³	水库水位 Z/m
(1)	(2)	(3)	(4)	(5)	(6)	(7)	(8)
0	36.0		72.0			5516	37.19
		38.0		70.5	−35.0		
3	40.0		69.0			5481	37.16
		43.5		67.5	−26.0		
6	47.0		66.0			5455	37.12
		52.0		65.0	−14		
9	57.0		64.0			5441	37.11
		64.5		64.0	1.0		
12	72.0		64.0			5442	37.11
		87.0		65.5	23.0		
15	102.0		67.0			5465	37.14
		138.0		70.0	73.0		
18	174.0		73.0			5538	37.21
		257.0		81.5	190.0		
21	340.0		90.0			5728	37.38
		595.0		120.0	513.0		
24	850.0		150.0			6241	37.84
		1385.0		(240.0)	(1237.0)		
27	1920.0		(330.0)			(7478)	(38.80)

注　27 小时处括号中的数据是不用的，因为这时已进入错峰调洪阶段。

错峰阶段的调洪计算，以表 3-12 中第 24 小时的计算结果作为第 27 小时的初始值，即 $Z_1=37.84\text{m}$、$V_1=6241$ 万 m³、$q_1=150.0\text{m}^3/\text{s}$。计算结果列入表 3-13。这阶段的调洪计算不需试算。因为各时刻的 q_2 均为已知（取用表 3-11 中的 $q_{上限}$ 值），可以直接计算出 $\overline{q}=(q_1+q_2)/2$、$\Delta V=10800(\overline{Q}-\overline{q})$、$V_2=(V_1+\Delta V)$ 各值。然后查图 3-3 中的 $V=f(Z)$ 曲线，以求 Z_2。应该注意，在此阶段，不能应用表 3-3 中的 $q=f(Z)$ 曲线，因为该曲线是自由泄流曲线。本阶段不是自由泄流，而是有闸门控制的泄流，基本上是孔口出流（闸下出流）。详细的计算还应包括各时刻闸门开度的计算在内，但那样的计算，应针对某一定的闸孔数、闸门尺寸和型式、各闸门的启闭方式和先后次序等参数，按水力学公式来进行，这些参数可能有多个组合方案，因此计算非常烦琐，这里从略。

表 3 - 13 错峰阶段的调洪计算

时间 t /h	入库洪水流量 Q /(m³/s)	时段平均入库洪水流量 $\overline{Q}$ /(m³/s)	下泄流量 q /(m³/s)	时段平均下泄流量 $\overline{q}$/(m³/s)	时段内水库存水量的变化 ΔV/万 m³	水库存水量 V/万 m³	水库水位 Z/m
(1)	(2)	(3)	(4)	(5)	(6)	(7)	(8)
24	850.0		150.0			6241	37.84
		1385.0		236.0	1241		
27	1920.0		322.0			7482	38.81
		1685.0		348.5	1443		
30	1450.0		375.0			8925	39.73
		1280.0		392.5	959		
33	1110.0		410.0			9884	40.28
		1005.0		428.5	623		
36	900.0		447.0			10507	40.63
		830.0		466.0	399		
39	760.0		485.0			10900	40.83
		685.0		497.5	203		
42	610.0		510.0			11103	40.94
		535.0		518.5	18		
45	460.0		527.0			11121	40.95
		410.0		533.5	−133		
48	360.0		540.0			10988	40.88
		325.0		545.0	−238		
51	290.0		550.0			10750	40.75
		265.0		555.0	−313		
54	240.0		560.0			10437	40.60
		220.0		563.5	−371		
57	200.0		567.0			10066	40.37
		180.0		571.0	−422		
60	160.0		575.0			9644	40.15
		145.0		578.5	−468		
63	130.0		582.0			9176	39.87

注 至 63h,本阶段计算尚未结束,但以下计算从略。

从表 3-13 中的计算结果可见,到第 45 小时,水库水位达到 $Z_{max}=40.95\text{m}$,相应的水库总蓄水量 $V_{max}=11121$ 万 m³。但最大下泄流量 q_{max} 却未发生在第 45 小时,这是因为有闸门控制,使下泄流量远小于自由泄流流量。从第 48 小时起,虽然 q 继续加大,但 Z、V 均逐步下降,洪水流量也减至很小,不再有任何威胁。第 63 小时以后的计算略。此外,从第 48 小时起,也可以用闸门控制,使 $q=527\text{m}^3/\text{s}$(即保持第 45 小时的 q 值不变),虽然 Z、V 的下降会慢一些,但也能满足错峰要求,也是一种可取的泄流方案。

第四章 水 能 计 算

第一节 水能利用的基本原理

一、水能利用的基本原理

河流中的水体在重力作用下不断向下游流动，水流相对于某一基准面而言，具有一定的势能，并且因其有一定的流速而具有一定的动能，所以河川径流蕴藏着一定的水能。河水在流动过程中因克服阻力、冲蚀河床、挟带泥沙等原因，使水能在未被利用前被耗散。水力发电就是利用这些被无益消耗掉的水能来生产电能，即通过水轮机将水能转变为机械能，再由发电机将机械能转变为电能，最后通过输、配电设备将电能输送出去。

图 4-1 为某河段的纵剖面图。现分析断面 1—1 到断面 2—2 河段蕴藏的水能资源情况。

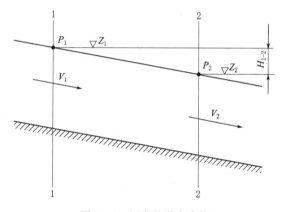

图 4-1 河段的潜在水能

设在 t 秒时段内流过两断面的水量为 $W\,\mathrm{m}^3$，水体 W 从断面 1—1 流到断面 2—2 所消耗的能量，即两断面水流能量之差，便为该河段的潜在水能。按水力学中的能量方程，可求出该河段蕴藏的水能为

$$E_{1-2}=E_1-E_2=\gamma W\left(Z_1+\frac{P_1}{\gamma}+\frac{\alpha_1 V_1^2}{2g}\right)-\gamma W\left(Z_2+\frac{P_2}{\gamma}+\frac{\alpha_2 V_2^2}{2g}\right)$$

$$=\gamma W\left(Z_1-Z_2+\frac{P_1-P_2}{\gamma}+\frac{\alpha_1 V_1^2-\alpha_2 V_2^2}{2g}\right) \tag{4-1}$$

式中　E_{1-2}——断面 1—1 至断面 2—2 河段的潜在水能，N·m；

　　E_1、E_2——断面 1—1、断面 2—2 处水流的总能量，N·m；

　　　　γ——水的容重，N/m³；

　　　　W——流经断面 1—1 至断面 2—2 的水量，m³；

　　Z_1、Z_2——断面 1—1、断面 2—2 的水面高程，m；

　　P_1、P_2——断面 1—1、断面 2—2 的水面大气压强，Pa；

　　V_1、V_2——断面 1—1、断面 2—2 的平均流速，m/s；

　　α_1、α_2——断面 1—1、断面 2—2 的流速不均匀系数；

g——重力加速度，m/s^2。

在实际计算中，由于河段较短，两断面的水面大气压强近似相等，即 $P_1 \approx P_2$，动能差 $\left(\dfrac{\alpha_1 V_1^2 - \alpha_2 V_2^2}{2g}\right)$ 相对很小，可忽略不计。因此，式（4-1）可表示为

$$E_{1-2} = \gamma \cdot WH_{1-2} \quad (\text{N} \cdot \text{m}) \qquad (4-2)$$

式中 H_{1-2}——断面1—1和断面2—2的水面高程之差，即河段落差，m，$H_{1-2} = Z_1 - Z_2$。

式（4-2）表明：河中通过的水量越大（即 W 越大），河段的坡降越陡（即 H_{1-2} 越大），蕴藏的水能就越多。

E_{1-2} 表示时间 t 内流过的水量 W 的做功能力。单位时间内的做功能力称为功率，工程上常用功率来表示水能资源的数量，在电力工业中将功率称为出力，则河段水流的平均出力为

$$N_{1-2} = \frac{E_{1-2}}{t} = \frac{YWH_{1-2}}{t} = \gamma QH_{1-2} \quad (\text{N} \cdot \text{m/s}) \qquad (4-3)$$

式中 Q——表示 t 时段内的平均流量，m^3/s，$Q = \dfrac{W}{t}$；

N_{1-2}——断面1—1至断面2—2河段水流的平均出力，N·m/s；

其他符号意义同前。

工程上出力的单位常用 kW，1kW＝1000N·m/s，水的容重 $\gamma = 1000 \times 9.81$N/m^3，将 γ 值代入式（4-3），再将"N·m/s"换算为"kW"，则可得到

$$N_{1-2} = 9.81 QH_{1-2} (\text{kW}) \qquad (4-4)$$

式（4-4）为计算水流出力的基本公式。据此公式算出的出力为天然水流出力，是水流具有的理论出力，亦即水电站可用的输入能量。而水电站的输出能量是指发电机定子端线送出的出力，它与输入能量在数量上是有差别的。这是因为水电站从天然水能到生产电能要经过能量的获取及能量的转换两个阶段，在这两个阶段中，不可避免地会发生能量损失。能量损失主要可概括为以下三个方面：

（1）水量损失。当水流进入水库后，产生水库蒸发、渗漏损失。还有其他用水部门自水库取走的水量。另外，由于水库调节能力所限，还可能有弃水损失。所以水电站能够有效利用的水量常常小于天然水量。

（2）水头损失。当水流进入水库并行进坝前时，库面形成上翘的回水曲线，产生回水水头损失（落差损失）$\Delta H_落$。然后，水流通过引水建筑物及水电站各种附属设备（如拦污栅、阀门等）时，还会产生引水系统水头损失 $\Delta H_引$。所以，作用在水轮机上的净水头 $H_净$ 应为总水头 H_{1-2} 减去各种水头损失，即 $H_净 = H_{1-2} - \Delta H_落 - \Delta H_引$。通常将水电站上游水位与下游尾水位之差称为水电站的毛水头 $H_毛$，毛水头减去引水系统的水头损失即为水电站的净水头，即 $H_净 = H_毛 - \Delta H_引$。

（3）功率损失。在通过水轮机及发电机将水能转换为电能的过程中，由于机械摩擦、传动以及设备质量等因素，势必引起能量损失。这个损失通常用水轮机效率（$\eta_水$）、发电机效率（$\eta_电$）及传动设备效率 $\eta_传$ 来表示，即水电站的效率 $\eta = \eta_水 \times \eta_电 \times \eta_传$。若水轮机

与发电机直接相联，则 $\eta_{传}=100\%$。

考虑前述三种损失可得出水电站的出力计算公式

$$N=9.81\eta Q_{电}\ H_{净} \tag{4-5}$$

式中　　N——水电站的出力，kW；

　　　　η——水电站的效率；

　　　　$Q_{电}$——发电引用流量，m^3/s；

　　　　$H_{净}$——水电站净水头，m。

式（4-5）与式（4-4）相比，增加了水电站的效率 η，以考虑功率损失；用发电引用流量 $Q_{电}$ 代替天然流量 Q，以考虑水量损失；用水电站净水头 $H_{净}$ 代替河段落差 H_{1-2}，以考虑水头损失。

水电站的效率 η 与机组类型及水轮机和发电机传动形式等因素有关，且随工况而变化。初步水能计算时，机组还未确定，常假定 η 为常数，待进行机组选择时，再考虑效率变化对其产生的影响，并进行修正。

令 $A=9.81\eta$，则水电站出力计算公式可简化为

$$N=AQ_{电}\ H_{净} \tag{4-6}$$

式中　　A——出力系数，在初步水能计算中，大型水电站（装机容量 $N>250MW$）一般
　　　　　　取 $A=8.5$；中型水电站（装机容量 $N=25\sim250MW$）一般取 $A=8.0\sim$
　　　　　　8.5；小型水电站（装机容量 $N<25MW$）一般取 $A=6.0\sim8.0$。

二、河川水能资源蕴藏量的估算

河川水能资源蕴藏量是指未被开发而潜在于溪流、河水中的能量。为便于研究河川各河段的水能开发方式，使水能资源得到合理的开发利用，首先应了解河川水能资源的蕴藏量及其分布情况。为此，需要估算河川水能资源蕴藏量，并绘制河川水能资源蕴藏图，如图4-2所示。

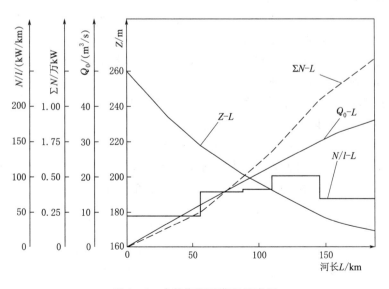

图 4-2　水能资源蕴藏量示意图

估算河川水能资源蕴藏量采用的基本公式为式（4-4）。由于流量及河流纵比降是沿河长而变的，所以在估算河川水能资源蕴藏量时，常沿河长分段计算水能，然后逐段累加，便可求得全河总水能。计算过程见表4-1。

表中河长 L 为距河源的距离，Q_0 为断面的多年平均流量，$\overline{Q}_0$ 取河段首尾断面多年平均流量的平均值。将 $\overline{Q}_0$ 及河段落差 H 代入式（4-4），便可计算河段水流出力 N。从河源开始，沿流程依次累积至某一断面，便可求出该断面以上河流的水能资源总蕴藏量。

表 4-1 某河水能资源蕴藏量计算表

断面序号	河长 L/km	高程 Z/m	断面流量 Q_0/(m³/s)	河段平均流量 $\overline{Q}_0$/(m³/s)	断面间距 l/km	河段落差 H/m	河段水流出力 N/kW	水流出力累积值 ΣN/kW	单位河长水流出力 N/l/(kW/km)
1	0	260	0						
				6.0	56	42	2472	2472	44
2	56	218	12						
				15.0	32	17	2502	4974	78
3	88	201	18						
				20.5	22	9	1810	6784	82
4	110	192	23						
				26.5	36	14	3640	10424	101
5	146	178	30						
				33.0	42	9	2914	13338	69
6	188	169	36						

对我国所有河流都按表4-1的估算方法，估算出每条河流蕴藏的水能资源，累计即可得出我国水能资源蕴藏量。

据表4-1中的数据，便可绘制河川水能资源蕴藏量示意图，如图4-2所示。该图以河长 L 为横坐标，分别以水面高程 Z、多年平均流量 Q_0、断面以上河流水能总量 ΣN 及单位河长水流出力 N/l 为纵坐标，绘出下面四条曲线：

（1）水面高程变化曲线，即图中 Z-L 曲线，反映了水面高程沿河的变化情况，由该曲线可查得各河段的落差。

（2）流量变化曲线，即图中 Q_0-L 曲线，反映了多年平均流量沿河增长情况，由该曲线可查得各断面的多年平均流量。

（3）水能蕴藏量累积曲线，即图中 ΣN-L 曲线，反映了水能资源沿河增长情况，由该曲线可查得任意断面以上河流的水能资源蕴藏量。

（4）水能密度变化曲线，即图中 N/l-L 曲线，反映了水能资源分布的集中情况。单位河长出力大的河段，表明水能较集中，河段水能资源丰富，可用较小的工程量获得较大的发电效益。由该曲线可查得任意河段的单位河长水流出力。

水能资源蕴藏图展现了一条河流水能特性的全貌，为河流的合理规划及水能资源的合理开发利用提供了必需的基本资料。

应该指出，水能资源蕴藏图给出的是河川水能的理论蕴藏量。由于地形、地质、技术、经济以及社会影响等因素的限制，实际上可开发利用的只是理论蕴藏量的一部分。

第二节　水能资源的基本开发方式

如前所述，水电站的出力主要取决于河流的流量和河段落差。由于落差是沿河分散的，且河中流量变化很大，所以，必须采取工程措施将分散的落差集中起来，并调节天然径流的变化，水能资源的开发方式表现为集中落差和引取流量的方式。根据河段的地形、地质及水文等自然条件的不同，一般有三种基本开发方式。

一、坝式开发

在河道中修建挡水建筑物（拦河坝或闸），以抬高上游水位，形成集中的落差，构成发电水头，这种水能开发方式称为坝式开发。坝式开发采用的集中水头的水电站称为坝式水电站。图 4-3 为坝式水电站集中落差示意图。坝式水电站按厂房布置位置的不同，又分为坝后式水电站和河床式水电站。

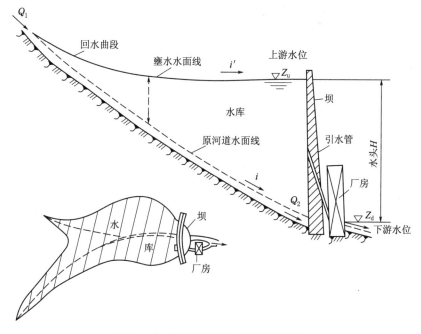

图 4-3　坝式水电站集中落差示意图

1. 坝后式水电站

坝后式水电站的厂房位于坝后，即坝的下游侧，与大坝分开，厂房不承受上游水压力。这种形式适合于河床较窄、洪水流量较大的中高水头水电站。

湖北省丹江口水电站是一座典型的坝后式水电站。该水利枢纽是按照水资源综合利用原则建成的大型水利工程之一，坝高为 97m。水电站厂房布置在河床左部坝后，厂房内装设了六台水轮发电机组，总装机容量为 900MW。

2. 河床式水电站

河床式水电站的厂房位于河床中，是挡水建筑物的一部分，厂房本身直接承受上游水压力，如图 4-4 所示。这种形式适合作为平原河流低水头水电站。一般修建在中、下游河段上，其引用的流量一般较大。河床式水电站通常为低水头大流量水电站。

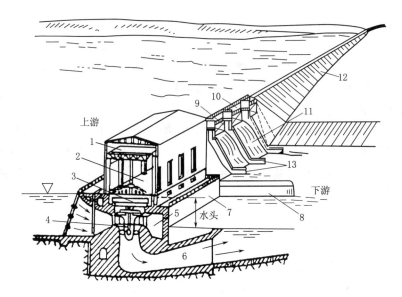

图 4-4 河床式水电站布置示意图

1—起重机；2—主机房；3—发电机；4—水轮机；5—蜗壳；

6—尾水管；7—水电站厂房；8—尾水导墙；9—闸门；

10—桥；11—混凝土溢流坝；12—主坝；13—闸墩

有些水电站直接修建在灌渠上，也属河床式水电站。河床式水电站水头不高，一般低于 30 米。

如长江葛洲坝水电站便为河床式水电站，坝高 40m，水头 27m，装机容量为 2715MW。

由于河床式水电站的厂房起挡水作用，所以应重视其在防渗和厂房稳定等方面的技术要求。

坝式开发主要有下列特点：

（1）坝式开发既集中落差，又能形成蓄水库。当水库具有较大的有效库容时，可实现水资源的综合利用，可同时满足防洪、航运及其他兴利用水要求。

（2）由于电站厂房离坝较近，引水建筑物较短，从技术、经济观点考虑，坝式水电站（特别是河床式水电站）可以引用较大的流量。

（3）坝式水电站水头通常受地质、地形、施工技术、经济条件及淹没损失等多方面因素的限制，和其他开发方式相比，其水头相对较小。

（4）由于坝的工程量大，且形成蓄水库会带来水库淹没问题，从而花费较大的淹没损失费，坝式水电站一般投资大，工期长，单位造价高。

坝式开发不仅集中落差，一般还能调节水量，所以综合利用效益高。坝式开发适用于流量大，坡降较缓，且有筑坝建库条件的河段。

二、引水式开发

当开发的河段坡降较陡，或存在瀑布、急滩等情况时，若采用坝式开发，即使修筑较高的坝，所形成的库容也较小，且坝的造价很高，显然不合理。此时，可在河段上游筑一低坝，将水导入引水道，引水道的坡降小于原河道的坡降，在引水道末端和天然河道之间便形成了落差，再在引水道末端接压力水管，将水引入水电站厂房发电，这种开发方式称为引水式开发。引水式开发是由引水道来集中落差的，图 4-5 为引水式水电站集中落差的示意图。由引水道来集中落差的水电站称为引水式水电站，引水道既可以是无压的，也可以是有压的。

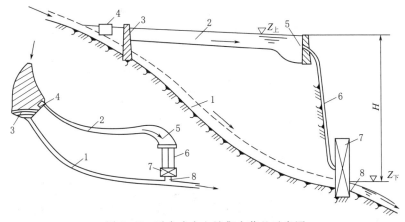

图 4-5 引水式水电站集中落差示意图
1—河源；2—明渠；3—取水坝；4—进水口；5—前池；
6—压力水管；7—水电站厂房；8—尾水渠

由图 4-5 可以看出，引水式开发集中的水头，一方面取决于地形条件，另一方面取决于引水道的长短。

用无压引水道（如明渠、无压隧洞等）来集中水头的水电站称为无压引水式水电站。图 4-6 为典型的山区小型无压引水式水电站的布置。

由图 4-6 可见，在引水渠道进水口附近的原河道上也筑有坝，但不是用来集中水头，而是起水流改道的作用。

用有压引水道（如有压隧洞、压力管道等）来集中水头的水电站称为有压引水式水电站，如图 4-7 所示。

我国许多山区、半山区都修建了引水式水电站，如广西壮族自治区兰洞水电站，用 10km 的引水渠，1100 多米压力管道，集中落差约 430m，装有三台 3200kW 的机组，贵州省闹水岩引水式水电站，引水道长 1.82km，水头 272.5m，装有两台 1600kW 的机组。

当有压引水道很长时，为减少其中的水击压力，改善机组的运行条件，常在压力引水道和压力水管的连接处设置调压室。

1. 引水式水电站的主要特点

（1）由于不受淹没及筑坝技术的限制，其水头相对较高。在优越的地形条件下，用坡降较缓的引水建筑物，即使短距离引水也能集中很大落差，特别是有压引水式水电站。

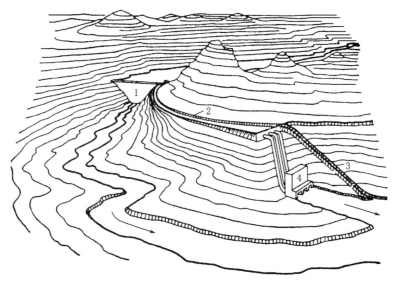

图 4-6 无压引水式水电站总体布置示意图

1—坝；2—引水渠；3—溢水道；4—水电站厂房

图 4-7 有压引水式水电站示意图

1—水库；2—闸门室；3—进水口；4—坝；5—泄水道；

6—调压室；7—有压隧洞；8—压力水管；9—水电站厂房

（2）电站引用流量小。由于没有调节水库，进水口到厂房河段的区间径流难以利用，且受引水建筑物断面的限制，一般设计流量较小，主要依靠高水头发电。

（3）由于无蓄水库调节流量，所以水量利用率较差，综合利用效益低，电站规模较小。

（4）因无水库淹没损失，且工程量又小，所以工期短，单位造价一般较低。

应该注意：对于长引水建筑物，特别是当沿途地形复杂，需修建隧洞、渡槽、倒虹吸管等多种类型的建筑物时，工程量大，单位造价高。

2. 引水式开发适用条件

引水式开发适用于河道坡降较陡、流量较小或地形、地质条件不允许筑坝的河段。尤其是有下列地形条件优良的河段：

（1）有瀑布或连续急滩的河段。因原河道以陡坡急泻而下，用较短的引水道便可获得较大水头。如河南辉县峪河潭头水电站，利用天然瀑布获总水头约 290m，装设 4 台 2500kW 的机组。

（2）有较大转弯的河段。有些山区河段，几乎形成环状河湾，且坡降陡峻，可用引水建筑物将环口连通，用裁弯取直引水方式，建造比沿河引水短得多的引水道，便可获得较大的水头。

（3）当相邻河流局部河段相隔不远，且高差很大时，可从高河道向低河道引水发电。如江西罗湾水电站，由北潦河开凿一条长 3700m 的隧洞，引水到相距 5km 的南潦河，获取 200m 水头，装机容量 18MW。

三、混合式开发

在河段的上游筑坝，集中一部分落差，并形成水库调节径流，再通过有压引水道来集中坝后河段的落差。这种在一个河段上，结合坝和有压引水道，共同集中落差的开发方式称为混合式开发，相应的水电站称为混合式水电站。

图 4-8 是混合式开发集中落差的示意图，由建在上游的坝集中水头 H_1 和引水隧洞

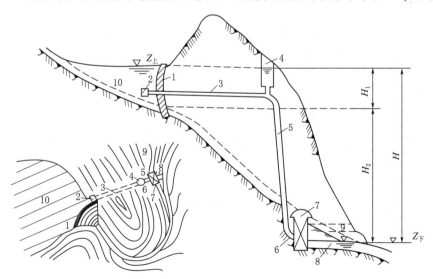

图 4-8　混合式水电站集中落差示意图

1—坝；2—进水口；3—隧洞；4—调压井；5—斜井；6—钢管；

7—地下厂房；8—尾水渠；9—交通洞；10—蓄水库

集中水头 H_2 构成电站总水头 $H = H_1 + H_2$。

混合式开发因有蓄水库，可调节径流，进行综合利用。它兼有坝式开发和引水式开发的优点，是较理想的开发方式，但必须具备合适的条件。当河段上游坡降较缓，有筑坝建库条件，淹没损失又小，河段下游坡降较陡，用较短的压力引水道便能集中较大的落差时，采用混合式开发是比较经济合理的。

我国已建成许多混合式水电站，如四川狮子滩、广东流溪河及福建古田溪等水电站。图 4-9 所示是安徽省毛尖山混合式水电站，该电站由坝集中 20m 左右水头，再由压力引水隧洞集中 120 多米水头，电站总净水头达 138m，装机 25MW。

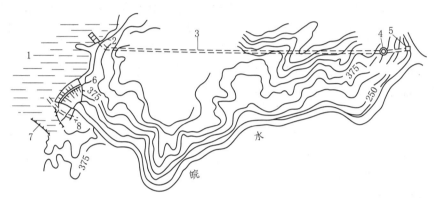

图 4-9 安徽省毛尖山水电站总体布置图

1—水库；2—进水口；3—发电引水洞；4—调压井；
5—地面厂房；6—大坝；7—溢洪道；8—导流洞

混合式水电站和引水式水电站之间没有明确的分界线。混合式水电站的水头是由坝和引水建筑物共同集中的，其坝较高，集中了一定的落差，且一般构成蓄水库。而引水式水电站的水头只由引水建筑物集中，坝较低，只起水流改道作用。在实际工程中，有时并不严格区分其称谓，通常将具有一定长度引水建筑物的水电站统称为引水式水电站。

综上所述，就集中落差的方式来看，坝式开发和引水式开发是两种最基本的类型，混合式开发是两种基本类型的组合。各种开发方式都有其特点和适用条件，应按综合利用原则，根据当地水文、地质、地形、建材及经济条件等因素，因地制宜地选择技术上可行、经济上合理的开发方式。

第三节 水能计算的目的和基本方法

一、水能计算的目的

水电站的产品为电能，出力和发电量是水电站的两种动能指标。确定水电站这两种动能指标的计算称为水能计算。在不同的阶段，水电站水能计算的目的是不同的。

在规划设计阶段，进行水能计算的目的主要是选定与水电站及水库有关的参数，如水电站装机容量、正常蓄水位、死水位等。这时可先假定几个水库正常蓄水位方案，算出各方案的水电站出力、发电量等动能指标，结合综合利用部门的要求进行技术经济分析，从中选出最有利的方案，从而确定最优参数。此时进行水能计算的目的主要是为了正确选择水电站及水库的最优参数。

在运行阶段，水电站及水库的规模已经确定，但不同的运行方式，水电站的出力及发电量不同，从而在国民经济中的效益不同。此时进行水能计算的目的主要是确定水电站在电力系统中的最有利运行方案。

这两个阶段的水能计算并无原则区别。只是在规划阶段，由于一些参数尚未确定，在计算时需作某些简化处理。如机组效率取为常数、水电站工作方式按等流量或其他方式调节等。待这些参数确定后，再作修正，重新进行水能计算，确定最终动能指标。

二、水能计算的基本公式

由于河川径流多变、电力系统负荷要求的变化等因素，水电站的出力随时间而变化，即 $N = f(t)$。

水电站在 $t_1 \sim t_2$ 时段的发电量为

$$E = \int_{t_1}^{t_2} N \, dt$$

但水电站的出力变化过程较复杂，很难用常规数学方程表示，故以上积分不容易实现。所以，在实际工作中，常用下式计算水电站的发电量

$$E = \sum_{t_1}^{t_2} \overline{N} \Delta t \ (\text{kW} \cdot \text{h}) \tag{4-7}$$

式中　Δt——计算时段，h，其长短主要取决于水电站出力变化情况及计算精度要求，对于无调节水电站及日调节水电站，一般取 $\Delta t = 24\text{h}$（即一日）；对于年调节水电站及多年调节水电站，一般取 $\Delta t = 730\text{h}$（即一个月）；无调节水电站不能进行水量调节，在本章第四节中详述，Δt 也可不固定视水电站出力变化情况而定；

　　　　$\overline{N}$——水电站在 Δt 内的平均出力，kW。

水电站出力计算公式采用式（4-5）或式（4-6）。

三、水能计算基本方法

水能计算的方法主要有列表法和图解法。列表法概念清晰，应用广泛，适用于兼有复杂综合利用任务的水电站进行水能计算，同时列表法还便于应用计算机进行计算。图解法绘图工作量较大，近年来已较少使用。本书以年调节水电站为例，说明水能计算列表法。

年调节水电站调节周期内各个计算时段的利用流量和出力，与水库的调节方式有关。初步进行水能计算时常采用简化的水库调节方式。详细计算时，可根据电力系统规定的出力或通过水库调度图确定的出力，按定出力调节。所以，水能计算方法可归纳为按定流量调节的水能计算和按定出力调节的水能计算，现分别介绍。

1. 按定流量调节的水能计算

这类水能计算是已知水电站水库的正常蓄水位和死水位（即兴利库容已定），水库调节方式按确定的流量调节，计算水电站的出力和发电量。

此类课题的计算较简单，只是在第二章所述的已知兴利库容求调节流量计算的基础上，再增加水头和出力的计算，此处可认为等流量调节为定流量调节的特殊情况。现以等流量调节为例，举例说明定流量调节的水能计算方法。

【算例 4-1】 已知某年调节水电站的正常蓄水位为 650m，死水位为 610m，水库水位与容积关系见表 4-2，水电站下游水位与流量关系见表 4-3，坝址处设计枯水年天然来水流量过程见表 4-4 中第（1）、第（2）栏。出力系数 A 取 8.2，水头损失按常数 $\Delta H=1.0$m 计，不计水量损失，且其他部门无用水要求。试按等流量调节的方式进行水能计算，确定该年水电站各月的出力及年发电量。

表 4-2   水库水位与容积关系

库水位 $Z_上$/m	520	530	550	570	600	610
容积 V/亿 m³	0	0.3	1.2	3.9	6.1	8.0
库水位 $Z_上$/m	620	630	640	650	660	670
容积 V/亿 m³	11.0	13.2	16.9	21.2	25.4	29.8

表 4-3   下 游 水 位 流 量 关 系

水位 $Z_下$/m	515	515.5	516	516.5	517	517.5	518
流量 Q/(m³/s)	100	156	225	320	418	535	668

注　表中的流量并非入库流量，应为下泄流量。

调节计算过程列于表 4-4，计算步骤简述如下：

（1）据表 4-2 和表 4-3 分别作出水库水位与容积关系曲线和下游水位流量关系曲线（限于篇幅，图从略）。

（2）确定兴利库容。

根据已知条件：$Z_正=650$m，$Z_死=610$m，由水库水位容积曲线得相应的库容 $V_正=21.2$ 亿 m³，$V_死=8.0$ 亿 m³，则兴利库容 $V_兴=V_正-V_死=(21.2-8.0)$亿 m³ = 13.2 亿 m³ = 502（m³/s）·月。

（3）确定发电引用流量。

本例中的年调节水库，在年内为一次蓄放运用，可按第三章中介绍的公式法确定发电引用流量，具体试算与［算例 3-6］类似。

假设供水期为 11 月至次年 4 月，则

$$T_供 = 6 \text{ 个月}$$
$$W_供 = (168+105+92+76+81+62)(\text{m}^3/\text{s})\cdot\text{月} = 584(\text{m}^3/\text{s})\cdot\text{月}$$

从而求得 $Q_供=(W_供+V_兴)/T_供=(584+502)/6$m³/s$=181$m³/s

与表 4-4 中第（1）、第（2）栏来水过程对照知假设正确。

假设蓄水期为 6—8 月，则

$$T_蓄 = 3 \text{ 个月}$$
$$W_蓄 = (725+756+698)(\text{m}^3/\text{s})\cdot\text{月} = 2179(\text{m}^3/\text{s})\cdot\text{月}$$

从而求得 $Q_蓄=(W_蓄-V_兴)/T_蓄=(2179-502)/3$m³/s$=559$m³/s

与来水过程对照知假设正确。

其他月份为不供不蓄期,按天然流量工作。经上计算可求得各时期的发电引用流量,列入表 4-4 中第(3)栏。

(4)推求时段末水库蓄水量。

推求方法与[算例 3-2]相同,这里不重述,推求结果列入表 4-4 中第(7)栏。

(5)计算时段平均蓄水量。

取水库时段初末蓄水量的平均值作为时段平均蓄水量。由第(7)栏知,5月初及5月末的水库蓄水量都为 8.0 亿 m^3,所以 5 月份水库平均蓄水量为(8.0+8.0)/2 亿 m^3=8.0 亿 m^3。6 月初 (即 5 月末) 水库蓄水量为 8.0 亿 m^3,6 月底水库蓄水量为 12.37 亿 m^3,所以 6 月份平均蓄水量为(8.0+12.37)/2 亿 m^3=10.18 亿 m^3。依此类推,便可求得各月平均蓄水量,结果列入表 4-4 中第(8)栏。

(6) 计算发电净水头。

据第(8)栏查得水库水位与容积曲线得上游平均水位,列入第(9)栏。据第(3)栏查下游水位流量关系曲线得下游平均水位,列入第(10)栏。上、下游水位差再减去水头损失即为净水头,即第(9)栏-第(10)栏-第(11)栏=第(12)栏。

(7) 计算出力及发电量。

根据出力公式 $N=AQ_电 H_净$,已知出力系数 $A=8.2$,则第(3)栏乘以第(12)栏再乘以 8.2 即为月平均出力,列入第(13)栏。

累计表中第(13)栏,得 $\sum_{1}^{12} N = 375 \times 10^4 \mathrm{kW}$,则该年发电量为 $730 \times 375 \times 10^4 \mathrm{kW \cdot h} = 273750 \times 10^4 \mathrm{kW \cdot h} = 27.4 \times 10^8 \mathrm{kW \cdot h}$。

需要指出,计算中,表中第(6)栏弃水流量为零,这是因为在确定发电引用流量时没有考虑机组最大过水能力 $Q_限$ 的限制,取能够提供的可用流量为发电引用流量。在水能规划设计阶段,水电站装机容量尚未确定,往往按"无限装机"进行调节,即不受装机容量的限制,按此方法求得的出力为水电站水流出力。当装机容量确定后,进行水能计算时,发电引用流量应满足 $Q_电 \leqslant Q_限$。即当天然流量超过 $Q_限$ 时发电流量取 $Q_限$,这种情况下水电站会产生弃水。

表 4-4　　　　　　　　　　　　**某年调节水电站等流量调节水能计算表**

月份	天然流量 $Q_天$ /(m³/s)	发电引用流量 $Q_电$ /(m³/s)	水库蓄水(+)或供水(-)		弃水流量 $Q_弃$ /(m³/s)	时段末水库蓄水量 $V_末$/亿 m³	时段平均水库蓄水量 V/亿 m³	上游平均水位 $Z_上$/m	下游平均水位 $Z_下$/m	水头损失 ΔH/m	时段平均净水头 $H_净$/m	时段平均出力 N/万 kW
			流量 ΔQ /(m³/s)	水量 ΔW /亿 m³								
(1)	(2)	(3)	(4)	(5)	(6)	(7)	(8)	(9)	(10)	(11)	(12)	(13)
						(5 月初 8.00)						
5	356	356	0	0	0	8.00	8.00	610.0	516.7	1.0	92.3	26.9
6	725	559	166	4.37	0	12.37	10.18	617.2	517.6	1.0	98.6	45.2
7	756	559	197	5.18	0	17.55	14.96	635.2	517.6	1.0	116.6	53.4

月份	天然流量 $Q_天$ /(m³/s)	发电引用流量 $Q_电$ /(m³/s)	水库蓄水(＋)或供水(－) 流量 ΔQ /(m³/s)	水量 ΔW /亿 m³	弃水流量 $Q_弃$ /(m³/s)	时段末水库平均蓄水量 $V_末$/亿 m³	时段平均水库蓄水量 V/亿 m³	上游平均水位 $Z_上$/m	下游平均水位 $Z_下$/m	水头损失 ΔH/m	时段平均净水头 $H_净$/m	时段平均出力 N/万 kW
8	698	559	139	3.65	0	21.20	19.38	645.7	517.6	1.0	127.1	58.3
9	432	432	0	0	0	21.20	21.20	650.0	517.1	1.0	131.9	46.7
10	351	351	0	0	0	21.20	21.20	650.0	516.6	1.0	132.4	38.1
11	168	181	−13	−0.34	0	20.86	21.03	649.6	515.7	1.0	132.9	19.7
12	105	181	−76	−2.00	0	18.86	19.86	646.9	515.7	1.0	130.2	19.3
1	92	181	−89	−2.34	0	16.52	17.69	642.5	515.7	1.0	125.8	18.7
2	76	181	−105	−2.76	0	13.76	15.14	635.6	515.7	1.0	118.9	17.6
3	81	181	−100	−2.63	0	11.13	12.45	627.0	515.7	1.0	110.3	16.4
4	62	181	−119	−3.13	0	8.00	9.56	615.2	515.7	1.0	98.5	14.6
合计	3902	3902										375.0

2. 按定出力调节的水能计算

在实际工作中，常常会遇到此问题：水电站按规定的出力工作，即水库按确定的出力操作，推求兴利库容及水库的运用过程。

这类水能计算课题类似于第三章介绍的已知用水求库容的径流调节计算，只是这里用水并未直接给出，而是间接给出的，所以，其计算比已知用水求库容的径流调节计算要复杂些。这是因为虽出力为已知，但不能从 $N＝AQ_电 H_净$ 中直接求解出发电引用流量 $Q_电$。因为当 N 已定时，$Q_电$ 随水头 $H_净$ 变化，而 $H_净$ 受水库蓄水量变化的影响，水库蓄水量变化又与 $Q_电$ 有关，所以发电引用流量 $Q_电$ 与水头 $H_净$ 互相影响，故需进行试算才能求解。这类课题视已知条件可分为下列三种情况。

第一种情况是已知水电站出力 N 及正常蓄水位 $Z_正$。应从供水期第一时段开始，顺时序试算，俗称"水能正算"，现以一个时段的试算为例说明试算过程。

已知水库正常蓄水位 $Z_正＝201.0m$，相应库容 $V_正＝126×10^6 m^3$，出力系数 $A＝8.0$，水头损失按 1.0m 计，设计枯水年天然来水流量过程见表 4-5 中第（3）栏，该年供水期从 11 月份开始，水电站必须按表 4-5 中第（2）栏所规定的出力工作，确定水库兴利库容及水库运用过程。试算过程见表 4-5。

试算从供水期第一个时段（11 月）开始，该月初水库蓄水量应为正常蓄水位对应的蓄水量，即 $126×10^6 m^3$，列入表中第（7）栏。假设水电站该月引用流量为 $40m^3/s$，列入表中第（4）栏。据此可进行水库水量平衡计算，求出水库蓄水量变化，从而确定水库上游平均水位 $Z_上$，列入表中第（11）栏。根据水库下泄流量 $40m^3/s$（假设的发电引用流量及通过其他途径泄往下游的流量）查下游水位流量关系曲线得下游平均水位 $Z_下$，列入表中第（12）栏。上、下游平均水位差再减去水头损失即为平均净水头 $H_净$，列入表中第（14）栏。据出力计算公式 $N＝AQ_电 H_净$ 便可求得校核出力 $N_校$，列入表中第（15）

栏，即 $N_{校}=8.0\times(4)$ 栏 $\times(14)$ 栏 $=8.0\times40\times49.1\mathrm{kW}=15.71\mathrm{MW}$。也就是说，如果该月水电站发电引用流量为 $40\mathrm{m}^3/\mathrm{s}$，其出力为 $15.71\mathrm{MW}$。但该月规定的出力为 $15\mathrm{MW}$，两者不符，显然假设的发电引用流量 $40\mathrm{m}^3/\mathrm{s}$ 偏大。重新假设发电引用流量为 $38\mathrm{m}^3/\mathrm{s}$，按上述方法求得校核出力 $N_{校}=15.02\mathrm{MW}$，与规定的 $15\mathrm{MW}$ 很接近，这一时段试算结束，该时段发电引用流量便为 $38\mathrm{m}^3/\mathrm{s}$。将该时段末水库蓄水量作为下时段初水库蓄水量，进行下时段的试算，如此进行直到供水期结束为止。供水期结束时段末的水库蓄水量即为死水位相应的库容 $V_{死}$，则可求得兴利库容 $V_{兴}=V_{正}-V_{死}$。算完供水期，再算蓄水期，便可求得整个调节年度水库的运用过程，即用水流量过程、水库蓄水量变化过程及水库蓄水位变化过程。

表 4 - 5　　　　　　　　　　　　　定出力调节的水能计算表

月　　份	(1)	11　　　月		…
已定出力 N/MW	(2)	15		…
天然流量 $Q_{天}/(\mathrm{m}^3/\mathrm{s})$	(3)	30		…
水电站引用流量 $Q_{电}/(\mathrm{m}^3/\mathrm{s})$	(4)	40	38	…
水库蓄水（＋）　　　　流量/$(\mathrm{m}^3/\mathrm{s})$	(5)	−10	−8	…
或供水（一）　　　　水量/$10^6\mathrm{m}^3$	(6)	−26.3	−21.0	…
时段初水库蓄水量 $W_{初}/10^6\mathrm{m}^3$	(7)	126.0	126.0	…
时段末水库蓄水量 $W_{末}/10^6\mathrm{m}^3$	(8)	99.7	105.0	…
弃水量 $W_{弃}/10^6\mathrm{m}^3$	(9)	0	0	…
时段平均水库蓄水量 $\overline{W}/10^6\mathrm{m}^3$	(10)	112.9	115.5	…
上游平均水位 $Z_{上}/\mathrm{m}$	(11)	200.1	200.3	…
下游平均水位 $Z_{下}/\mathrm{m}$	(12)	150.0	149.9	…
水头损失 $\Delta H/\mathrm{m}$	(13)	1.0	1.0	…
平均净水头 $H_{净}/\mathrm{m}$	(14)	49.1	49.4	…
校核出力 $N_{校}/\mathrm{MW}$	(15)	15.71	15.02	…

第二种情况是已知水电站出力 N 及死水位 $Z_{死}$。这种情况应从供水期结束时刻开始，逆时序试算，俗称"水能逆算"。试算仍可按表 4 - 5 格式进行，只是时间应按照逆时序列出。

3. 按等出力调节的水能计算

等出力调节可以认为是定出力调节的特殊情况。水库按等出力调节计算，是在已知正常蓄水位 $Z_{正}$ 及死水位 $Z_{死}$ 的情况下，求解出供水期一个相等的出力值。这种情况是使水电站在供水期出力相等，且水库兴利蓄水量在供水期内全部用完，即供水期结束时水库水位降到死水位（水库放空）。此种情况的计算最为复杂，需反复试算。

首先假设一个等出力值，则可按第一种情况进行水能正算，求得相应供水期末水库所降到的水位。若该水位高于（或低于）已知的死水位，说明按假定的出力工作，水库中的兴利蓄水量在供水期内没有用完（或不足），所以假定的等出力值小（或大）了，需重新假设。增大（或减小）等出力值，再进行试算，直至供水期末水库所降到的水位恰好等于已知的死水位为止，此时所假设的等出力值即为所求。在假定等出力时，为使假设有所依据，常以简化法估算的供水期平均出力作为初试值。因已知正常蓄水位 $Z_正$ 及死水位 $Z_死$，即 $V_兴$ 已知，则可进行已知库容求用水的径流调节计算，求出供水期内平均发电引用流量 $Q_供$。据供水期水库平均蓄水容积（$V_死 + V_兴/2$）查水库水位与容积关系曲线，可求得供水期平均上游水位 $Z_上$。再由 $Q_供$ 查下游水位与流量关系曲线，得供水期下游平均水位 $Z_下$。则供水期平均水头 $H_供 = Z_上 - Z_下 - \Delta H$，从而可求得供水期平均出力 $N_供 = AQ_供 H_供$。以此出力作为初试值，可尽量避免假设的盲目性。也可用作供水期等出力值与库容的关系曲线的方法进行等出力调节的水能计算，即假设几个供水期等出力值 $N_{供1}$，$N_{供2}$，…按第一种情况进行水能正算（也可按第二种情况进行水能逆算），求得相应的兴利库容 $V_{兴1}$，$V_{兴2}$，…则可作出供水期等出力 $N_供$ 与兴利库容 $V_兴$ 的关系曲线，再根据已知的兴利库容从该曲线上查得相应的出力，即为所求的供水期等出力。

水电站的出力和发电量是多变的，需要从中选择若干个特征值作为衡量其动能效益的主要指标。水电站的主要动能指标有两个，即保证出力 $N_保$ 和多年平均年发电量，现分述如下。

第四节　水电站保证出力的计算

水电站的工作受河川径流变化的影响很大，保证正常工作的关键在于枯水时段出力和发电量能满足正常供电要求。对应于水电站设计保证率的枯水时段的平均出力称为水电站的保证出力。水电站保证出力是水电站装机容量选择的基本依据。

保证出力是水电站的一项重要的动能指标。枯水时段即保证出力的计算时段，显然与水电站的调节性能有关。无调节水电站和日调节水电站的发电流量取决于当日天然流量，故其保证出力的计算时段取日。对年调节水电站而言，在一个调节年度内，供水期调节流量最小，平均出力相应也最小。因此，年调节水电站某年能否正常工作，一般取决于该年供水期，所以，年调节水电站保证出力的计算时段取供水期。对多年调节水电站而言，供水年组调节流量最小，其平均出力相应也最小，多年调节水电站能否正常工作，一般取决于供水年组，所以，多年调节水电站保证出力的计算时段取供水年组。应该注意，对于有的水电站，因其他综合利用要求限制，可能使一定时期的发电受限，如北方河流上的水电站，供水期可能因下游防凌汛的要求，限制下泄流量，从而进一步限制发电，或河床式水电站在汛期可能因下游水位升高，发电水头减小，使发电受限。此时，应按照实际情况确定保证出力的计算期。

与水电站保证出力时段对应的发电量为水电站的保证电能。由于无调节及日调节水电站保证出力的计算时段为日，所以，无调节及日调节水电站的保证电能为保证出力乘以24 小时。同理，年调节水电站的保证电能为其保证出力乘以供水期的时间。按照定义，多年调节水电站的保证电能为其保证出力乘以供水年组的时间，但在实际应用中常以年电能来表示。现分别介绍各种调节类型水电站保证出力的计算方法。

一、无调节水电站保证出力的计算

无调节水电站指水电站上游没有调节水库或库容过小，不能调节天然径流，所以其出力取决于河中当日的天然流量。无调节水电站是一种径流式电站。无调节水电站保证出力指相应于水电站设计保证率的日平均出力。

据长系列日平均流量资料，按出力公式 $N = AQ_电 H_净$ 逐日计算日平均出力，将日平均出力按由大到小顺序排列，计算其频率，可绘制日平均出力频率曲线。据已知的设计保证率 $P_设$，从该频率曲线中查得相应的日平均出力即为无调节水电站的保证出力。

出力计算中的 $Q_电$ 为日平均天然流量减去水量损失及上游各部门引用流量。无调节水电站的上游水位为常数 $Z_正$，下游水位可据下泄流量查下游水位流量关系曲线求得，上、下游水位差再减去水头损失即为出力计算中的净水头 $H_净$。

在初步设计阶段，可采用代表年法，即选丰、中、枯三个代表年，以日为计算时段，按上述方法计算日平均出力，绘制出日平均出力频率曲线，并根据已知的设计保证率查得 $N_保$。

为简化计算，常将各年所有的日平均流量由大到小分组，分别统计各组流量的日数及累积总日数，并计算各组末流量相应的频率，绘制日平均流量频率曲线。由该曲线可查出与设计保证率对应的日平均流量，并根据其相应水头求得保证出力。

现举例说明具体计算方法。

【算例 4-2】 某无调节水电站，具有 26 年的实测日平均流量资料，水电站设计保证率为 80%，设计净水头取常数 21.5m，出力系数取为 7.5，其他部门无用水要求，不计水量损失，求该水电站的保证出力及保证电能。

解： 计算过程见表 4-6，现简要说明计算步骤：

(1) 选择代表年。根据 26 年径流资料，按前述代表年选择方法，选出丰、中、枯三个代表年，其日平均流量共有 1095 个。

(2) 进行流量分组。将三个代表年的各日平均流量进行分组，按从大到小顺序排列，统计三年当中每组流量的日数。统计结果列入表中第 (1) 栏和第 (3) 栏。并将流量累积日数列入表中第 (4) 栏。

(3) 确定发电引用流量 $Q_电$。因不考虑水量损失，上游没有其他部门引用水量，发电引用流量取天然流量，见表中第 (2) 栏。

(4) 计算频率。据频率计算公式 $P = \dfrac{m}{n} \times 100\%$ 求得组末流量相应的频率。式中 $n = 1095$，m 为累积流量日数，计算结果列入表中第 (5) 栏。

(5) 绘制日平均流量频率曲线。据表中第 (2) 栏及第 (5) 栏数据可绘制日平均流量频率曲线，如图 4-10 所示。

(6) 确定保证出力及保证电能。根据设计保证率 $P_设 = 80\%$，查图 4-10 得相应的日平均流量为 17.2m³/s，则水电站的保证出力

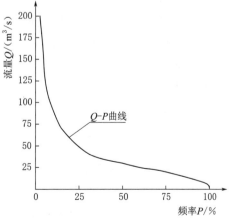

图 4-10　日平均流量频率曲线

$N_保 = AQ_电 H_净 = 7.5 \times 17.2 \times 21.4 \text{kW} = 2760.6 \text{kW}$。将保证出力乘以一日的时间 24 小时，即可求得保证电能 $E_保$，即 $E_保 = N_保 \times 24 = 2760.6 \times 24 \text{kW} \cdot \text{h} = 66254 \text{kW} \cdot \text{h}$。

表 4-6   日平均流量频率曲线计算表

分组流量 $Q/(\text{m}^3/\text{s})$	发电流量 $Q_电/(\text{m}^3/\text{s})$	各组流量 日数/日	流量累积 日数/日	频 率 $P/\%$
(1)	(2)	(3)	(4)	(5)
≥200	200	26	26	2.4
199~170	170	15	41	3.7
169~140	140	13	54	4.9
139~120	120	12	66	6.0
119~100	100	20	86	7.9
99~80	80	38	124	11.3
79~70	70	40	164	15.0
69~60	60	46	210	19.2
59~50	50	68	278	25.4
49~40	40	53	331	30.2
39~35	35	79	410	37.4
34~30	30	132	542	49.5
29~25	25	113	655	59.8
24~20	20	168	823	75.2
19~15	15	103	926	84.6
14~10	10	98	1024	93.5
9~5	5	65	1089	99.5
4~2	2	6	1095	100.0

二、日调节水电站保证出力的计算

日调节水电站可按发电要求调节日内径流，但保证出力与无调节水电站相同，也为对应于设计保证率的日平均出力。因此，日调节水电站保证出力计算的列表格式和计算步骤与无调节水电站相同。日调节水电站的上游水位在正常蓄水位与死水位之间变化。简化计算时可取平均水位，即根据平均库容 $\left(V_死 + \dfrac{1}{2} V_兴\right)$ 查容积曲线可得上游平均水位。

三、年调节水电站保证出力的计算

如前述，年调节水电站的保证出力一般是指符合设计保证率要求的供水期的平均出力，相应供水期的发电量即为保证电能。

计算保证出力是在水库规模已定（即正常蓄水位和死水位已定）的前提下进行的。较精确的计算方法为：利用已有的全部水文资料进行水能计算，求得一系列的供水期的平均出力 $N_{供i}$，对其进行频率计算，求得供水期平均出力频率曲线，如图 4-11 所示；然后可根据选定的设计保证率 $P_{设}$ 从图中查得对应的 $N_{保}$。此法精度高，但工作量大，一般在规划设计阶段常采用简化法，即针对设计枯水年进行水能计算，求得该年供水期的平均出力，将其作为水电站的保证出力。

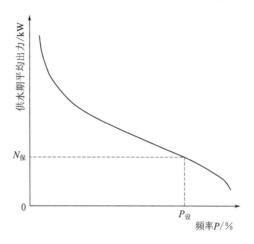

图 4-11 供水期平均出力频率曲线

如在 [算例 4-1] 中，已确定设计枯水年供水期为 11 月到次年 4 月（共 6 个月），由表 4-4 可以求得设计枯水年供水期的平均出力为 $(19.7+19.3+18.7+17.6+16.4+14.6) \times 10^4 \div 6 kW = 17.7 \times 10^4 kW$，此即为该年调节水电站的保证出力。该年供水期的发电量便为保证电能，$E_{保} = 17.7 \times 10^4 \times 730 \times 6 kW \cdot h = 77526$ 万 $kW \cdot h$。

在规划阶段进行多方案比较时，可按下法简化估算保证出力，用公式法求出设计枯水年供水期的平均发电流量 $Q_{供} = (W_{供} + V_{兴})/T_{供}$，根据平均蓄水库容 $(V_{死} + V_{兴}/2)$ 查容积曲线可得供水期上游平均水位，根据 $Q_{供}$ 查下游水位流量关系曲线可得供水期下游平均水位，求上、下游水位差，再减去水头损失即得供水期平均净水头 $H_{供净}$，然后直接求出年调节水电站的保证出力。

如在 [算例 4-1] 中，$Q_{供} = 181 m^3/s$，$V_{死} + V_{兴}/2 = (8.0 + 13.2/2)$ 亿 $m^3 = 14.6$ 亿 m^3，$A = 8.2$，水头损失为 1.0m。根据平均库容 14.6 亿 m^3 查容积曲线得上游平均水位为 633.8m，据供水期平均引用流量 $Q_{供} = 181 m^3/s$ 查下游水位流量关系曲线得下游平均水位为 515.7m，则 $H_{供净} = (633.8 - 515.7 - 1.0) m = 117.1m$。可求得保证出力 $N_{保} = 8.2 \times 181 \times 117.1 kW = 173800 kW = 17.4$ 万 kW（与前面计算的 17.7 万 kW 很接近）。

四、多年调节水电站保证出力的计算

多年调节水电站的保证出力通常指符合设计保证率要求的枯水系列的平均出力。由于多年调节水电站的调节周期较长，即便是采用长系列水文资料，其包括的枯水系列的个数也不多，难以按枯水系列平均出力频率曲线来确定保证出力。通常采用计算设计枯水系列平均出力的方法来计算多年调节水电站的保证出力。也可以选实际水文资料中最枯、最不利的连续枯水段作为设计枯水段，求出其调节流量和相应的平均水头，计算保证出力。具体计算方法和年调节水电站保证出力的计算方法基本相同。

考虑到电力系统负荷图是按年编制的，保证电量只需计算年发电量，故多年调节水电站的保证电能常用年电能表示，即多年调节水电站的保证电能是用保证出力乘以一年的时间（8760 小时）来计算。

五、灌溉水库水电站保证出力的计算

有些灌溉水库，常建小型水电站。如灌溉引水口位于大坝下游，引取电站尾水进行灌溉，可使水得到重复利用，以充分发挥水库的综合利用效益。其水电站的工作特点为：发电服从灌溉，在满足灌溉要求的情况下，尽可能多发电。

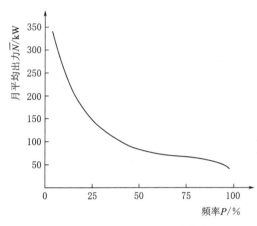

图 4-12 月平均出力频率曲线

因发电服从灌溉，这类水电站常找不到专门用来发电的供水期，所以不能按年保证率求出设计枯水年供水期的平均出力作为保证出力。可按下述方法计算保证出力。

首先选择丰、中、枯三个代表年，对每个代表年逐月进行水能计算，求出各月的平均出力。然后进行频率计算，绘出月平均出力频率曲线，如图 4-12 所示。再据水电站的设计保证率（历时保证率）从图中查得对应的月平均出力，即为水电站的保证出力。

在计算中，确定发电引用流量时要注意，发电引用流量应大于或等于相应的灌溉引用流量，在此前提下，尽量均匀下泄。按全年均匀下泄若发生弃水，应按供、蓄水期分别均匀下泄。现举例说明。

【算例 4-3】 拟建一年调节水库，以灌溉为主，并结合发电，灌溉用水取自发电尾水，基本资料如下：

(1) 该水库具有 21 年的逐月来水及相应灌溉用水资料（资料从略）；

(2) 水库容积与水位关系见表 4-7；

(3) 灌溉设计保证率为 80%（年保证率），水电站设计保证率为 75%（历时保证率）；

(4) 水库死水位为 41.0m，计算中，可忽略水电站下游尾水位变化的影响，取水电站下游平均尾水位为 34.5m，水头损失按常数 0.5m 计，出力系数 $A=6.5$。

要求不计水量损失，确定该水库同时满足灌溉要求和发电所需的兴利库容及水电站的保证出力。

解：计算按下述步骤进行。

(1) 选择代表年。按前述的选择代表年的方法，从 21 年的来用水资料中，选出丰（频率为 20%）、中（频率为 50%）、枯（频率为 80%）三个代表年，各代表年的天然来水与灌溉用水过程分别列入表 4-8~表 4-10 中第 (2)、第 (3) 栏。

表 4-7 水库容积与水位关系

库水位/m	38	39	40	41	42	43	44
容积/万 m³	0	18	43	102	176	295	427
库水位/m	45	46	47	48	49	50	51
容积/万 m³	596	809	1062	1378	1751	2167	2587

(2) 确定兴利库容。该水库兴利库容的确定不能只考虑灌溉用水要求，在满足灌溉用水要求的前提下还应考虑尽量多发电，且使发电引用流量尽可能均匀。如可能，应对设计

枯水年按等流量进行完全年调节，使水库年下泄总水量与年来水总水量相等。按此方法确定的兴利库容即为灌溉结合发电所需的兴利库容，计算过程见表 4-8。

表 4-8 　　　　　　　　某水电站设计枯水年径流调节及出力计算表

时段 /月	天然来水量/万 m³	灌溉用水量/万 m³	水库下泄水量/万 m³	来水量-下泄水量/万 m³		月末库容/万 m³	月平均库容/万 m³	月平均上游水位/m	月平均水头/m	发电流量/(m³/s)	月平均出力/kW
				(+)	(-)						
(1)	(2)	(3)	(4)	(5)	(6)	(7)	(8)	(9)	(10)	(11)	(12)
6	670	62	213	457		(6月初 102)559	331	43.3	8.3	0.81	44
7	1025	191	213	812		1371	965	46.7	11.7	0.81	62
8	586	168	213	373		1744	1558	48.5	13.5	0.81	71
9	136	234	234		98	1646	1695	48.8	13.8	0.89	80
10	102	182	213		111	1535	1591	48.6	13.6	0.81	72
11	63	163	213		150	1385	1460	48.0	13.0	0.81	68
12	31	119	213		182	1203	1294	47.8	12.8	0.81	67
1	25	0	213		188	1015	1109	47.2	12.2	0.81	64
2	42	0	213		171	844	930	46.5	11.5	0.81	61
3	86	516	516		430	414	629	45.2	10.2	1.96	130
4	101	398	398		297	117	266	42.8	7.8	1.51	77
5	267	282	282		15	102	110	41.1	6.1	1.07	43
合计	3134	2315	3134	1642	1642						839

由表 4-8 第（2）栏合计知，年来水总量为 3134 万 m³，故水库总下泄水量（发电可用总水量）应为 3134 万 m³。考虑尽量使发电流量均匀，应全年均匀下泄，每月下泄水量为 3134÷12 万 m³＝261 万 m³。但与表中第（3）栏灌溉用水对照知，3 月、4 月、5 月的灌溉用水量均大于 261 万 m³，若按 261 万 m³ 全年均匀下泄，不能满足 3 月、4 月、5 月的灌溉用水要求，所以 3 月、4 月、5 月改按灌溉用水量下泄，即 3 月下泄水量为 516 万 m³，4 月下泄水量为 398 万 m³，5 月下泄水量为 282 万 m³。其他 9 个月均匀下泄，每月应下泄（3134－516－398－282）÷9 万 m³＝215 万 m³。与灌溉用水对照，发现 9 月份灌溉用水大于 215 万 m³，所以 9 月份改按灌溉用水 234 万 m³ 下泄。其余 8 个月均匀下泄，每月下泄水量为（3134－516－398－282－234）÷8 万 m³＝213 万 m³。与灌溉用水对照可知，均能满足灌溉要求。至此，全年各月水库下泄水量均已求得，列入表中第（4）栏。

将来水减去水库下泄水量，即第（2）栏－第（4）栏，正值列入第（5）栏，负值列入第（6）栏。可看出水库属一次运用，根据第三章介绍的一次运用兴利调节计算方法，累计供水期（9 至次年 5 月）缺水量即为兴利库容，从而求得兴利库容为 1642 万 m³。

（3）确定丰水年和中水年各月水库下泄水量。上面已求出设计枯水年各月水库的下泄水量。为计算保证出力，还需确定中、丰水年水库的下泄水量，以便求得三个代表年各月出力。对于中、丰水年，也应在满足灌溉要求前提下，尽量多发电（尽量不弃水），且使发电引用流量尽可能均匀。

前已求得兴利库容为 1642 万 m^3，所以确定丰水年和中水年各月水库下泄水量是在已定库容情况下进行的。对丰、中水年分别进行完全年调节计算，便可求得水库各月下泄水量。如按全年均匀下泄，汛期出现水库蓄满必须弃水的情况，应分为供、蓄水期，分别按等流量调节。现以中水年为例进一步说明。

中水年计算过程见表 4-9。由表中第（2）栏知该年来水总量为 5418 万 m^3，若全年均匀下泄，每月下泄水量为 5418÷12 万 m^3 = 452 万 m^3。由于 3 月灌溉用水量大于452 万 m^3，故 3 月按灌溉水量 508 万 m^3 下泄。其余 11 个月每月下泄水量为（5418－508）÷11 万 m^3 = 446 万 m^3。由来水与泄水平衡关系可知，此时 6—9 月有余水，其多余水量 =（1086＋1618＋1025＋737－446×4）万 m^3 = 2682 万 m^3＞$V_兴$ = 1642 万 m^3。

表 4-9　　　　　　　　某水电站设计中水年径流调节及出力计算表

月份	天然来水量/万 m^3	灌溉用水量/万 m^3	水库下泄水量/万 m^3	来水量-下泄水量/万 m^3		月末库容/万 m^3	月平均库容/万 m^3	月平均上游水位/m	月平均水头/m	发电流量/(m^3/s)	月平均出力/kW
				（+）	（－）						
(1)	(2)	(3)	(4)	(5)	(6)	(7)	(8)	(9)	(10)	(11)	(12)
6	1086	53	706	380		(6月初102)482	292	43.0	8.0	2.68	139
7	1618	71	706	912		1394	938	46.5	11.5	2.68	200
8	1025	86	706	319		1713	1554	48.5	13.5	2.68	235
9	737	198	706	31		1744	1729	48.9	13.9	2.68	242
10	128	406	406		278	1466	1605	48.6	13.6	1.54	136
11	96	133	280		184	1282	1374	47.9	12.9	1.06	89
12	35	74	280		245	1037	1160	47.3	12.3	1.06	85
1	30	0	280		250	787	912	46.4	11.4	1.06	79
2	36	0	280		244	543	665	45.2	10.2	1.06	70
3	265	508	508		243	300	422	44.0	9.0	1.93	113
4	96	258	280		184	116	208	42.3	7.3	1.06	50
5	266	276	280		14	102	109	41.1	6.1	1.06	42
合计	5418	2063	5418	1642	1642						1480

说明会发生弃水。为此，可分为供水期和蓄水期，根据兴利库容确定调节流量的公式法，分别求得供、蓄水期的调节流量和水量。同时，将求得的调节水量与灌溉需水量进行比较，如发现调节水量小于灌溉需水量，需将相应月份的调节水量取为灌溉需水量，再重新计算调节流量和水量。按此，可求得设计中水年各月调节水量和流量，并分别列入表 4-9 第（4）栏和第（11）栏。现进一步说明其具体计算过程。

蓄水期（6—9 月）来水量为

$$W_{蓄天} = （1086＋1618＋1025＋737）万 \ m^3 = 4466 \ 万 \ m^3$$

蓄水期（6—9月）每月下泄水量 $= \dfrac{W_{蓄天}-V_{兴}}{4} = \dfrac{4466-1642}{4}$万 m^3

$$= 706 \text{ 万 } m^3$$

与第（3）栏灌溉用水对照，可知满足灌溉要求。

供水期（10月至次年5月）来水量为

$$W_{供天} = (128+96+35+30+36+265+96+266)\text{万 } m^3 = 952 \text{ 万 } m^3$$

供水期（10月至次年5月）每月下泄水量 $= \dfrac{W_{供天}+V_{兴}}{8}$

$$= \dfrac{952+1642}{8}\text{万 } m^3 = 324 \text{ 万 } m^3$$

与灌溉用水对照知，10月和3月的灌溉用水大于324万 m^3，所以10月和3月按其灌溉用水下泄，其余6个月（11月至次年2月及4—5月）均匀下泄。11月至次年2月及4—5月

每月下泄水量 $= \dfrac{(W_{供天}+V_{兴})-10\text{月和}3\text{月的下泄水量}}{6} = \dfrac{(952+1642)-(406+508)}{6}\text{万 } m^3 =$
280 万 m^3

与灌溉用水对照，均满足灌溉要求，全年各月下泄水量均已求得，各月下泄水量除以一个月的时间即为相应下泄流量。

用同样方法可求得丰水年各月下泄水量和流量，分别列入表4-10中第（4）栏和第（11)栏。

表 4 - 10　　　　　某水电站设计丰水年径流调节及出力计算表

月份	天然来水量/万 m^3	灌溉用水量/万 m^3	水库下泄水量/万 m^3	来水量-下泄水量/万 m^3		月末库容/万 m^3	月平均库容/万 m^3	月平均上游水位/m	月平均水头/m	发电流量/(m³/s)	月平均出力/kW
				（+）	（-）						
(1)	(2)	(3)	(4)	(5)	(6)	(7)	(8)	(9)	(10)	(11)	(12)
6	1452	42	1007	445		(6月初102)547	325	43.2	8.2	3.83	204
7	1710	65	1007	703		1250	899	46.6	11.6	3.83	289
8	1501	69	1007	494		1744	1497	48.3	13.3	3.83	331
9	985	166	985	0		1744	1744	48.9	13.9	3.75	339
10	418	327	464		46	1698	1721	48.8	13.8	1.76	158
11	99	128	464		365	1333	1516	48.4	13.4	1.76	153
12	58	58	464		406	927	1130	47.2	12.2	1.76	140
1	98	20	464		366	561	744	45.7	10.7	1.76	122
2	127	0	464		337	224	403	43.2	8.2	1.76	94
3	396	312	464		68	156	190	42.1	7.1	1.76	81
4	412	103	464		52	104	130	41.4	6.4	1.76	73
5	462	216	464		2	102	103	41.0	6.0	1.76	69
合计	7718	1506	7718	1642	1642						2053

（4）确定月平均水头。由死水位 $Z_死 = 41.0\text{m}$，查水库水位与容积曲线可得对应死库容 $V_死 = 102$ 万 m^3，显然，蓄水期初（即供水期末）的蓄水容积应为死库容 102 万 m^3。据表 4-8～表 4-10 中第（5）、第（6）栏，根据各月水量平衡关系，可求得水库各月末蓄水容积，列入表 4-8～表 4-10 第（7）栏。取月初和月末水库蓄水容积平均值作为月平均蓄水容积，列入表 4-8～表 4-10 第（8）栏。根据月平均蓄水容积查水库水位与容积曲线得上游平均蓄水位，列入表 4-8～表 4-10 第（9）栏。各月下游水位采用电站下游平均水位 34.5m。各月上游平均蓄水位与下游水位之差，再减去水头损失 0.5m，即为发电月平均水头，见表 4-8～表 4-10 第（10）栏。

（5）计算月平均出力。根据出力公式 $N = AQ_电 H_净 = 6.5 Q_电 H_净$ 可求得三个代表年各月平均出力，列入表 4-8～表 4-10 第（12）栏。

（6）绘制月平均出力频率曲线。将计算出的三个代表年的月平均出力按从大到小顺序排序，计算其经验频率（表 4-11），可绘制月平均出力频率曲线，如图 4-12 所示。

表 4-11　　　　　　　　　某水电站月平均出力频率曲线计算表

由大到小排列序号	月平均出力/kW	频率/%	由大到小排列序号	月平均出力/kW	频率/%	由大到小排列序号	月平均出力/kW	频率/%
1	339	2.7	13	130	35.1	25	71	67.6
2	331	5.4	14	122	37.8	26	70	70.3
3	289	8.1	15	113	40.5	27	69	73
4	242	10.8	16	94	43.2	28	68	75.7
5	235	13.5	17	89	45.9	29	67	78.4
6	204	16.2	18	85	48.6	30	64	81.1
7	200	18.9	19	81	51.4	31	62	83.8
8	158	21.6	20	80	54.1	32	61	86.5
9	153	24.3	21	79	56.8	33	50	89.1
10	140	27	22	77	59.5	34	44	91.9
11	139	29.7	23	73	62.2	35	43	94.6
12	136	32.4	24	72	64.9	36	42	97.3

（7）确定保证出力。根据水电站设计保证率为 75%，从图 4-12 中可查得对应月平均出力为 67.6kW，即所求水电站保证出力为 67.6kW。

第五节　水电站多年平均发电量计算

水电站多年平均发电量是指水电站在多年工作期间，平均每年所能生产的电能。多年平均发电量也是水电站的重要动能指标。在规划设计阶段，按照计算精度的不同要求，可采用不同方法计算水电站的多年平均发电量。

一、无调节、日调节及年调节水电站多年平均发电量的计算

1. 中水年法

针对设计中水年（$P=50\%$），进行水能计算。无调节、日调节水电站按旬或日进行调节计算，年调节水电站按月进行调节计算，求得各时段调节流量及水头，并计算各时段平均出力及各时段发电量。因水能转变为电能时，受水轮发电机容量的限制，所以需注意，当计算所得时段出力大于水电站装机容量时，该时段的电能仅能按装机容量计算。对各时段的发电量求和，可得到设计中水年的年发电量，并可将其作为水电站多年平均发电量的估算值。中水年法精度不高，一般在水电站规划阶段进行多方案比较时采用。

2. 三个代表年法

针对三个代表年（即丰水年、中水年、枯水年）按前述方法分别计算每个代表年的年发电量，取其平均值作为多年平均年发电量，即

$$\overline{E}_{年}=\frac{1}{3}(E_{丰}+E_{中}+E_{枯}) \tag{4-8}$$

式中 $E_{丰}$、$E_{中}$、$E_{枯}$——丰水年、中水年、枯水年的年发电量。

3. 长系列法

当计算精度要求较高，应对全部水文资料逐年进行计算，求得各年的年发电量，取其平均值作为多年平均发电量。

二、多年调节水电站多年平均发电量的计算

多年调节水电站多年平均发电量的计算常采用设计中水系列法。若要求计算精度高，也可采用长系列法，其计算方法与年调节水电站多年平均发电量的计算方法类似。

第五章　水电站及水库的主要参数选择

第一节　电力系统的负荷图

一、电力系统及其用户特性

一个地区内的各类电站（水电站、火电站及核电站等）联合起来共同向电力用户供电，用输电网路将各电站与用户连接成为一个整体，这一整体称为电力系统。

在电力系统里，各种类型的电站联合供电，有利于电力、电量的合理调度，可充分发挥各电站的优点，相互取长补短，改善各电站的工作条件，提高供电可靠性及经济性。大多数电站都参加电力系统运行。我国电力系统的供电范围一般为一个或几个相邻省市，国外已有许多全国性和跨国性电力系统。

目前，电能还难以大规模储存。在电力生产中，发电、输电、用电是同时进行的。即电力系统中各电站的电能生产与用电户的电能消耗，无论是在数量上还是在时间上都应相互适应。因此无论是研究已建电站的运行情况，还是确定拟建电站的规模，均需掌握系统中用电户的用电过程。

电力系统中用电户的规模有大有小，用电时间有断有续，通常按其生产特点和重要性分为以下四类。

1. 工业用电

工业用电主要指工矿企业生产用电。其用电量大，年内用电比较均匀，日内用电随着生产班制及产品种类的不同而变化。若供电中断，造成的损失较大，所以工业用电要求有较高的供电保证率。

2. 农业用电

农业用电主要指电力排灌、农业收获与耕作、农副产品加工、乡镇企业及农村生活照明等用电。因电力排灌及农产品收获用电具有一定的季节性，所以农业用电具有明显的季节性。一般农业用电的供电保证率不高。

3. 交通运输用电

交通运输用电主要指电气化铁道运输用电。无论是日内还是年内，其用电都是较均匀的，仅在电气列车启动时才会产生短时的剧烈高峰负荷现象。

4. 市政用电

市政用电主要指城市电车、给排水、通信、照明及家用电器等用电。无论是日内还是年内其用电变化都较大。随着城市的发展、人口的逐年增加及人民生活水平的不断提高，市政用电将不断增大。

二、电力负荷图

由上述四类用电户的用电特性可知，电力系统的总负荷要求是随时间变化的，其变化过程与系统中用电户的性质及组成有关。将系统中所有用户对系统要求的负荷容量随时间的变化用曲线来表示，称为电力负荷图，简称负荷图。负荷图反映了系统中的用电户对电力的需求情况，是已有电站运行和新电站规划设计必备的基本资料。下面分别介绍两种负荷图。

1. 日负荷图

日负荷图表示一日之内电力系统的负荷变化过程，如图 5-1 所示。图中横坐标为时间 t，单位为小时（h），纵坐标为负荷 N，单位为 kW。日内负荷变化通常有一定规律性，其变化规律与系统内用户的生产特性有关。在实际工作中，日负荷图的纵坐标常采用每小时的平均负荷值，所以日负荷图呈阶梯状。

（1）日负荷图的特征值。日负荷图有三个特征值，即日最大负荷 N''、日平均负荷 $\overline{N}$ 及日最小负荷 N'。日最大负荷 N'' 为日负荷图上最高峰处的负荷值，日最小负荷 N' 为日负荷图上最低谷处的负荷值，日平均负荷 $\overline{N}$ 可按下式计算：

$$\overline{N} = \frac{\sum\limits_{1}^{24} N_i}{24} = \frac{E_\text{日}}{24} \qquad (5-1)$$

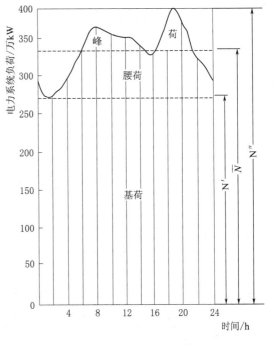

图 5-1 电力系统日负荷图

式中 　N_i——第 i 小时的平均负荷，kW；

　　　$E_\text{日}$——日用电量，kW·h，即日负荷曲线与纵横轴所包围的面积。

日最大负荷反映用户对系统提出的出力要求，如果该日系统中所有电站的出力之和小于系统要求的出力，则电力系统将因容量不足而使正常工作遭破坏。日平均负荷反映用户对系统提出的电量要求，如果该日系统中所有电站的日发电量之和小于日用电量 $E_\text{日}$，则电力系统将因电量不足而使正常工作遭破坏。

（2）日负荷图的区域。根据日负荷图的三个特征值可将负荷图划分为三个区域，即基荷区、腰荷区和峰荷区。基荷区指日最小负荷以下部分，腰荷区指日最小负荷与日平均负荷之间部分，峰荷区指日平均负荷以上部分。

因电力系统的负荷是变化的，系统中各个电站的工作状况不同。有的电站按照恒定出力工作，有的按照变动出力工作。电站的工作状况，可以形象地用电站在负荷图中的"工作位置"表示。按恒定出力工作的电站在负荷图中表示为在基荷区工作，按变动出力工作的电站在负荷图中表示为在峰荷或腰荷区工作。

（3）日负荷图的指数。不同的电力系统，或同一电力系统的不同时期，其负荷图是不相同的。为了描述日负荷图的形状及其变化特性，常采用下面两个指数。

1）日平均负荷率 γ。日平均负荷率是日平均负荷与日最大负荷的比值，即 $\gamma=\dfrac{\overline{N}}{N''}$。$\gamma$ 值越大，表示负荷变化越小。

2）日最小负荷率 β。日最小负荷率是日最小负荷与日最大负荷的比值，即 $\beta=\dfrac{N'}{N''}$。β 值越小，表示一日之内高峰负荷与低谷负荷的差别越大，即日负荷变幅越大，越不均匀。

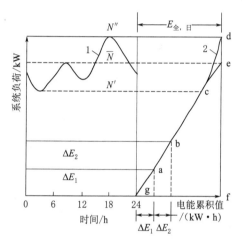

图 5-2　日电能累积曲线

1—日负荷曲线；2—日电能累积曲线

（4）日电能累积曲线。在日负荷图上，每一出力都有相应电能与之对应，这种对应关系可用一条曲线表示，该曲线称为日电能累积曲线。该曲线绘制方法为：将日负荷图的纵坐标 N 划分为若干出力段 ΔN_1、ΔN_2、ΔN_3、…、ΔN_n，分别计算出各出力段相应的电能 ΔE_1、ΔE_2、ΔE_3、…、ΔE_n。将 ΔN 及 ΔE 分别自下而上依次累加，便可得到各点对应坐标 $(N_1$，$E_1)$，$(N_2$，$E_2)$，$(N_3$，$E_3)$，…，$(N_n$，$E_n)$。以累积电能 E 为横坐标，以累积负荷 N 为纵坐标，可绘制出日电能累积曲线。日电能累积曲线形式如图 5-2 所示。

【算例 5-1】　某电力系统典型日负荷变化见表 5-1，试绘制日负荷图及其日电能累积曲线。

表 5-1　　　　　　　　某电力系统典型日负荷变化过程

时间/h	1	2	3	4	5	6	7	8
负荷/万 kW	6.0	6.0	6.0	6.0	7.2	7.2	8.5	8.5
时间/h	9	10	11	12	13	14	15	16
负荷/万 kW	11.0	11.0	11.0	11.0	9.6	9.6	11.0	11.0
时间/h	17	18	19	20	21	22	23	24
负荷/万 kW	11.0	11.0	12.4	12.4	12.4	12.4	6.0	6.0

解：计算过程见表 5-2，主要计算步骤如下：

（1）根据表 5-1 绘出日负荷图，如图 5-3（a）所示。

（2）按负荷变化情况将负荷划分为 6 个出力段，即 ΔN_1、ΔN_2、…、ΔN_6，各出力段数值据日负荷图可求出，并列入表中第（1）栏。

（3）从日负荷图上找出各出力段相应的历时，列入表中第（2）栏。

（4）计算各出力段相应的电能 ΔE_1、ΔE_2、…、ΔE_6，列入表中第（3）栏。

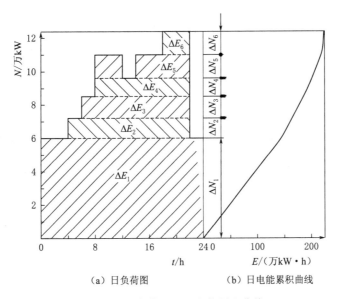

（a）日负荷图　　　　　　　（b）日电能累积曲线

图 5 - 3　日负荷图和日电能累积曲线

（5）计算累积出力 N 及累积电能 E，见表中第（4）栏及第（5）栏。

（6）以累积电能 E 为横坐标，以累积出力 N 为纵坐标，据表中第（4）、第（5）栏便可绘出日电能累积曲线，如图 5 - 3（b）所示。

表 5 - 2　　　　　　　　　　日电能累积曲线计算表

出　力　段	ΔN_i 的	相　应　电　能	累　积　出　力	累　积　电　能
ΔN_i /万 kW	历时 t_i /h	$\Delta E_i = \Delta N_i t_i$ /（万 kW·h）	$N = \Sigma \Delta N_i$ /万 kW	$E = \Sigma \Delta E_i$ /（万 kW·h）
（1）	（2）	（3）	（4）	（5）
6.0	24	144.0	6.0	144.0
1.2	18	21.6	7.2	165.6
1.3	16	20.8	8.5	186.4
1.1	14	15.4	9.6	201.8
1.4	12	16.8	11.0	218.6
1.4	4	5.6	12.4	224.2

显然，基荷区日电能累积曲线为直线。腰荷区及峰荷区的负荷随时间变化，负荷越大发电时间越短，所以该部分日电能累积曲线为上凹形

2. 年负荷图

电力系统的负荷在年内也是有变化的。年负荷图表示一年之内电力系统的负荷变化过程。年负荷图一般有年最大负荷图和年平均负荷图两种形式。实际中一般用阶梯线表示，常以一个月为一个阶梯。年最大负荷图的纵坐标值表示相应月份中最大负荷日的最大负荷值（图 5 - 4），它反映了电力系统各月的最大出力要求。年平均负荷图的纵坐标表示相应

月份中各日平均出力的平均值（图 5-5），该曲线与纵横轴所包围的面积代表系统一年之内所需的电能。年平均负荷图反映电力系统电量要求。

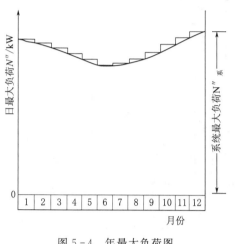

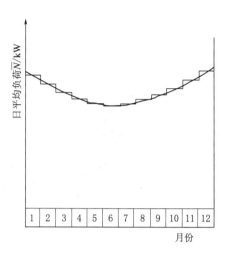

图 5-4　年最大负荷图　　　　　　　　图 5-5　年平均负荷图

3. 设计水平年

随着国民经济的发展，电力系统的负荷要求逐年增长，所以，在规划设计水电站时，必须考虑远景年份的负荷要求，以此作为设计依据。进行规划设计时考虑的远景年份称为设计水平年，设计水平年的用电要求称为设计负荷水平。

设计水平年的确定直接影响到水电站的规模及水能资源的利用程度。如设计水平年选得过近，则水电站设计依据的负荷较小，据此负荷确定的水电站规模可能过小，使水能资源得不到充分利用；相反，如设计水平年选得过远，则水电站设计依据的负荷较大，据此负荷确定的水电站规模可能过大，资金发生积压。所以设计水平年不能定得过远，也不能定得太近。有关规范规定："水电站的设计水平年，应根据电力系统的动力资源、水火电比重与水电站的具体情况分析确定，一般可采用水电站第一台机组投入运行后的 5~10 年，所选择的设计水平年应与国民经济五年计划年份相一致。对于规模特别大的水电站或远景综合利用要求变化较大的水电站，其设计水平年应作专门论证"。

设计水平年选定后，便可据系统负荷增长率推求设计水平年的负荷资料，通常编制春、夏、秋、冬四季的典型日负荷图、年最大负荷图及年平均负荷图，以此作为水电站设计依据。

第二节　电力系统及电站的容量组成

电站上的每台机组都有一个额定容量（发电机的铭牌出力），此额定容量即为在正常运行情况下该机组能发出的最大出力值。一个电站的装机容量是该电站全部机组的额定容量之和，电力系统的装机容量是系统中全部电站的装机容量之和。电力系统及电站的容量组成，通常按设计和运行两个阶段进行划分。

一、按设计阶段的容量划分

在设计时，按容量划分所担负的任务由下列部分组成。

1. 最大工作容量 $N''_工$

用来满足系统最大负荷要求的容量，称为最大工作容量。最大工作容量是装机容量中的主要组成部分，系统的最大工作容量应等于系统设计水平年的年最大负荷值。该负荷值是由系统中所有电站共同承担的。

2. 备用容量 $N_备$

实际运行中，实际负荷有可能超出原计划负荷，或者由于种种原因（如机组发生故障或需定期检修等），有些机组会暂时停机，所以，仅设置最大工作容量不能确保系统的正常工作，还必须设置一部分容量储备，这部分容量称为备用容量。备用容量按其作用可分为负荷备用、事故备用、检修备用三种。

显然，为保证系统的正常工作，设置的容量必须包括上面两部分，即最大工作容量和备用容量，这两部分容量之和称为必需容量 $N_必$。即必需容量 $N_必$ ＝最大工作容量 $N''_工$ ＋备用容量 $N_备$

电力系统的必需容量是分别装设在系统中的各类电站上的，对于水、火电站混合系统可表示为

$$N_{系,必}=N_{水,必}+N_{火,必}$$
$$N_{水,必}=N''_{水,工}+N_{水,备}$$
$$N_{火,必}=N''_{火,工}+N_{火,备}$$

式中　$N_{系,必}$、$N_{水,必}$、$N_{火,必}$——分别表示系统、水电站、火电站的必需容量；

　　　$N''_{水,工}$、$N''_{火,工}$——分别表示水电站、火电站的最大工作容量；

　　　$N_{水,备}$、$N_{火,备}$——分别表示水电站、火电站的备用容量。

显然，水、火电站混合系统要求的出力，是由系统中水、火电站共同满足的。如果水电站少装（或多装）一些必需容量，火电站就应多装（或少装）相同数量的必需容量，才能满足系统要求。

3. 重复容量 $N_重$

对于水电站来讲，如果水库调节能力不大，在汛期即使以全部必需容量投入运行，仍可能产生大量弃水，此时，可考虑在必需容量基础上，再加设一部分容量，以减少弃水，增发季节性电能，节省火电的燃料费。这部分容量称为重复容量。

重复容量只有在洪水期时才能投入运行，在枯水期因为水量不足而不能投入工作，所以，它不能替代火电站的必需容量。设置重复容量是为了增发季节性电能，替代火电站的发电量，从而节约燃料费。

综上所述，电力系统的装机容量及水、火电站的装机容量的组成从设计角度出发可表示为

$$N_{系,装}=N_{水,装}+N_{火,装}=N''_{系,工}+N_{系,备}+N_重=N_{系,必}+N_重$$
$$N_{水,装}=N''_{水,工}+N_{水,备}+N_重=N_{水,必}+N_重$$
$$N_{火,装}=N''_{火,工}+N_{火,备}=N_{火,必}$$

式中　$N_{系,装}$、$N_{水,装}$、$N_{火,装}$——系统、水电站、火电站的装机容量；

其他符号意义同上。

二、运行阶段的容量划分

在运行阶段，系统和电站的装机容量已经确定。系统中电站是按负荷要求工作的。由于运行时系统最大负荷出现的时间不长，系统的最大工作容量是按系统最大负荷设置的，而且装机容量还包括备用容量和重复容量，所以电站装机容量并非任何时间都全部处于工作状态。另一方面，可能由于某种原因（如机组发生故障、火电站缺燃料、水电站水量或水头不足等等因素），部分装机容量不能投入工作，这部分容量称为受阻容量。受阻容量以外的所有容量为可用容量。可用容量中按其所处的状态可分为工作容量（按负荷要求正在工作的容量）和待用容量。待用容量中处于备用状态的为备用容量。其余的处于空闲状态，称之为空闲容量。

综上所述，从运行观点看，系统和电站的装机容量可表示为

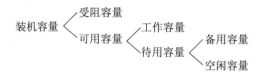

不同时刻负荷要求不同，再加上其他条件的变化（如机组发生故障情况、火电站燃料供应情况、水电站水量及水头情况等都随时间发生变化），所以上述各种状态的容量是随时变化的，且不同的电站和不同的机组所处的工作状况也是互相转换的。

第三节　水电站在电力系统中的运行方式

目前我国各地区的电力系统，大多是以水力、火力发电为主要电源所构成的，在水能资源丰富的地区，应以水电为主；在煤炭资源丰富而水能资源相对贫乏处，则应以火电为主。上述两大能源均较缺乏的地区，则可考虑发展核电站。在火电、核电为主的电力系统中，当缺乏填谷调峰容量时，可考虑发展抽水蓄能电站。为了使各类发电站合理地分担电力系统的负荷，应了解各类电站的技术特性。

一、水电站、火电站的工作特性

（一）水电站的技术特性

（1）水电站的出力和发电量随天然径流和水库调节能力的变化而有一定的变化，在丰水年份，一般发电量较多，遇到特殊枯水年份，则发电量不足，甚至正常工作遭到破坏。

对于低水头径流式水电站，在洪水期内由于天然流量过大引起下游水位猛涨，而使水电站工作水头减小，水轮机不能达到额定出力。对于具有调节水库的中水头水电站，当库水位较低时，也有可能使水电站出力不足。

（2）一般水库具有综合利用任务，但各部门的用水要求不同，兼有防洪与灌溉任务的水库，汛期及灌溉期内水电站发电量较多，但冬季发电则受到限制；对于下游有航运任务的水库，水电站有时需承担电力系统的基荷，以便向下游经常泄放均匀

的流量。

（3）水能是再生性能源，水电站的年运行费用与所生产的电能量无关，因此在丰水期内应尽可能多发水电，以节省系统燃料消耗。

（4）水电站机组开停灵便、迅速，从停机状态到满负荷运行仅需 $1\sim2\text{min}$ 时间，并可迅速改变出力的大小，以适应负荷的剧烈变化，从而保证系统周波的稳定，所以水电站适宜担任系统的调峰、调频和事故备用等任务。

（5）水电站的建设地点要受水能资源、地形、地质等条件的限制。水工建筑物工程量大，一般又远离负荷中心地区，往往需建超高压、远距离输变电工程。水库淹没损失一般较大，移民安置工作比较复杂。由于水电站发电不需消耗燃料，故单位电能成本比火电站低。

（二）火电站的特点

火电站的主要设备为锅炉、汽轮机和发电机等。按其生产性质又可分为两大类。

1. 凝汽式火电站

凝汽式火电站的任务就是发电。锅炉生产的蒸汽直接送到汽轮机内，按一定顺序在转轮内膨胀做功，带动发电机发电。蒸汽在膨胀做功过程中，压力和温度逐级降低，废蒸汽经冷却后凝结为水。最后用泵把水抽回到锅炉中再去生产蒸汽，如此反复循环。

2. 供热式火电站

供热式火电站的任务是既要供热，又要发电。如采用背压式汽轮机，则蒸汽在汽轮机内膨胀作功驱动发电机后，废蒸汽全部被输送到工厂企业中供生产用或者取暖用。背压式机组的发电出力完全取决于工厂企业的热力负荷要求。

如采用抽汽式汽轮机，则可在转轮中间根据热力负荷要求抽出所需的蒸汽。当不需要供热时，则与凝汽式火电站的工作过程相同。

现分述火电站的工作特点。

（1）只要保证燃料供应，火电站就可以全年按额定出力工作，不像水电站受天然来水的制约。如果供应火电站的燃煤质量较高（每公斤燃料的发热量在 4000kcal 以上），则火电站修建在负荷中心地区可能比较有利，因其输变电工程可以较小；如果供应的燃煤质量较差（每公斤燃料的发热量在 3000kcal 以下），为了节省大量燃煤的运输量，火电站应修建在煤矿附近（即坑口电站），这样比较有利。

（2）一般火电站适宜担任电力系统的基荷，这样单位煤耗较小。火电站机组启动比较费时，锅炉先要生火，机组由冷状态过渡到热状态，然后再加荷载，逐渐增加出力，出力上升值不能增加过快，大约每隔 10min 增加额定出力的 $10\%\sim20\%$，机组从冷却状态启动到满负荷运行共需 $2\sim3\text{h}$。

（3）火电站高温高压机组（蒸汽初压力为 $135\sim165$ 个绝对大气压，初温为 $535\sim550℃$）的技术最小出力约为额定出力的 75%，如果连续不断地在接近满负荷的情况下运行，则可以获得最高的热效率和最小的煤耗。中温中压机组（蒸汽初压力为 35 个绝对大气压，初温为 $435℃$），可以担任变动负荷，即可以在系统负荷图上的腰荷和峰荷部分工作，但单位电能的煤耗增加较多。

（4）一般火电站单位千瓦的投资比水电站的低，但如考虑环境保护等措施的费用和煤矿、铁路、输变电等工程的投资，则折合单位千万的火电投资，可能与水电（包括远距离输变电工程）单位千瓦的投资相近。

（5）火力发电必须消耗大量燃料（单位千瓦装机容量每年约需原煤 3.0t 左右），且厂用电及管理人员较多，故火电单位发电成本比水电站高。

二、水电站在电力系统中的运行方式

电站在电力系统中的运行方式是指它在电力系统负荷图中的工作位置，即担负峰荷、腰荷还是基荷。目前我国多数地区的电力系统是水电站和火电站混合系统。因此，本节着重讲述在水、火电站混合电力系统中，为了使系统供电可靠、经济，水电站应采用的运行方式。水电站因其水库的调节性能不同，以及年内天然来水流量的不断变化，年内不同时期的运行方式也必须不断调整，使水能资源能够得到充分利用。现将不同调节性能的水电站在电力系统中的运行方式简述如下。

1. 无调节水电站的运行方式

无调节水电站不能存蓄多余水量，如果承担变动负荷，将产生大量弃水。为了充分利用水能，无调节水电站应全年担负基荷工作。具体位置由无调节水电站的日水流出力决定，但超过装机容量部分为弃水出力。

2. 日调节水电站的运行方式

日调节水电站能对一昼夜内的天然来水量进行调节，所以可以承担变动负荷。

在不产生弃水且无其他限制条件的情况下，应尽量让日调节水电站担任系统的峰荷，以充分发挥水轮发电机组操作运用灵便、启闭迅速、能适应负荷变化的优点，并使系统中的火电站能在日负荷图的基荷部分工作，以取得高热效率，降低单位电能的燃料消耗。

若日调节水电站在峰荷运行会产生弃水，随来水流量的增大其工作位置应从峰荷逐渐下移，以充分利用水能资源。由于不同年份和年内不同季节的来水量变化较大，所以，日调节水电站的工作位置也应相应调整。

（1）在设计枯水年，水电站在枯水期内的工作位置是以最大工作容量担任系统的峰荷，如图 5-6 中的 $t_0 \sim t_1$ 与 $t_4 \sim t_5$ 时期。

当初汛期开始后，河中天然来水逐渐增加，若日调节水电站仍在峰荷运行，即使以全部装机容量投入工作，仍不免产生弃水，此时，其工作位置应逐渐下降到腰荷与基荷，如图 5-6 中的 $t_1 \sim t_2$ 时期。在汛期，即图 5-6 中的 $t_2 \sim t_3$ 时期，河中天然来水量很大，日调节水电站应以全部装机容量在基荷运行，以尽量减少弃水量。在汛后，即 t_3 以后，河中天然来水量逐渐减小，日调节水电站的工作位置应逐渐上移，直到 t_4 时刻上移到峰荷。t_4 以后，又开始为枯水期，天然来水流量较小，日调节水电站又以最大工作容量在峰荷运行，如图 5-6 中的 $t_4 \sim t_5$ 时期。

在图 5-6 中的 $t_1 \sim t_2$ 和 $t_4 \sim t_5$ 时期内的具体位置，可按照提供电能与来水水能平衡的原则，用图解法确定。图解的主要步骤如下：

1）作电力系统日负荷图的日电能累积曲线，如图 5-7 所示。

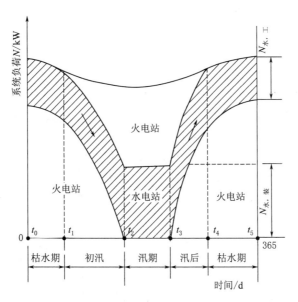

图 5-6　日调节水电站在设计枯水年的运行方式

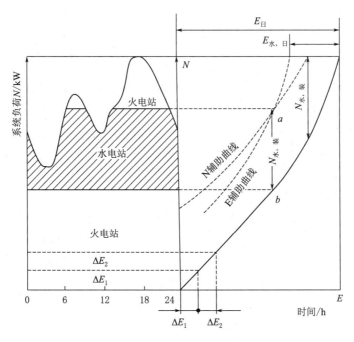

图 5-7　日调节水电站工作位置的确定

2）在图中作 E 辅助曲线，该曲线距日电能累积曲线的水平距离均等于 $E_{水,日}$，$E_{水,日}$ 为将该日来水量全部利用所能生产的日电能。

3）作 N 辅助曲线，该曲线距日电能累积曲线的垂直距离均等于该日调节水电站的装机容量 $N_{装}$。

4）从 N 辅助曲线与 E 辅助曲线的交点 a 作垂线交日电能累积曲线于 b 点。

5）分别由 a、b 两点作水平线与日负荷图相交，两交线之间的区域即为该日调节水电站的工作位置（对应于图 5-7 中的阴影面积）。

上述图解中，日负荷图上所示的阴影面积，等于 $E_{水,日}$。即水电站以全部装机容量在这个位置工作，所生产的日电能恰好等于该日天然水流的日电能，故此位置既能使装机容量全部发挥作用，又能使水能资源得到全部利用。如果将其工作位置上移，因受装机容量的限制，势必造成弃水，使日水流能量 $E_{水,日}$ 不能充分利用。如果将其工作位置下移，因日水流能量 $E_{水,日}$ 的限制，水电站装机容量不能全部发挥作用。

（2）在丰水年份，河中天然来水量较多，即使是在枯水期，日调节水电站也可能担任系统负荷中的峰荷与部分腰荷。在初汛后期有可能发生弃水，日调节水电站应以全部装机容量承担基荷。在汛后初期，可能来水仍较多，若仍有弃水，水电站仍应承担基荷，直到进入枯水期后，其工作位置便可恢复到腰荷，随着来水量的减少，工作位置逐渐上升到峰荷。

3. 年调节水电站的运行方式

年调节水电站的调节能力较强，可对一年内的天然径流进行调节。

（1）设计枯水年的运行方式。

年调节水电站在设计枯水年中各个时期的工作位置如图 5-8 所示。现分述如下。

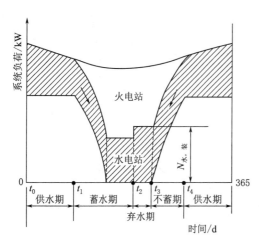

图 5-8　年调节水电站设计枯水年在
年负荷图上的工作位置

1）供水期。在设计枯水年的供水期，河中的天然流量常常小于水电站发出保证出力所需的调节流量。水电站一般担任峰荷，按保证出力工作。

2）蓄水期。从 t_1 时刻开始，天然流量逐渐增加，水库开始蓄水。蓄水期开始时，水电站可在峰、腰荷位置工作，当水库蓄水至相当程度，如天然来水量仍在增加，则可加大水电站引用流量，工作位置随之下移，从腰荷降至基荷。在蓄水期，其多余水量全部蓄入水库，至 t_2 时刻水库蓄满。

3）弃水期。水库在 t_2 时刻蓄满后，河中天然来水量仍很大，其来水流量有可能超过水轮机最大过水能力 Q_T。此时，尽管水电站以全部装机容量在基荷位置工作，仍不可避免产生弃水，至 t_3 时刻天然流量等于水轮机最大过水能力 Q_T 为止，弃水结束。

4）不蓄不供期。t_3 时刻以后，河中天然流量小于水轮机最大过水能力 Q_T，但仍大于水电站发出保证出力所需的调节流量。由于此时水库已蓄满，为充分利用水能资源，水电站按天然流量发电，水库既不蓄水也不供水，保持库满。其工作位置将随河中天然流量的逐渐减小，由基荷逐渐上移，最后移至峰荷位置与供水期衔接，见图 5-8 中 $t_3 \sim t_4$ 时期。

（2）丰水年的运行方式。

丰水年的天然来水量较多，为避免弃水，即使在供水期，水电站也可能担任腰荷和部分基荷。具体引用流量大小应统筹考虑，既要避免因引用流量过小，供水期末用不完水库中的蓄水量导致的汛期内弃水增加，又要避免供水期前段因引用流量过大而影响到后段水电站及其他用水部门的正常工作；在蓄水期，水量充沛，水电站应迅速转至基荷位置工作；在弃水期，水电站应以全部装机容量在基荷位置工作。各时期运行方式如图 5-9 所示。

4. 多年调节水电站的运行方式

多年调节水电站的调节库容较大，其径流调节程度和水量利用率比年调节水库大得多，只有遇到连续丰水年才能蓄满水库，并有可能发生弃水。故多年调节水电站在一般年份均按保证出力工作，且全年在电力系统负荷图上担任峰荷。在年内丰水期或系统负荷较低的时期内，水电站可适当加大出力，以保证此时期内火电站机组进行计划检修，如图 5-10 所示。

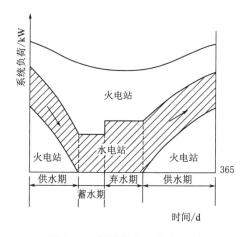

图 5-9　年调节水电站丰水年
在年负荷图上的工作位置

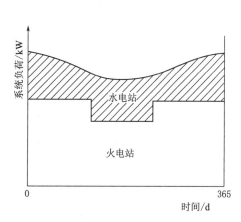

图 5-10　多年调节水电站一般年份
在电力系统中的运行方式

第四节　水电站装机容量选择

水电站主要参数包括水电站装机容量、水库正常蓄水位及死水位。它们直接影响到水电站水利枢纽的规模、动能效益、水资源利用程度及各项经济指标。因此，选择这些参数时，应全面考虑，认真研究，通过动能经济比较慎重确定满足综合利用要求的最优参数。

水电站装机容量是水电站的主要参数之一，应正确选择。如果装机容量选择过大，将使投资增加，同时使空闲容量过大，设备的利用率降低；反之，如果装机容量选择过小，虽投资减小，设备利用率提高，但汛期会产生大量弃水，使水能资源得不到充分利用。所以，应通过动能经济计算来确定经济合理的装机容量。

由前述的电站装机容量组成可知，从设计观点考虑，水电站装机容量由最大工作容量、备用容量及重复容量三部分组成，现分别介绍各部分容量确定的方法。

一、水电站最大工作容量的确定

设计水平年电力系统的最大负荷值 $N''_系$ 为定值，该值是由系统中的所有电站共同承担的，其中水电站所承担的最大负荷称为水电站最大工作容量。

电力系统中水电站的最大工作容量是按照电力电量平衡原则确定的。因此，在确定水电站的最大工作容量时，须进行电力系统的电力（出力）平衡和电量（发电量）平衡。我国大多数电力系统是由水电站与火电站所组成，所谓系统电力平衡，就是电站（包括水电站和火电站）的出力（工作容量）须随时满足系统的负荷要求。显然，水、火电站的最大工作量之和，必须等于电力系统的最大负荷，两者必须保持平衡。这是满足电力系统正常工作的第一个基本要求，即

$$N''_{水,工} + N''_{火,工} = P''_系 \qquad (5-2)$$

式中　$N''_{水,工}$、$N''_{火,工}$——系统内所有水、火电站的最大工作容量之和，kW；

$\quad\quad\quad P''_系$——系统设计水平年的最大负荷，kW。

对于设计水平年而言，系统中水电站包括拟建的规划中的水电站与已建成的水电站两大部分。因此，规划水电站的最大工作容量 $N''_{水,规}$ 等于水电站群的总最大工作容量 $N''_{水,工}$ 减去已建成的水电站的最大工作容量 $N''_{水,建}$，即

$$N''_{水,规} = N''_{水,工} - N''_{水,建} \qquad (5-3)$$

此外，未来的设计水平年可能遇到丰水年，但也可能遇到中（平）水年或枯水年。为了保证电力系统的正常工作，一般选择符合设计保证率要求的设计枯水年的来水过程，作为电力系统进行电量平衡的基础。根据系统电量平衡的要求，在任何时段内系统所要求保证的供电量 $E_{系,保}$，应等于水、火电站所能提供的保证电能之和，即

$$E_{系,保} = E_{水,保} + E_{火,保} \qquad (5-4)$$

式中　$E_{水,保}$——该时段水电站能保证的出力与相应时段小时数的乘积；

$\quad\quad\quad E_{火,保}$——火电站由燃料保证的工作容量与相应时段小时数的乘积。

系统的电量平衡，是满足电力系统正常工作的第二个基本要求。

当水电站水库的正常蓄水位与死水位方案拟订后，水电站的保证出力或在某一时段内能保证的电能量便被确定为某一固定值。但在规划设计时，如果不断改变水电站在电力系统日负荷图上的工作位置，相应水电站的最大工作容量却是不同的，如图 5-11 所示（日电能相同，但 $N''_{工1} >$

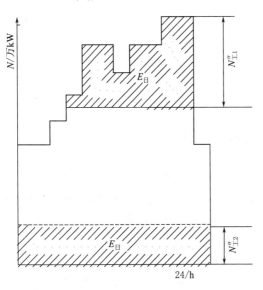

图 5-11　电站在负荷图中的工作位置对其最大工作容量的影响示意图

$N''_{工2}$）。如果让水电站担任电力系统的基荷，则其最大工作容量即等于其保证出力，即 $N''_{水,工} = N''_{水,保}$，在一昼夜 24 小时内保持不变；如果让水电站担任电力系统的腰荷，设每昼夜工作 $t = 10$ 小时，则水电站的最大工作容量约为：$N''_{水,工} = N''_{水,保} \times 24/t = 2.4 N''_{水,保}$；如果让水电站担任电力系统的峰荷，每昼夜仅在电力系统尖峰负荷时工作 $t = 4$ 小时，则水电站的最大工作容量约为：$N''_{水,工} = N''_{水,保} \times 24/t = 6 N''_{水,保}$。由于水电站担任峰荷或腰荷，其出力大小是变化的，故上述所求出的最大工作容量为近似值。由式（5-2）可知，当设计水平年电力系统的最大负荷 $P''_系$ 确定后，火电站的最大工作容量 $N''_{火,工} = P''_系 - N''_{水,工}$。换言之，增加水电站的最大工作容量 $N''_{水,工}$，可以相应的减少火电站的最大工作容量 $N''_{火,工}$，两者是可以相互替代的。根据我国目前电源结构，常把火电站称为水电站的替代电站。

而从水电站投资结构分析，坝式水电站主要土建部分的投资约占电站总投资的 2/3 左右，机电设备的投资仅占 1/3，甚至更少一些。当水电站水库的正常蓄水位及死水位方案拟订后，大坝及其有关的水工建筑物的投资基本不变，改变水电站在系统负荷图上的工作位置，使其尽量担任系统的峰荷，可以增加水电站的最大工作容量而并不增加坝高及其基建投资，只需适当增加水电站引水系统、发电厂房及其机电设备的投资；而火电站及其附属设备的投资，基本上与相应减少的装机容量成正比例地降低，因此所增加的水电站单位千瓦的投资，总是比替代火电站的单位千瓦的投资小很多，同时由于水电站的工作特点是适于承担变动负荷，所以在确定拟建水电站的最大工作容量时，应尽可能使其担任电力系统的峰荷，加大水电站的最大工作容量，就可相应减少火电站的工作容量，这样可以节省系统对水、火电站装机容量的总投资。此外，水电站所增加的容量，在汛期和丰水年可以利用水库的弃水量增发季节性电能，从而节省系统内火电站的煤耗量，从动能和经济观点看，都是十分合理的。

有调节水库的水电站，在设计枯水期已如上述应担任系统的峰荷，但在汛期或丰水年，如果水库中来水较多且有弃水发生时，此时水电站应担任系统的基荷，尽量减少水库的无益弃水量。根据电力系统的容量组成，尚须在有条件的水、火电站上设置负荷备用容量、事故备用容量、检修备用容量以及重复容量等，保证电力系统安全、经济地运行，为此须确定所有水、火电站各时段在电力系统年负荷图上的工作容量、各种备用容量和重复容量，并检查有无空闲容量和受阻容量，这就是系统的容量平衡。此为满足电力系统正常工作的第三个基本要求。

下面分述如何确定水电站的最大工作容量、备用容量、重复容量以及水电站的装机容量。

不同调节类型的水电站，其保证电能的计算时段不同，在负荷图中的工作位置也不同，所以，确定其最大工作容量的具体方法不同，以下分别介绍。

（一）无调节水电站最大工作容量的确定

由于无调节水电站没有水量调节能力，为避免弃水，其工作位置应在基荷。按保证电能进行计算，无调节水电站的最大工作容量等于保证出力。

（二）日调节水电站最大工作容量的确定

日调节水电站在一日之内可进行径流调节，其保证电能等于保证出力乘以一日的时间（24h），即 $E_保 = 24N_保$。

提供保证电能时，日调节水电站一般应在电力系统负荷图中的峰荷部分工作。此时可据设计水平年典型日最大负荷图，绘制日电能累积曲线，如图 5-12 所示。自日电能累积曲线的顶点 a 向左量取 $ab = E_保$，再由 b 点向下作垂线与日电能累积曲线相交于 c，bc 即为所求水电站的最大工作容量 $N''_工$。

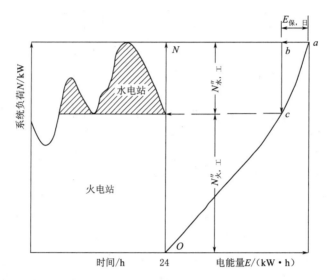

图 5-12 日调节水电站最大工作容量的确定（承担峰荷时）

显然，如图 5-12 所示负荷图中的阴影面积等于 $E_保$。以图中 bc 所示的最大工作容量，按照负荷图工作一日，所提供的电能恰好等于保证电能 $E_保$，因此 bc 即为所求的最大工作容量。

当日调节水电站下游河道有航运或其他用水（如生态用水、灌溉用水等）要求时，若水电站以全部能量在峰荷工作，则下泄流量有时不能满足航运水深或其他用水流量要求。此时，水电站的最大工作容量应分为两部分，一部分担任基荷，另一部分担任峰荷，如图 5-13所示。显然，图中两部分阴影面积之和应等于保证电能。

据航运或其他用水要求的流量 $Q_基$ 可计算出水电站担任基荷的工作容量 $N_基$ 为

$$N_基 = AQ_基 \overline{H_净} \tag{5-5}$$

式中 $\overline{H_净}$——日平均净水头，m。

对应的基荷电能 $E_基 = 24N_基$，剩余的电能 $E_峰 = E_保 - E_基$。可据日电能累积曲线采用上述方法求得 $E_峰$ 对应的峰荷容量 $N_峰$，则水电站的最大工作容量为

$$N''_工 = N_基 + N_峰 \tag{5-6}$$

【算例 5-2】 某电力系统设计水平年典型日负荷图如图 5-13 所示，拟建一日调节水电站，其日平均净水头 $\overline{H_净} = 36.0\text{m}$，出力系数 $A = 7.0$，已求得该水电站的保证出力 $N_保 = 4183\text{kW}$。为满足下游用水要求，该水电站下泄流量不得小于 $8.0\text{m}^3/\text{s}$，试确定该水电站的最大工作容量。

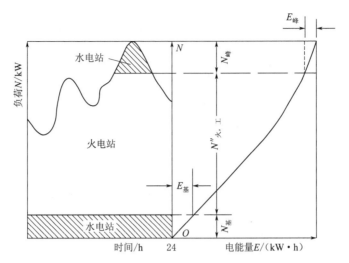

图 5-13　具有综合利用要求时，日调节水电站最大工作容量的确定

解：该电站除满足下游用水要求外，还承担调峰任务，所以，满足最低用水要求后剩余的能量应在峰荷工作。确定其最大工作容量的过程如下。

水电站的保证电能为

$$E_{保}=24N_{保}=24\times4183\text{kW}\cdot\text{h}=100392\text{kW}\cdot\text{h}$$

为满足最低下泄流量 8.0m³/s 要求，水电站必须承担的基荷出力为

$$N_{基}=AQ_{基}\overline{H}_{净}=7.0\times8.0\times36.0\text{kW}=2016\text{kW}$$

相应的基荷电能为

$$E_{基}=24N_{基}=24\times2016\text{kW}\cdot\text{h}=48384\text{kW}\cdot\text{h}$$

水电站承担峰荷的电能为

$$E_{峰}=E_{保}-E_{基}=(100392-48384)\text{kW}\cdot\text{h}=52008\text{kW}\cdot\text{h}$$

据 $E_{峰}$ 可由日电能累积曲线（图 5-12）求得水电站承担峰荷的工作容量 $N_{峰}=13002\text{kW}$。据式（5-5）可求出该水电站的最大工作容量为

$$N_{工}''=N_{基}+N_{峰}=(2016+13002)\text{kW}=15018\text{kW}=15\text{MW}$$

（三）年调节水电站最大工作容量的确定

年调节水电站保证出力的计算时段为供水期，所以应通过供水期的电力电量平衡来确定其最大工作容量。该最大工作容量所对应的供水期发电量应等于保证电能，为在保证电能控制下的最大工作容量的最大值。

由于年调节水电站的调节能力较大，如不受其他条件限制，水电站在供水期应尽量承担峰荷及腰荷。以下是确定年调节水电站最大工作容量的主要步骤。

1）计算保证出力 $N_{保}$ 及保证电能 $E_{保}$。计算方法如第五章第四节中年调节水电站保证出力的计算所述。

2）据负荷资料作出年最大负荷图、供水期各月典型日负荷图及其日电能累积曲线。

3）拟定年调节水电站最大工作容量 $N_{工}''$ 方案，如 $N_{工1}''$、$N_{工2}''$、…。以水平线划分各

月水电站与火电站的工作位置。

4）分别计算各方案供水期的发电量 $E_{供}$。根据每个方案在供水期各月的典型日负荷图，求出相应的日发电量 $E_{日}$，则可求得日平均出力 $\overline{N}=\dfrac{E_{日}}{24}$，用日平均出力近似作为其月平均出力，从而可求得月发电量 $E_{月}=730\overline{N}$。累积供水期各月发电量即为供水期发电量，即

$$E_{供}=\sum E_{月}=730\sum \overline{N}_i \tag{5-7}$$

式中　$\overline{N}_i$——i 月份的平均出力；

　　　730——每个月的小时数。

5）确定年调节水电站最大工作容量。据拟定的各最大工作容量方案及计算出的各方案对应的供水期的发电量，可绘制最大工作容量与供水期发电量关系曲线。从该曲线查得供水期发电量等于保证电能的最大工作容量，即为所求水电站的最大工作容量，现举例说明。

【算例 5-3】　拟建一年调节水电站投入某电力系统运行，该电站供水期在负荷图的上部工作。电力系统设计水平年负荷资料见表 5-3、表 5-4、表 5-5。经径流调节及水能计算已求得该电站的保证出力为 11.1 万 kW，供水期为 10 月至次年 2 月共 5 个月，试确定该水电站的最大工作容量。

表 5-3　　　　　　　　　　设计水平年年最大负荷图

月　　份	1	2	3	4	5	6	7	8	9	10	11	12
最大负荷/万 kW	49	48	47	46	45	44	45	46	47	48	49	50

表 5-4　　　　　　　　　　12 月份典型日负荷图

时　间/h	1	2	3	4	5	6	7	8
负荷/万 kW	37	36	35	34	36	37	40	44
时　间/h	9	10	11	12	13	14	15	16
负荷/万 kW	48	46	44	42	41	42	43	40
时　间/h	17	18	19	20	21	22	23	24
负荷/万 kW	45	47	50	49	47	45	41	39

表 5-5　　　　　　　　　　10 月份典型日负荷图

时　间/h	1	2	3	4	5	6	7	8
负荷/万 kW	37	35	34	33	34	36	38	40
时　间/h	9	10	11	12	13	14	15	16
负荷/万 kW	44	43	41	39	38	41	42	43
时　间/h	17	18	19	20	21	22	23	24
负荷/万 kW	44	45	48	47	45	44	39	37

解：计算主要步骤如下：

（1）计算保证电能。$E_{保}=N_{保}\times T_{供}=11.1\times10^4\times730\times5\text{kW}\cdot\text{h}=40515$ 万 kW·h。

（2）据负荷资料作出年最大负荷图（图 5-14）和供水期各月典型日负荷图及其日电能累积曲线。本例只作出 12 月份及 10 月份的典型日负荷图及其日电能累积曲线（图 5-15、图 5-16）。其他月份典型日负荷图及其日电能累积曲线与这两个月份类似，从略。

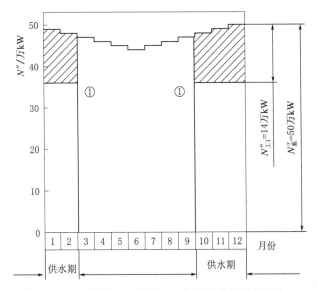

图 5-14　年调节水电站最大工作容量方案拟订示意图

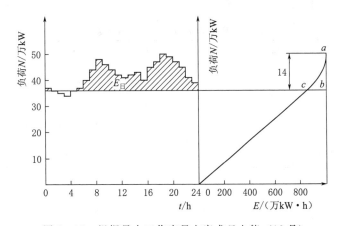

图 5-15　根据最大工作容量方案求日电能（12 月）

（3）拟订 $N''_{\text{工}1}=14$ 万 kW，$N''_{\text{工}2}=17$ 万 kW，$N''_{\text{工}3}=20$ 万 kW，$N''_{\text{工}4}=23$ 万 kW 四个最大工作容量方案。图 5-14 中①线示出的是方案一（$N''_{\text{工}1}=14$ 万 kW）的负荷划分线，在图中所对应的负荷坐标值为 $(50\times10^4-14\times10^4)\text{kW}=36$ 万 kW。

（4）计算各方案供水期发电量，计算过程见表 5-6。表中第（1）栏为所设水电站最大工作容量方案。第（3）栏为拟建水电站供水期各月的最大工作容量，其值等于相应月份系统最大负荷与负荷划分线所对应的负荷坐标值之差。如方案一中 10 月份，该月系统

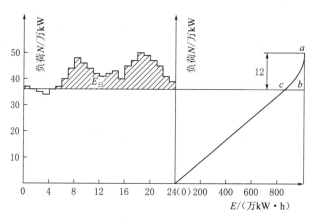

图 5-16　根据最大工作容量方案求日电能（10 月）

最大负荷为 48 万 kW，所以水电站 10 月份的最大工作容量为 $N''_{水,月} = (48-36) \times 10^4 \text{kW}$ $=12$ 万 kW。第（4）栏为供水期各月相应于最大工作容量及典型日负荷图的日电能。该日电能可据水电站供水期各月的最大工作容量，由相应月份典型日负荷图及日电能累积曲线求得。如方案一，12 月份的最大工作容量为 14 万 kW，从 12 月份的日电能累积曲线（图 5-15）的最高点 a 向下量取 $ab=14$ 万 kW，从 b 点作水平线与日电能累积曲线相交于 c 点，$bc=147$ 万 kW·h，即为该月水电站的日电能。该方案 10 月份的最大工作容量为 12 万 kW，用同样方法可求得 10 月份水电站的日电能为 116 万 kW·h（图 5-16）。第（5）栏为拟建水电站供水期各月的月电能。

表 5-6　　　　　　　　　某年调节水电站最大工作容量计算表

$N''_{工}$/万 kW	供水期/月份	$N''_{水,月}$/10 万 kW	$E_日$/(万 kW·h)	$E_月$/(万 kW·h)
（1）	（2）	（3）	（4）	（5）
方案一 $N''_{工1}=14$	10	12	116	3526
	11	13	131	3982
	12	14	147	4469
	1	13	127	3861
	2	12	115	3496
	合计			19334
方案二 $N''_{工2}=17$	10	15	175	5320
	11	16	199	6050
	12	17	216	6566
	1	16	192	5837
	2	15	169	5138
	合计			28911
方案三 $N''_{工3}=20$	10	18	247	7509
	11	19	271	8238

$N''_{工}/万\ kW$	供水期/月份	$N''_{水,月}/10万\ kW$	$E_日/(万\ kW\cdot h)$	$E_月/(万\ kW\cdot h)$
方案三 $N''_{工3}=20$	12	20	288	8755
	1	19	264	8026
	2	18	240	7296
	合计			39824
方案四 $N''_{工4}=23$	10	21	319	9698
	11	22	343	10427
	12	23	360	10944
	1	22	336	10214
	2	21	312	9485
	合计			50768

（5）确定最大工作容量。据表5-6第（1）栏及第（5）栏各方案合计数据（各方案供水期发电量数据），可作出最大工作容量与供水期发电量之间的关系曲线，如图5-17所示。由该曲线可求得供水期发电量等于保证电能时的最大工作容量，即为所求水电站的最大工作容量。

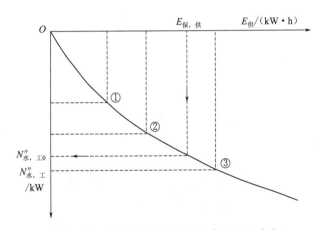

图 5-17 年调节水电站最大工作容量的确定

前已求得保证电能 $E_保=40515$ 万 kW·h，可由图5-16查得 $N''_工=20.2$ 万 kW，即拟建年调节水电站的最大工作容量为 20.2 万 kW。

（6）在电力系统日最大负荷年变化图（图5-18）上定出水、火电站的工作位置，为了使水、火电站最大工作容量之和最小，且等于系统的最大负荷，两者之间的交界线应是一根水平线。由此作出系统出力平衡图，在该图上示出了水、火电站各月份的工作容量。在电力系统日平均负荷年变化图（图5-19）上，按照前述方法亦可定出水、火电站的工作位置，图上示出了水、火电站各月份的供电量，由于水电站最大工作容量（出力）$N''_{水,工}$ 与供电量之间并非线性关系，该图上水、火电站之间的分界线并非一根直线。图5-19一般称为系统电能平衡图，其中竖影线部分称为年调节水电站在供水期的保证出力图。

至于供水期以外的其他月份，尤其在汛期弃水期间，水电站应尽量担任系统的基荷，以求多发电量，减少无益弃水。此时火电站除一部分机组进行计划检修外，应尽量担任系统的峰荷或腰荷，满足电力系统的出力平衡和电能平衡，如图 5-18 和图 5-19 所示。

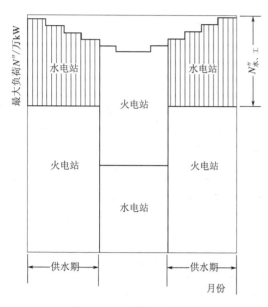

图 5-18　系统出力平衡图　　　　图 5-19　系统电能平衡图

（四）多年调节水电站最大工作容量的确定

多年调节水电站最大工作容量确定的原则和方法，与年调节水电站基本相同。为使多年调节水电站的保证出力符合水电站设计保证率要求的枯水年组平均出力，其保证电能按设计枯水系列中一年的发电量计。因此多年调节水电站确定最大工作容量时，计算时段是枯水年，而不是年内供水期。在设计枯水系列各年内，多年调节水电站全年均担任系统峰荷及腰荷。计算中，水、火电站仍按水平线划分工作位置。因其在年内汛期中工作容量加大，水、火电站的工作位置按阶梯型水平线划分（图 5-10）。

用上述系统电力电量平衡法确定最大工作容量，计算精度较高，但需要较详细的远景负荷资料。当缺乏远景负荷资料时，不能采用上述系统电力电量平衡法确定最大工作容量，只能用简化法估算。下面介绍公式估算法。

根据水电站承担系统负荷情况，分别采用下面公式估算。

（1）当拟建水电站承担全部变化负荷时，$KN_保 \geqslant N''_系(\gamma-\beta)$，则

$$N''_工 = KN_保 + N''_系(1-\gamma) \tag{5-8}$$

（2）当拟建水电站承担部分变化负荷时，$KN_保 < N''_系(\gamma-\beta)$，则

$$N''_工 = \left[\frac{KN_保}{(\gamma-\beta)N''_系}\right]^{\frac{\gamma-\beta}{1-\beta}} \times N''_系(1-\beta) \tag{5-9}$$

式中　$N''_工$——拟建水电站的最大工作容量；

　　　　K——周调节系数（取值 $1.1\sim1.15$）；

　　　　γ——日平均负荷率；

　　　　β——日最小负荷率；

　　　　$N''_{系}$——设计水平年系统年最大负荷；

　　　　$N_{保}$——拟建水电站的保证出力。

　　（3）当拟建水电站承担腰荷时，即已有调峰电站在日负荷图的上部工作，拟建电站在该调峰电站下部工作时，可按下述方法确定拟建电站最大工作容量。将拟建电站与调峰电站保证出力相加，求得两个电站的总保证出力 $N_{总,保}$。若 $KN_{总,保}\geqslant N''_{系}(\gamma-\beta)$，应将式（5-8）中的 $N_{保}$ 用 $N_{总,保}$ 代替，求出两电站总的最大工作容量 $N''_{总,工}$。若 $KN_{总,保}<N''_{系}(\gamma-\beta)$，应将式（5-9）中的 $N_{保}$ 用 $N_{总,保}$ 代替，求出两电站总的最大工作容量 $N''_{总,工}$。用 $N''_{总,工}$ 减去调峰电站的最大工作容量，即为拟建电站的最大工作容量。

　　二、水电站备用容量的确定

　　为使电力系统能够正常运行，并保证其供电质量及可靠性，应设置一部分备用容量。备用容量按其任务可分为以下三种。

　　1. 负荷备用容量 $N_{负}$

　　在实际运行中，电力系统的负荷不断变动，例如冶金工业中巨型轧钢机轧钢时，电气化铁路在列车起动时等，都会造成系统负荷瞬间跳动。此时实际的负荷有可能超过原计划的最大负荷 $N''_{系}$，所以必须设置一部分备用容量，用来承担这部分超计划负荷，保证供电质量，这部分备用容量称为负荷备用容量。负荷备用容量一般按经验确定。按照有关规范，电力系统的负荷备用容量可采用系统最大负荷的 5% 左右。水电站起动灵便，能迅速适应负荷的急剧变化，所以，负荷备用容量一般由靠近负荷中心的调节性能较好的水电站承担。若负荷备用容量较大，可由两个或多个水电站承担。

　　2. 事故备用容量 $N_{事}$

　　在实际运行中，系统中任一台机组都有可能因发生事故而停机。为保证系统的正常运行，必须装设一部分备用容量，在机组发生事故时能迅速投入工作，这部分容量即为事故备用容量。系统机组发生事故的多少，与机组的状况和工作条件有关。实际工作中，事故备用容量按规范确定，有关规范规定电力系统的事故备用容量可采用系统最大负荷的 10% 左右，但不得小于系统最大一台机组的容量。事故备用容量可由水电站和火电站共同承担，规划阶段，系统的事故备用容量可按承担事故备用的水、火电站最大工作容量的比例分配。在水电站上装设事故备用容量时必须留有备用水量，当备用水量占水库容积比重较大时，应考虑留有备用库容。

　　3. 检修备用容量 $N_{检}$

　　为了延长机组的寿命，降低事故率，电力系统中的各个机组必须有计划地进行检修，这种检修可安排在负荷低落时期进行。

　　设置检修备用容量时，可考虑火电机组每年大修一次，每台每年检修时间 30d，水电机组两年大修一次，每台每年检修时间 15d。规划设计阶段，按已确定的水、火电站容量和检修时间，可计算所需的检修面积 $F_{需}$（检修面积等于需检修的容量与检修时间的乘积，单位为 kW·d），同时，根据设计水平年最大工作容量负荷图，可以计算负荷图实有

163

的检修面积 $F_实$（图 5 - 20）。若 $F_需 > F_实$，则需要设置检修备用容量 $N_检$。$N_检$ 可按下式估算

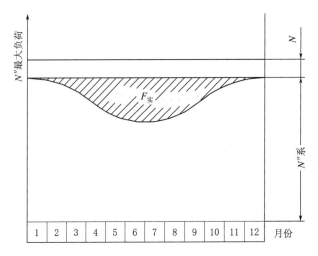

图 5 - 20　电力系统检修面积示意图

$$N_检 = \frac{F_需 - F_实}{365} \qquad (5 - 10)$$

三、水电站重复容量的确定

对于无调节水电站或调节性能较差的水电站，在汛期即使以全部必须容量投入工作，仍产生大量弃水。为了减少弃水，充分利用水能资源，应在必须容量以外设置重复容量。

1. 确定水电站重复容量的动能经济计算

设置重复容量可增加水电站的季节性发电量，减少火电站的燃料消费，但同时会增加水电站的投资和年运行费。因较大弃水出现的概率较小，因此重复容量增大时，其效益的增加率将逐渐减小。为确定合理的重复容量，应进行动能经济计算。

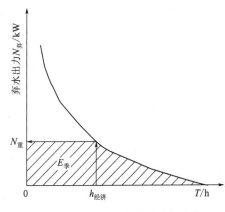

图 5 - 21　弃水出力持续时间曲线

经过径流调节的水流具有一定的水能，如果水电站仅设置必须容量 $N_必$，当水流出力大于 $N_必$ 时即出现弃水。按长系列径流资料进行水能调节计算，并进行统计分析，可求得并设置水电站 $N_必$，多年期间，可得到弃水出力平均每年大于等于某弃水出力值 $N_弃$ 的时间（称为弃水出力持续时间，以小时计），并可绘制相应的关系曲线（称为弃水出力持续时间曲线，如图 5 - 21 所示）。

如在必须容量 $N_必$ 之外设置重复容量 $N_重$，则可利用以上弃水。多年期间，$N_重$ 平均每年能够全部投入运行的时间，应等于弃水出力 $N_弃 \geqslant N_重$ 的时间，亦即 $N_弃 = N_重$ 的弃水持续时间。

由图 5-21 可知，随着 $N_重$ 的增大，能够利用的弃水出力增大，但 $N_重$ 平均每年能够全部投入运行的时间减少。设在 $N_重$ 的基础上，每增设一个微小的 $\Delta N_重$，可以近似认为，$\Delta N_重$ 在多年期间平均每年投入运行的时间与 $N_重$ 全部投入运行的时间相等。随着 $N_重$ 的增大，相应 $\Delta N_重$ 平均每年投入运行的时间和效益都将减小，经济上合理的 $N_重$，应当按其对应的 $\Delta N_重$ 产生的效益与费用相等的条件确定。定义在经济使用年限中，效益与费用相等时，$\Delta N_重$ 平均每年工作的小时数为重复容量 $N_重$ 的年经济利用小时数 $h_经$，按照动态经济分析方法，可以推出

$$h_经 = \frac{k_水 \left[\dfrac{i(1+i)^n}{(1+i)^n - 1} + p_水 \right]}{\alpha f} \tag{5-11}$$

式中　$k_水$——水电站设置单位重复容量的造价，元/kW；

　　　i——额定资金收益率（进行国民经济评价时，为社会折现率）；

　　　n——重复容量经济使用年限，可取为 25 年；

　　　$p_水$——水电站重复容量年运行费用率，即运行费与造价的比值，可取为 2%～3%；

　　　α——考虑水电站厂用电少于火电站，将水电发电量折算为火电发电量的系数，可取为 1.05；

　　　f——火电站每 kW·h 发电量所需的燃料费，元/(kW·h)。

求得 $h_经$ 后，便可按照 $h_经$ 在弃水出力持续时间曲线上查得经济上合理的重复容量 $N_重$。

2. 确定水电站重复容量的步骤

（1）绘制水电站弃水出力持续时间曲线。据初定的必须容量对全部水文系列进行径流调节、水能计算，并进行统计计算，求得不同弃水出力的持续时间，然后绘制弃水出力持续时间曲线，如图 5-21 所示。

（2）计算重复容量经济年利用小时数。按照式（5-11）可求得重复容量经济年利用小时数 $h_经$。

（3）确定重复容量。据 $h_经$ 在弃水出力持续时间曲线上查得弃水出力持续时间等于 $h_经$ 的 $N_重$，即为所求的水电站重复容量，如图 5-21 所示。

按上述方法分别求出水电站的最大工作容量、备用容量及重复容量，三者之和即为水电站装机容量的初定值。然后可根据水电站的工作水头和水轮发电机制造厂家的生产型谱，并结合水工布置要求，确定机组的型号、台数和水电站装机容量。对于大中型水电站，还应进行电力系统电力电能平衡分析，以便最终确定水电站的装机。

四、水电站装机容量选择的简化方法

以上介绍的按电力电能平衡原则选择水电站装机容量方法，结果比较准确，但计算工作量大，且对水文及负荷资料要求较高。在进行初步方案比较，或小型水电站规划设计缺乏资料时，可采用简化法估算水电站装机容量。现介绍一种常用的简化方法，即"装机容量年利用小时数法"。

装机容量年利用小时数 $h_年$ 是指水电站多年平均年发电量 $\overline{E}_年$ 与水电站装机容量 $N_装$ 的比值，即

$$h_{年} = \frac{\overline{E}_{年}}{N_{装}} \tag{5-12}$$

装机容量年利用小时数 $h_{年}$ 反映了水电站设备的利用程度，同时也反映了水能利用的程度。$h_{年}$ 过小，说明设备利用率低，装机容量偏大，但水能利用较充分；$h_{年}$ 过大，设备利用率高，但装机容量偏小，水能资源得不到充分利用。所以，水电站的 $h_{年}$ 应在合理范围内。水电站的调节性能、地区水资源条件、电网中水电比重等情况不同，则 $h_{年}$ 的合理取值不同，设计水电站时可参考表 5-7 选择合适的装机容量年利用小时数 $h_{年,设}$。

表 5-7　　　　　　　水电站装机容量年利用小时数 $h_{年设}$ 参考值　　　　　　单位：h

水电站调节性能	电网中水电比重较大	电网中水电比重较小
无调节	5500～7000	5000～6000
日调节	4500～6000	4000～5000
年调节	3500～5000	3000～4000
多年调节	3000～5000	2500～3500

选定 $h_{年,设}$ 后，可以按照以下方法确定装机容量。假设几个装机容量 $N_{装1}$、$N_{装2}$、$N_{装3}$、…，按照前面所述的水电站多年平均发电量的计算方法，分别求出各装机容量相应的水电站多年平均发电量 $\overline{E}_{年1}$、$\overline{E}_{年2}$、$\overline{E}_{年3}$、…，由式（5-12）计算出相应的装机容量年利用小时数 $h_{年1}$、$h_{年2}$、$h_{年3}$、…，则可绘制装机容量与装机容量年利用小时数的关系曲线，即 $N_{装}$-$h_{年}$ 关系曲线。根据选定的 $h_{年,设}$，从该曲线上可查出 $h_{年}=h_{年,设}$ 时的装机容量，即为所求的设计装机容量 $N_{装,设}$。

【算例 5-4】　用装机容量年利用小时数法确定［算例 5-3］中水电站的装机容量。

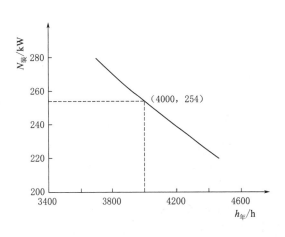

图 5-22　$N_{装}$-$h_{年}$ 关系曲线

解：（1）确定装机容量年利用小时数 $h_{年,设}$。该水电站为灌溉结合发电的水电站，但灌溉期较长，水能资源较丰富，系统水电比重较大，参考表 5-7，取 $h_{年,设}=4000$ 小时。

（2）绘制装机容量与装机容量年利用小时数的关系曲线。如表 5-8 所列，假设几个装机容量方案，计算出各方案相应的多年平均年发电量，利用式（5-12）计算装机容量年利用小时数，将以上计算结果分别列入表中相应各栏，并可绘制装机容量与装机容量年利用小时数的关系曲线，如图 5-22 所示。

（3）确定该水电站的装机容量。据 $h_{年,设}=4000$ 小时，从图 5-22 中可查得 $N_{装}=254$ kW。

表 5-8　　$N_{装}-h_{年}$ 关系表

$N_{装}$/kW	(1)	220	240	260	280
$\overline{E}_{年}$/(kW·h)	(2)	982093	1005210	1020297	1034897
$h_{年}$/h	(3)	4464	4188	3924	3696

第五节　以发电为主的水库特征水位的选择

一、正常蓄水位的选择

水库正常蓄水位（或称正常高水位）是指水库在正常运用情况下，为满足设计兴利要求在开始供水前应蓄到的最高水位。多年调节水库在连续发生若干个丰水年后才能蓄到正常蓄水位；年（季）调节水库一般在每年供水期前可蓄到正常蓄水位；日调节水库除在特殊情况下（如汛期有排沙要求，须降低水库水位运行等），每天在水电站调节峰荷以前应维持正常蓄水位；无调节（径流式）水电站水库水位在任何时候原则上保持在正常蓄水位不变。

正常蓄水位是水库或水电站的重要特征值，正常蓄水位决定着水利枢纽的规模、水库调节性能、水电站装机容量及综合利用各部门的效益，同时，还关系着整个水利枢纽的工程投资、水库淹没损失、移民安置以及地区经济发展等。所以，正常蓄水位必须通过社会、经济、技术和环境等多方面综合分析来确定。

（一）正常蓄水位与各水利部门效益之间的关系

1. 防洪

当汛后入库来水量仍大于兴利设计用水量时，防洪库容与兴利库容能够完全结合或部分结合。在此情况下，提高正常蓄水位可直接增加水库调蓄库容，同时有利于在汛期内拦蓄洪水量，减少下泄洪峰流量，提高下游地区的防洪标准。

2. 发电

随着正常蓄水位的上升，水电站的保证出力、多年平均年发电量、装机容量等动能指标也将随着增加。在一般情况下，当由较低的正常蓄水位方案增加到较高的正常蓄水位时，开始时各动能指标增加较快，其后增加逐渐减慢。其原因是当正常蓄水位较低时，扣除死库容后水电站调节库容不大，因而水电站保证出力较小，水量利用程度不高，年发电量也不多；但当正常蓄水位增加至能形成日调节水库后，水电站的最大工作容量及装机容量均大大增加，年发电量也相应增加；随着正常蓄水位的继续提高，水库调节性能由季调节逐渐变成年调节，弃水量越来越少，水量利用程度越来越高，随着调节流量与水头的增加，各动能指标继续增加；当正常蓄水位提高到能使水库进行多年调节后，由于库区面积较大，水库蒸发及渗漏损失增加，因此如再提高正常蓄水位，水头增加而调节水量增加较少，因而上述各动能指标值的增加逐渐减缓。

3. 灌溉和城镇供水

正常蓄水位的增高，一方面可以加大水库的兴利库容，增加调节水量，扩大下游地区的灌溉面积或城镇供水量；另一方面，由于库水位的增高，有利于上游地区从水库引水自流灌溉、对水库周边高地进行扬水灌溉或进行城镇供水。

4. 航运

正常蓄水位的增高，有利于调节天然径流，加大下游航运流量，增加航运水深，提高航运能力；由于水库洄水向上游河道延伸，通航里程及水深均有较大的增加，大大改善了上游河道的航运条件。同时也应考虑到，随着正常蓄水位的增高，上、下游水位差的加大，船闸结构及过坝通航设备将复杂化。

（二）正常蓄水位与有关的经济和工程技术问题

（1）随着正常蓄水位的增高，水利枢纽的投资和年运行费是递增的。在水利枢纽基本建设总投资中，有很大部分是大坝的投资 $K_坝$，它与坝高 $H_坝$ 的关系一般为 $K_坝 = aH_坝^b$，其中 a、b 为系数，$b \geqslant 2$，因此随着正常蓄水位的增高，水利枢纽尤其拦河大坝的投资和年运行费是迅速递增的。

（2）随着正常蓄水位的增高，水库淹没损失必然增加，这不仅是经济问题，有时甚至是影响广大群众生产和生活的政治社会问题。要尽量避免淹没大片农田，以免对农业生产造成很大影响；要尽量避免重要城镇和较大城市的淹没；对于历史文物古迹的淹没，要考虑其文化价值及其重要性，必须对重点保护对象采取迁移或防护措施；对于矿藏和铁路的淹没，一般不淹没开采价值大、质量好、储量大的矿藏；铁路工程投资大，应尽量避免淹没，但经有关部门同意也可采取改线措施。总之，水库淹没是一个重大问题，必须慎重处理。

（3）随着正常蓄水位的增高，受坝址地质及库区岩性的制约因素愈多。要注意坝基岩石强度问题、坝肩稳定和渗漏问题、水库建成后泥沙淤积问题以及蓄水量是否发生外漏等问题。

综上所述，在选择正常蓄水位时，既要看到正常蓄水位的抬高对综合利用各水利部门效益的有利影响，也要看到它将受到投资、水库淹没、工程地质等问题的制约；既要看到抬高正常蓄水位对下游地区防洪的有利影响，也要看到水库形成后对上游地区防洪的不利影响；既要看到它对下游地区灌溉的效益，也要看到库区耕地的淹没与浸没问题；既要看到它对上下游航运的效益，也要看到河流筑坝后船筏过坝的不方便。在一般情况下，随着正常蓄水位的不断抬高，各水利部门效益的增加是逐渐减慢的，而水工建筑物的工程量和投资的增加却是加快的。因此，在方案比较中可以选出一个技术上可行的、经济上合理的正常蓄水位方案。这里应强调的是，在选择正常蓄水位时，必须贯彻有关的方针政策，深入调查研究国民经济各部门的发展需要以及水库淹没损失等重大问题，反复进行技术经济比较，及时与有关部门协商讨论，可以合理选择水库正常蓄水位。

（三）正常蓄水位比较方案的拟订

首先根据河流递级开发规划方案及有关工程具体条件，经过初步分析，定出正常蓄水位的上限值与下限值，然后在此范围内拟定若干个比较方案，进行深入的分析与比较。正常蓄水位的下限方案，主要根据各水利部门的最低兴利要求拟订，例如以发电为主的水库，尽可能满足电力系统对拟建水电站提出的最低发电容量与电量要求；以灌溉或城镇供水为主的水库，尽可能满足地区发展规划及最必需的工农业供水量。此外，对在多泥沙河流上的某些水库，还要考虑泥沙淤积的影响，保证水库有一定的使用寿命。

关于正常蓄水位的上限方案，主要考虑下列因素：

（1）库区的淹没、浸没损失。如果库区有大片耕地、重要城镇、工矿企业和名胜古迹等将被淹没，则须限制正常蓄水位的抬高。例如长江某水利工程的正常蓄水位不宜超过175m，以免上游某大城市遭受淹没；黄河某水库的正常蓄水位不超过1740m；以免淹没重要的历史文物古迹等。

（2）坝址及库区的地形地质条件。当坝高达到某一定高度后，可能由于地形突然开阔和河谷过宽，使坝身太长；或者坝肩出现垭口和单薄分水岭；坝址地质条件不良，可能使两岸及坝基处理工程量很大，且可能引起水库的大量渗漏。上述情况都可能限制正常蓄水位的抬高。

（3）拟定梯级水库的正常蓄水位时，应注意河流梯级开发规划方案，不应淹没上一个梯级水库的坝址或其电站位置，尽可能使梯级水库群的上下游水位相互衔接。

（4）蒸发、渗漏损失。当正常蓄水位达到某一高程后，调节库容已较大，因而弃水量较少，水量利用率很高，如再抬高蓄水位，可能使水库蒸发损失及渗漏损失增加较多，最终得不偿失。

（5）人力、物力、财力及工期的限制。修建大型水库及水电站，一般需要大量投资，建设期也较长。因此，资金的筹措、建筑材料及设备的供应、施工组织和施工条件等因素都有可能限制正常蓄水位的增高。

正常蓄水位的上下限值选定以后，可以在此范围内选择若干个比较方案，应在地形、地质、淹没发生显著变化的高程处选择若干个中间方案。如在该范围内并无特殊变化，则各方案高程之间可取等距值。一般可拟订4～6个方案供比较选择。

（四）选择正常蓄水位的步骤和方法

在拟定正常蓄水位的比较方案后，应该对每个方案进行下列计算工作。

（1）拟定水库的消落深度。在正常蓄水位方案比较阶段，一般采用较简化的方法拟定各个方案的水库消落深度。对于以发电为主的水库，根据经验统计，可用水电站最大水头（H''）的某一百分比初步拟定水库的消落深度$h_{消}$，从而定出各个方案的调节库容。

坝式年调节水电站，$h_{消}=(25\%～30\%)H''$；坝式多年调节水电站，$h_{消}=(30\%～35\%)H''$；混合式水电站，$h_{消}=40\%H''$，其中H''为坝所集中的最大水头。

对于以灌溉、供水为主的水库，可适当增加其消落深度，尽可能增加兴利库容，减少弃水，增加调节流量。

（2）对各个方案采用较简化的方法进行径流调节和水能计算，求出各方案水电站的保证出力、多年平均年发电量、装机容量以及其他水利动能指标（例如灌溉面积、城镇供水量等）。

（3）求出各个方案之间的水利动能指标的差值。为了保证各个方案对国民经济作出同等的贡献，上述各个方案之间的差值，应以替代方案补充。例如水电站可选凝汽式火电站作为替代电站，水库自流灌溉可根据当地条件选择提水灌溉或井灌作为替代方案，工业及城市供水可选择开采地下水作为替代方案等。

（4）计算各个方案的水利枢纽各部分的工程量、各种建筑材料的消耗量以及所需的机电设备。对综合利用水利枢纽而言，应该对共用工程（例如坝和溢洪建筑物等）分别计算投资和年运行费用，以便在各部门间进行投资费用的分摊。

（5）计算各个方案的淹没和浸没的实物指标和移民人数。首先根据不同防洪标准的洄水资料，估算各个方案的淹没耕地亩数、房屋间数、必须迁移的人口数以及铁路、公路改线里程等指标。根据移民安置规划方案，求出所需的开发补偿费、工矿企业和城镇的迁移费以及防护费用等。为防止库区耕地浸没和盐碱化，须逐项估算所需费用。

（6）进行水利动能经济计算。根据各水利部门的效益指标及其应分摊的投资费用，计算水电站的造价及其在施工期内各年的分配。对于以发电为主的水库，如果其他综合利用要求相对不高，或者各正常蓄水位方案效益差别不大，则在方案比较阶段可以只计算水电站本身的动能经济指标。对于各正常蓄水位方案之间的水电站必需容量与年发电量的差额，可用替代措施（即用火电站）补充，计算替代火电站的造价、年运行费和燃料费。最后计算各个方案水电站的年费用 $AC_水$、替代火电站的补充年费用 $AC_火$ 和电力系统的年费用 $AC_系 = AC_水 + AC_火$。根据各个方案电力系统年费用的大小，可以选出经济上最有利的正常蓄水位。

应该说明：①在进行国民经济评价时，所有经济指标均应按影子价格计算；在进行财务评价时，所有财务指标均按现行财务价格计算；②对各个方案进行国民经济评价时，除采用最小年费用 $AC_系$，尚可采用差额投资经济内部收益率法，并进行不确定性分析；③通过国民经济评价优选出来的正常蓄水位方案，尚须对其进行财务评价，计算财务内部收益率、财务净现值、贷款偿还年限等评价指标，以便论证该方案在财务上的可行性；④在上述国民经济评价和财务评价的基础上，最后须从政治、社会、技术以及其他方面进行综合评价，保证所选出的水库规模符合地区经济发展的要求，而且是技术上正确的、经济上合理的、财务上可行的方案。

（五）以发电为主的水库正常蓄水位选择举例

根据以下基本资料选择水库正常蓄水位。

某大型水库的主要任务为发电，坝址以上流域面积为 $10500 km^2$，多年平均年径流量 $W_年 = 116.7$ 亿 m^3。汛期为 5—9 月，根据计算，千年一遇洪峰流量 $27000 m^3/s$，7 日洪量为 49.4 亿 m^3。此水库尚有防洪任务，要求减轻下游城市及 30 万亩农田的洪水灾害。此外，水库尚有灌溉、航运等方面的综合利用任务。

坝址位于某河段峡谷中，峡谷长约 1800m，宽 220m，河床高程在 200m 左右，两岸山顶高程约 350m，岸坡陡峻。坝址区岩层为砂岩。

水利枢纽系由拦河坝、发电厂房、升压变电站及过坝设施等建筑物组成。

1. 正常蓄水位方案的拟订

要求不淹没上游某城市，因而正常蓄水位的上限值定为 115m。根据电力系统对本电站的要求，正常蓄水位不宜低于 105m。选定 105m、110m、115m 共 3 个比较方案。

2. 计算步骤与方法

（1）设计保证率的选择。考虑到设计水平年本电站容量在系统中的比重将达 50%，它在系统中的作用比较重要，故选择 $P_设 = 97\%$。

（2）选择设计枯水年系列及中水年系列，分别进行径流调节与水能计算；求出各个方案的保证出力与多年平均年发电量，用简化方法求出水电站的最大工作容量和必需容量。

（3）根据施工进度计划及工程概算，确定水电站的施工期限 m（年）和各年投资分配。计算水电站造价原值 K_1'，定出折现至基准年（施工期末）的折算造价 K_1。

（4）计算水电站的本利年摊还值 $R_{p1}=K_1 [A/P，r_0，n_1]$。根据原规范，电力工业部门规定的投资收益率 $r_0=0.10$，水电站的经济寿命 $n_1=50$ 年。

（5）设水电站在施工期内的最后 3 年为初始运行期，在初始运行期的第一年末、第二年末、第三年末，水电站装机容量分别有 $\frac{1}{3}$、$\frac{2}{3}$、全部机组投入系统运行，年运行费 U_t 则与该年的发电量成正比。在正常运行期内，假设各年年运行费 $U_1=0.0175K_1'$（年运行费率一般为造价原值的 $1.5\%\sim2\%$，不包括折旧费率，下同）。折算至基准年的初始运行期运行费为 $\sum\limits_{t=m-3}^{t=m} U_t(1+r_0)^{m-t}$ ，其年摊还值为

$$U_1'=\frac{r_0(1+r_0)^{n_1}}{(1+r_0)^{n_1}-1}\Big[\sum_{t=m-3}^{m} U_t(1+r_0)^{m-t} \Big] \qquad (5-13)$$

（6）各方案的水电站年费用：

$$AC_{水}=K_1[A/P,r_0,n_1]+U_1+U_1' \qquad (5-14)$$

（7）为了各方案能同等程度地满足电力系统对电力、电量的要求，其中正常蓄水位较低的方案，应以替代电站（凝汽式火电站）的电力、电量补充，为简化计算，以方案 3 为准，仅计算各方案的差额，具体计算方法见表 5-9，最后可求得替代电站补充年费用 $AC_{火}$。

（8）计算各方案电力系统的年费用：

$$AC_{系}=AC_{水}+AC_{火}$$

3．计算成果分析

（1）各正常蓄水位方案在技术上都是可行的。从系统年费用看，以 105m 方案较为有利。

（2）从水库淹没损失看，正常蓄水位高程从 105m 增加到 110m，淹没耕地将增加 2.26 万亩，迁移人口增加 2.17 万人，当地移民安置规划能够解决。但正常蓄水位超过 110m 后，库区移民与淹没耕地数均将有显著增加。

表 5-9　　某水电站水库正常蓄水位三个方案比较（用系统年费用最小准则）

序号	项　　目	单　位	方案1	方案2	方案3	备　　注
1	正常蓄水位 $Z_{蓄}$	m	105	110	115	拟定
2	水电站必需容量 N_1	万 kW	57.0	59.9	62.5	用简化方法求出
3	水电站多年平均年电能 E_1	亿 kW·h	18.4	19.8	20.8	用简化方法求出
4	水电站造价原值 K_1'	万元	42721	45646	47656	未考虑时间因素
5	水电站施工期 m	年	8	9	10	包括初始运行期

序号	项　目	单　位	方案1	方案2	方案3	备　注
6	水电站折算造价 K_1	万元	61070	68870	75949	折算至施工期末 T
7	水电站本利年摊还值 R_{p1}	万元	6160	6946	7660	$K_1[A/P,r_0,n_1]$
8	水电站初始运行期 $T-t_初$	年	3	3	3	已知
9	水电站初始运行期运行费年摊还值 U_1'	万元	120	128	134	$r_0\sum\limits_{t=t_初}^{T}U_t(1+r_0)^{T-t}$
10	水电站正常年运行费 U_1	万元	748	799	834	$K_1'\times1.75\%$
11	水电站年费用 $AC_水$	万元	7028	7873	8628	(7)+(9)+(10)
12	替代电站补充必需容量 ΔN_2	万kW	6.05	2.86	0	$1.1\Delta N_1$
13	替代电站补充年电量 ΔE_2	亿kW·h	2.52	1.05	0	$1.05\Delta E_1$
14	替代电站补充造价原值 $\Delta K_2'$	万元	4840	2288	0	$800\Delta N_2$
15	替代电站补充折算造价 ΔK_2	万元	5340	2524	0	施工期3年
16	替代电站补充造价本利年摊还值 ΔR_{p2}	万元	588	278	0	$\Delta K_2[A/P,r_0,n_2=25]$
17	替代电站补充年运行费 ΔU_2	万元	242	114	0	(14)×5%
18	替代电站补充年燃料费 $\Delta U_2'$	万元	504	210	0	$0.02\Delta E_2$
19	替代电站补充年费用 $AC_火$	万元	1334	602	0	(16)+(17)+(18)
20	系统年费用 $AC_系$	万元	8362	8475	8628	(11)+(19)

（3）从静态的补充千瓦造价 k_N 与补充电能成本 u_E 看（因国内其他电站的统计资料均为静态的，便于相互比较），当正常蓄水位从105m增加到110m，$k_N=1008$ 元/kW，$u_E<0.01$ 元/(kW·h)，这些指标都是有利的。

（4）从本地区国民经济发展规划看，本电站所处地区工农业发展较快，系统负荷将有大幅度增长，但本地区能源并不丰富，有利的水能开发地址不多。本电站为大型水电站，具有多年调节水库，将在系统中起调峰、调频及事故备用等作用，适当增大电站规模是必要的。

4. 结论

考虑到本地区能源比较缺乏，故应充分开发水能资源，适当加大本电站的规模，以适应国民经济的迅速发展。根据以上综合分析，选择正常蓄水位110m方案较好。

二、设计死水位的选择

（一）选择设计死水位的意义

设计死水位（以下简称死水位），是指水库在正常运行情况下允许消落的最低水位。在一般情况下，水库水位将在正常蓄水位与死水位之间变动，其变幅即为水库消落深度。对于多年调节水库而言，当遇到设计枯水年系列时，才由正常蓄水位降至死水位。对于年调节水库，当遇到设计枯水年时才由正常蓄水位降至死水位；当遇到来水大于设计枯水年的年份时，水电站为了获得较大的平均水头和较多的电能，水库年消落深度可以小一些；当遇到特别枯水年份或者发生特殊情况（例如水库清底检修、战备、地震等）时，水库运行水位允许比设计死水位低一些，被称为极限死水位。在确定极限死水位时，尚须考虑水库泥沙淤积高程、冲沙水位、灌溉引水高程等要求。在此水位高程，水电站部分容量受阻，但仍应能发出部分出力，应在选择水轮机时加以考虑。在正常蓄水位与设计死水位之间的库容，即为兴利调节库容。在设计死水位与极限死水位之间的库容，则可称为备用库容。如图5－23所示。

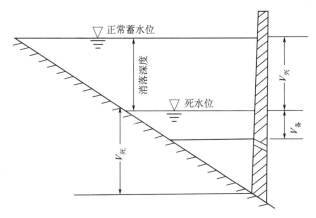

图5－23　水库死水位与备用库容位置

随着河流的不断开发，上下游梯级水库相继建成，对本水电站的死水位将有不同要求。上游各梯级水库要求本电站的死水位适当提高一些，以便上游梯级水库的调节流量获得较高的平均水头；下游梯级水库则要求本电站的死水位适当降低一些，以便下游梯级电站获得较大的调节流量。总之，随着河流梯级水电站的建成，各水库的死水位应相应调整，使梯级水电站群的总保证出力或总发电量最大。

（二）各水利部门对死水位的要求

1. 发电的要求

在已定的正常蓄水位下，随着水库消落深度的加大，兴利库容 $V_兴$ 及调节流量均增加；另一方面，死水位降低，相应水电站供水期内的平均水头 $\overline{H}_供$ 随之减小，因此存在一个比较有利的消落深度，使水电站供水期的电能 $E''_供$ 最大。为便于分析，可以把水电站供水期的电能 $E_供$ 划分为两部分，一部分为蓄水库容电能 $E_库$，另一部分为来水量 $W_供$ 产生的不蓄电能 $E_{不蓄}$，即

$$E_供 = E_库 + E_{不蓄} \tag{5-15}$$

$$E_库 = 0.00272 \eta V_兴 \overline{H}_供 \tag{5-16}$$

$$E_{不蓄} = 0.00272 \eta W_供 \overline{H}_供 \tag{5-17}$$

对于蓄水库容电能 $E_库$，死水位 $Z_死$ 越低，$V_兴$ 越大，虽供水期平均水头 $\overline{H}_供$ 稍有减小，但其减小的影响一般小于 $V_兴$ 增加的影响，所以水库消落深度越大，$E_库$ 亦越大，但增量越来越小，如图5－24上的①线所示。

对于不蓄电能 $E_{不蓄}$，情况恰好相反，由于供水期天然来水量 $W_供$ 是一定的，因而死水位 $Z_死$ 越低，$\overline{H}_供$ 越小，$E_{不蓄}$ 也越来越小，如图5－24上的②线所示。供水期电能 $E''_供$

是这两部分电能之和［见式（5-15）］，当水库消落深度为某一值时，供水期电能可能出现最大值 $E''_供$，如图 5-24 上的③线所示。

至于蓄水期内的电能 $E''_蓄$，其中的不蓄电能一般占主要部分，因此比供水期 $E''_供$ 所要求的水库消落深度高一些，如图 5-24 上的④线所示。

枯水年电能 $E_{枯年}=E_{枯供}+E_{枯蓄}$，将两根曲线③和④沿横坐标相加，即得枯水年电能 $E''_{枯年}$ 与水库消落深度 $h_消$ 的关系曲线⑤，从而求出枯水年要求的比较有利的水库消落深度及其相应的 $E''_{枯年}$，如图 5-24 上的⑤线所示。同理，可求出与中水年最大电能 $E''_{中年}$ 相应的水库消落深度，如图 5-24 上的⑥线所示。

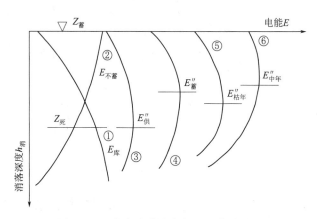

图 5-24　水库消落深度与电能曲线关系

比较这几根曲线可以看出，中水年相应 $E''_{中年}$ 的水库消落深度比枯水年相应 $E''_{枯年}$ 的小一些，即要求的死水位高一些。同理，丰水年相应 $E''_{丰年}$（图 5-24 上未示出）的死水位更高些。只有遇到设计枯水年（年调节水库）或设计枯水年系列（多年调节水库）时，供水期末水库水位才消落至设计死水位。在水电站建成后的正常运行时期，为了获得更多的年电能，水电站各年的消落深度应不同，确定设计死水位主要是为了设计水电站确定进水口的位置。在将来正常运行期内水库死水位并不是固定不变的，根据入库天然来水等情况，可以适当调整死水位。

2. 其他综合利用要求

当下游地区要求水库提供一定量的工业用水、灌溉水量或航运水深时，则应根据径流调节所需的兴利库容选择死水位，如果综合利用各用水部门所要求的死水位，比按发电要求的死水位高时，则可按前者要求选择设计死水位；如果情况相反，当水库主要任务为发电，则根据主次要求，在尽量满足综合利用要求的情况下，按发电要求选择设计死水位；当水库主要任务为灌溉或城市供水时，则在适当照顾发电要求的情况下按综合利用要求选择设计死水位。在一般情况下，发电与其他综合利用部门在用水量与用水时间上总有一些矛盾，尤其水电站要担任电力系统的调峰等任务时，下泄流量很不均匀，而供水与航运部门则要求水库均匀地下泄流量，此时应在水电站下游修建反调节池或用其他措施解决。

当上游地区要求从水库引水自流灌溉，在选择死水位时应考虑总干渠进水口引水高程的要求，尽可能扩大自流灌溉的控制面积。当上游河道尚有航运要求时，选择死水位时应考虑上游港口、码头、泥沙淤积以及过坝船闸等技术条件。

（三）选择死水位的步骤与方法

以发电为主的水库，选择死水位时应考虑使水电站在设计枯水年供水期（年调节水库）或设计枯水年系列（多年调节水库）获得最大的保证出力而在多年期内获得尽可能多的发电量，同时考虑各水利部门的综合利用要求以及对上下游梯级水电站的影响，然后对各方案的水利、动能、经济和技术等条件进行综合分析，选择比较有利的死水位。其步骤与计算方法大致如下。

（1）在已定的正常蓄水位条件下，根据库容特性、综合利用要求、地形地质条件、水工、施工、机电设备等要求，确定死水位的上、下限，然后在上，下限之间，拟定若干个死水位方案并比较。

（2）根据对以发电为主的 28 座水库资料的统计，最有利的消落深度均在水电站最大水头的 20%～40% 范围内变动，其平均值约为最大水头的 30%。对于综合利用水库、对下游梯级水电站有较大影响的龙头水库或完全多年调节水库，其消落深度一般为最大水头的 40%～50% 左右。上述统计数据可供选择死水位的上、下限方案时参考。

（3）选择水库死水位的上限，一般应考虑下列因素：①通常为获得最大多年平均年电能的死水位，比为获得最大保证出力的死水位高。因此水电站水库的上限方案，应稍高于具有最大多年平均年电能的死水位；②对于调节性能不高的水库，应尽可能保证能进行日调节所需的库容；③对于调节性能较高的水库，尽可能保持具有多年调节性能。

（4）选择水库死水位的下限，一般应考虑下列因素：①如水库具有综合利用要求，死水位的下限不应高于灌溉、城市供水及发电等引水所要求的高程；②考虑水库泥沙淤积对进水口高程的影响；③死水位也不能过低，要考虑进水口闸门制造、启闭机的能力和水轮机制造厂家所保证的最低水头。

（5）在水库死水位上、下限之间选择若干个死水位方案，求出相应的兴利库容和水库消落深度；然后对每个方案用设计枯水年或枯水年系列资料进行径流调节，得出各个方案的调节流量 $Q_调$ 及平均水头 $\overline{H}$。

（6）对各个死水位方案，计算保证出力 $N_保$ 和多年平均年发电量 $\overline{E}_水$，通过系统电力电量平衡，求出各个方案水电站的最大工作容量 $N''_{水,工}$、必需容量 $N_{水,必}$ 与装机容量 $N_装$。

（7）计算各个方案的水工建筑物和机电设备的投资以及年运行费。随着死水位的降低，水电站进水口等位置必然随着降低，由于承受的水压力增加，闸门和引水系统的投资和年运行费均增加，根据引水系统和机电设备的不同经济寿命，求出不同死水位方案的年费用 $AC_水$。

（8）为了各个死水位方案能同等程度地满足系统对电力、电量的要求，尚须计算各个方案替代电站补充的必需容量与补充的年电量，从而求出不同死水位方案替代电站的补充年费用 $AC_火$。

（9）根据系统年费用最小准则（$AC_系 = AC_水 + AC_火$ 为最小），并考虑综合利用要求及其他因素，最终选择合理的死水位方案。

（四）以发电为主的水库死水位选择举例

已知某大型水库的正常蓄水位为 110m 高程，参阅表 5-9。现拟选择该水库的设计死水位。已知水电站的最大水头 $H'' = 80m$，水库为不完全多年调节，现假设水库消落深度为最大水头的 30%、35% 及 40% 三个方案。有关水利、动能、经济计算成果参阅表 5-10。

表 5-10　　　　　　某水电站水库死水位方案比较（正常蓄水位 110m）

序号	项　目	单　位	方案1	方案2	方案3	备　注
1	死水位 $Z_死$	m	78	82	86	假设
2	保证出力 $N_保$	万 kW	19.8	19.0	18.0	
3	多年平均年电量 $\overline{E}_水$	亿 kW·h	22.0	23.0	24.0	
4	水电站必需容量 $N_水$	万 kW	62.5	60.0	57.0	
5	水电站引水系统造价 $I_水$	万元	12500	11600	10800	
6	水电站引水系统造价年摊还值 $R_水$	万元	1278.5	1186.0	1104.0	$R_水 = I_水 [A/P, i, n=40]$
7	水电站引水系统年运行费 $U_水$	万元	321.5	290.0	270.0	$U_水 = I_水 \times 2.5\%$
8	水电站引水系统年费用 $AC_水$	万元	1591	1476	1374	$AC_水 = R_水 + U_水$
9	替代电站补充必需容量 $\Delta N_火$	万 kW	0	2.75	6.05	$\Delta N_火 = 1.1\Delta N_水$
10	替代电站补充年电量 $\Delta E_火$	亿 kW·h	2.10	1.05	0	$\Delta E_火 = 1.05\Delta E_水$
11	替代电站补充造价 $\Delta I_火$	万元	0	2200	4840	$\Delta I_火 = 800\Delta N_火$
12	替代电站补充造价年摊还值 $\Delta R_火$	万元	0	242	533	$\Delta R_火 = I_火 [A/P, i, n=25]$
13	替代电站补充年运行费 $\Delta U_火$	万元	0	110	242	$\Delta U_火 = \Delta I_火 \times 5\%$
14	替代电站补充年燃料费 $\Delta U'_火$	万元	420	210	0	$\Delta U'_火 = 0.02\overline{E}_水$
15	替代电站补充年费用 $AC_火$	万元	420	562	775	$AC_火 = \Delta R_火 + \Delta U_火 + \Delta U'_火$
16	系统年费用 $AC_系$	万元	2011	2038	2149	$AC_系 = AC_水 + AC_火$

对计算成果的分析：

（1）各死水位方案在技术上都是可行的。从系统年费用看，死水位 78m 方案较为有利。

（2）水库设计死水位较低时，将来水库调度比较灵活。

（3）水库设计死水位较低时，调节库容较大，相应调节流量也较大，便于满足综合利用用水量要求。

（4）如水库设计死水位低于 78m 高程，则灌溉引水高程不能满足扩大自流灌溉面积等要求。

综上分析，选择设计死水位 78m 高程较为有利。

三、水电站主要参数选择的程序简介

水电站的主要参数包括装机容量、正常蓄水位及死水位。这些参数的选择主要在初步设计阶段进行，它们决定着水电站及水库的工程规模、投资、工期及效益等。

在选择水电站主要参数之前，首先按照河流规划及河段的梯级开发方案，对本设计的任务进行深入的研究，收集、补充并审查水文、地质、地形、淹没、电力系统等各方面的有关基本资料；然后调查各部门对水库的综合利用要求及国民经济发展计划，了解当地政府对水库淹没及移民规划的意见。

水电站的主要参数是相互关联，相互影响的。所以在进行参数选择时，往往是先假定，再校核，反复进行，不断修正。其简要步骤如下：

（1）初选正常蓄水位方案。在正常蓄水位的上、下限范围内拟订若干正常蓄水位方案，按前述正常蓄水位选择的方法初步选择出合理的正常蓄水位。

（2）初选死水位。针对已初选的正常蓄水位，拟订若干死水位方案，对每一方案进行分析计算，按前述的死水位选择方法初步选择出合理的死水位。

（3）初定装机容量。针对初选的正常蓄水位及死水位，进行径流调节、水能计算。由电力系统电力电量平衡确定水电站的最大工作容量，根据水电站的调节性能及其在电力系统中的任务，并考虑其他影响因素，进行分析计算，选择水电站的备用容量和重复容量，从而初定水电站的装机容量。

经以上三个步骤，便可初定三个主要参数，作为第一轮初选结果。

（4）依据第一轮初选结果，重复上述步骤，可得出第二轮选择结果。依此不断修正，逐渐逼近，最终可选出合理的水电站主要参数。

水电站的参数（正常蓄水位、死水位及水电站装机容量）之间是相互关联，相互影响的。选择装机容量时应已知正常蓄水位和死水位，而选择正常蓄水位和死水位时又须考虑装机容量，以计算相应的发电效益。所以，选择这三个参数时，通常是先假定，后校核，由粗到细，经过反复计算、分析、比较才能最后确定。选择这些参数时，不仅要进行经济评价，还应在动能经济计算的基础上，综合经济、社会、环境等多方面因素，统筹考虑，从而选择出最优的水电站主要参数。

第六章　水库群的水利水能计算

第一节　概　　述

水库群的布置，一般可以归纳为以下三种情况：

（1）布置在同一条河流上的串联水库群［图 6-1（a）］，水库间有密切的水利联系；

（2）布置在干流中、上游和主要支流上的并联水库群［图 6-1（b）］，水库间没有直接的水力联系，但共同的防洪、发电任务使它们联系在一起；

（3）以上两者结合的复杂水库群［图 6-1（c）］。

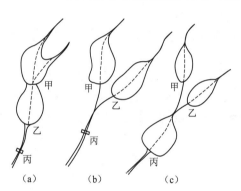

图 6-1　水库群示意图

串联水库群的布局是根据河流的梯级开发方案确定的。河流梯级开发方案是根据国民经济各部门的发展需要和流域内各种资源的自然特征，以及技术、经济方面的可能条件，针对整条河流的开发所进行的一系列的水利枢纽布局。其中的关键性工程常具有相当库容的水库，就形成了串联水库群。制定梯级开发方案的主要目的，在于通过全面规划来合理安排河流上的梯级枢纽布局，然后由近期工程和选定的开发程序，逐步完成整个流域规划中各种专业性规划所承担的任务。当然，全河流的各梯级枢纽都必须根据所在河段的具体情况，综合地承担上述任务中的一部分。制订河流梯级开发方案，不仅使全河的开发治理明确了方向，并且给各种专业性规划提供了可靠的依据。

以往研究河流梯级开发方案时，往往较多地考虑发电要求，强调尽可能多合理利用河流的天然落差，尽可能充分利用河流的天然径流，使河流的发电效应尽可能地好。随着国民经济的不断发展，实践证明水利是国民经济的基础产业之一。因此，开发利用河流的水资源时，要考虑各除害、兴利部门的要求，使综合效益尽可能大。在研究河流梯级开发方案时，一定要认真贯彻综合利用原则，满足综合效益尽可能大的要求。

研究以发电为主的河流综合利用规划方案时，应该吸取好的经验。例如，梯级开发方案中，应尽可能使各梯级方案"首、尾相连"（即使上一级电站的发电尾水和下一级电站的水库回水有一定的搭接），以充分利用落差。遇到不允许淹没的河段，尽可能通过引水式或径流式电站利用该处落差。梯级水电站的运行经验还证明，上游具有较大水库的梯级方案比较理想，可以做到"一库建成，多库受益"。

在制定以防洪、治涝、灌溉为主要任务的河流综合利用规划时，往往采取在干流上游以及各支流上兴建水库群的布置方式。这种方式不但能减轻下游洪水威胁，而且对山洪有截蓄作用；既能解决中、下游水库两岸带状冲积平原的灌溉问题，又能解决上游丘陵区的灌溉问题。分散修建的水库群淹没损失小，移民安置问题容易解决，而且易于施工，节省投资，可以更好地满足需要，更快地收益。应该指出，为充分发挥大、中型水库在综合治理和开发方面的巨大作用，要合理选择其位置。

水库群之间可以相互进行补偿，补偿作用有以下两种。

（1）根据水文特性，不同河流间或同一河流各支流间的水文情况有同步和不同步两种。利用两河（或两支流）丰、枯水期的起讫时间不完全一致（即所谓水文不同步情况），最枯水时间相互错开的特点，把它们联系起来，共同满足用水或用电的需要，就可以相互补充水量，提高两河的保证流量。这种补偿作用称为径流补偿。利用水文条件的差别来进行的补偿，称为水文补偿。

（2）利用各水库调节性能的差异也可以进行补偿。以年调节水库和多年调节水库联合工作为例，如果将两个水库联系在一起，统一研究调节方案，设年调节水库的工作情况不变，则多年调节水库的工作情况要考虑年调节水库的工作情况，一般在丰水年适当多蓄些水，枯水年份多放些水；在一年之内，丰水期尽可能多蓄水，枯水期多放水。这样，两水库联合运行就可提高总的枯水流量。这种利用库容差异进行的径流补偿，称为库容补偿。

径流补偿是进行径流调节时的一种调节方式，考虑补偿作用能更合理地利用水资源，提高总保证流量和总保证出力。

在拟订河流综合利用规划方案时，水库群可能有若干个组合方案，都能满足规划要求，这时要对每个水库群方案进行水利水能计算，求出各特征值，以供方案比较，决定联合运行的水库群的最优蓄放水次序时，要进行水库群的水利水能计算，也是一项极为重要的工作。水库群水利水能计算涉及的水库数目较多，影响因素比较复杂，还要考虑满足综合利用要求，所以解决实际问题时计算比较繁杂。本章限于学时，只能介绍水库群水利水能计算的基本概念和基本方法，作为今后进一步研究水库群水利水能计算的基础。

第二节　梯级水库的水利水能计算

一、梯级水库的径流调节

首先讨论梯级水库甲、乙［图 6-1（a）］共同承担下游丙处的防洪任务问题。确定各水库的防洪库容时，应充分考虑各水库的水文特性、水库特性以及综合利用要求等，使各水库分担的防洪库容，既能满足下游防洪要求，又能符合经济原则，获得尽可能大的综合效益。如果水库到防洪控制点丙处的区间设计洪峰流量（符合防洪标准）不大于丙处的安全泄量，则可根据丙处的设计洪水过程线求出所需防洪总库容。这是在理想的调度情况下求出的，因而是防洪库容的一个下限值，实际上各水库分担的防洪库容常数要大于此数。

由于防洪控制点以上的洪水可能有各种组合情况，因此甲、乙水库都分别有一个不能由其他水库代为承担的必须防洪库容。乙库以上来的洪水能被乙库再调节，而甲丙之间的区间洪水无法被甲库控制。如果甲库坝址以下至乙库坝址址间河段本身无防洪要求，则乙库必须承担的防洪库容应根据甲乙及乙丙区间的同频率洪水，按丙处下泄安全泄量的要求计算出。乙水库的实际防洪库容如果小于这个必需防洪库容，则甲丙间出现符合防洪标准的洪水时，即使甲水库不放水，也不能满足丙处的防洪要求。

在梯级水库间分担防洪库容时，根据生产实践经验，应让本身防洪要求高的水库、水库容积较大的水库、水头较低的水库和梯级水库的下一级水库等多承担防洪库容。但要注意，各水库承担的防洪库容不能小于其必须防洪库容。

如果梯级水库群主要承担下游灌溉用水任务，则进行径流调节时，首先要作出灌区需水图，将乙库处设计代表年的天然来水过程和灌区蓄水图绘在一起，就很容易找出所需的总灌溉库容（图 6-2 上的两块阴影面积）。接下来的工作是在甲、乙两库间分配这个灌溉库容。首先要拟订若干个可行的分配方案，算出各方案工程量、投资等指标，然后比较分析，选择较优的分配方案。在拟订方案时，要考虑乙库的必须灌溉库容问题。当灌区比较大，灌溉需水量多，或者来水与需水存在较大矛盾时，这个问题尤为重要。因为甲、乙两库坝址间的区间来水只能靠乙库来调节，其必须灌溉库容用来蓄存设计枯水年非灌溉期的区间天然来水量（年调节情况），或用来蓄存设计枯水段非灌溉期的区间天然来水量（多年调节情况），具体数值要根据区间来水、灌溉需水和甲库供水情况分析计算求得。

对主要任务是发电的梯级水库，常见的情况是各水库区均建有水电站。这里以两个梯级水库的径流年调节为例，用水量差积曲线图解法说明梯级水电站径流调节的特点（图 6-3）。梯级水电站径流调节是从上一级开始的。对第一级水库的径流调节，在水电站最大过水能力 Q_{T1} 和水库兴利库容 $V_甲$ 已知时，其方法和单库容调节是一样的。

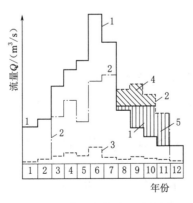

图 6-2 灌溉库容分配示意图

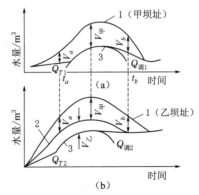

图 6-3 梯级水电站径流年调节示意图
1—甲坝址处水量差积曲线；2—修正后的乙坝址处水量差积曲线；3—满库曲线

对于下一级水库的径流年调节，首先应用其坝址处的天然来水水量差积曲线（按未建库前的水文资料绘成）上各点的纵坐标值减去当时蓄存在上一级水库中的水量［图 6-3（b）］，得出修正的水量差积曲线。修正的目的是将上一级水库的调节情况正确地反映出来。如图 6-3，到 t_a 时刻为止，上一级水库中共蓄水量 V_a，因此，从上一级水库流到下一级的径流量就要比未建上级水库前少 V_a。所以，就要用下一级水库的天然来水水量差积曲线上 t_a 时刻的水量纵坐标值减去 V_a，得到修正后 t_a 时刻的水量差积值。依次类推，就可作出修正的下一级水库水量差积曲线。在水电站的最大过水能力 Q_{T2} 和水库兴利库容 V_Z 已知时，接下来的调节计算和单库容时的情况一样。当有更多级的串联水库时，要从上到下一个个地进行调节计算。

在径流调节的基础上，可以像单库的水能计算那样，计算出每一级的水电站出力过程。根据许多年的出力过程，就可以作出出力保证率曲线。将梯级水库中各库出力保证率曲线上的同频率出力相加，可以得出梯级水库总出力保证率曲线，在该曲线上，根据设计保证率可以很方便地求出梯级水库的总保证出力值。

对于具有多种用途的综合利用水库，其水利水能计算要复杂一些，但解决问题的思路和要遵循的原则是一致的，关键问题是在各部门间合理分配水量。解决此类比较复杂的问题时，要建立数学模型（正确选定目标函数和明确各种约束条件），利用合适的数学方法来求解。

二、梯级水库的径流补偿

为了说明径流补偿的概念和补偿调节计算的特点，以如图 6-4 所示的简化的径流补偿调节为例：甲水库为年调节水库，乙壅水坝处为无调节水库，甲、乙间有支流汇入。乙处建壅水坝是为了引水灌溉或发电。为了充分利用水资源，甲库的蓄放水必须考虑对乙处发电用水和灌溉用水的径流补偿。调节计算的原则是要充分利用甲、乙坝址间和区间的来水，并尽可能使甲库在汛末蓄满，以便利用其库容来最大限度地提高乙处的枯水流量，更好地满足发电、灌溉要求。

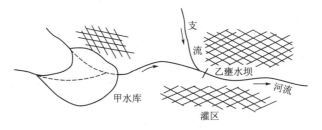

图 6-4　径流补偿调节示意图

针对图 6-4 所示开发方案，用实际资料来说明补偿所得的实际效果。水库甲的兴利库容为 $180(\text{m}^3/\text{s}) \cdot$ 月。设计枯水年水库甲处的天然来水 $Q_{\text{天,甲}}$ 和区间来水量（包括支流）$Q_{\text{天,区}}$ 资料如图 6-5（a）、图 6-5（b）所示。为了进行比较，特研究以下两种情况：

（1）不考虑径流补偿情况。水库甲按本库的有利方式调节，使枯水期调节流量尽可能均衡。因此，用第二章公式算得 $Q_{\text{调,甲}}=180\text{m}^3/\text{s}$，如图 6-5（c）所示，该图上的竖线阴影面积表示水库甲的供水量，水平直线 3 表示水库甲的放水过程（枯水期 10 月至来年

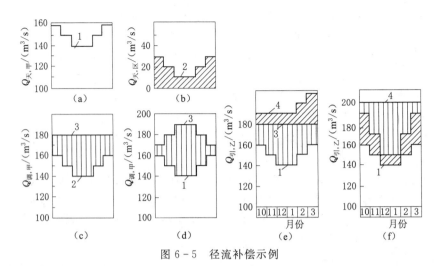

图 6-5　径流补偿示例

1—甲水库枯水期的天然来水流量（10月至下一年3月）；2—区间（包括）支流来水流量过程；
3—甲库枯水期放水过程；4—乙坝址处的引用流量过程

3月），加上支流和区间的来水过程，即为乙坝址出得引用流量过程，如图 6-5（e）上的
4线所示。保证流量仅为 $190\mathrm{m}^3/\mathrm{s}$。

（2）仅考虑径流补偿情况。这时，水库甲应按使乙坝址处枯水期引用流量尽可能均衡
的原则调节（水库放水时要充分考虑区间来水的不均衡情况）。为此，先要求出乙坝址处
的天然流量过程线，为图 6-5（a）和图 6-5（b）中1、2两线之和（同时间的纵坐标值
相加）。然后，根据来水资料进行调节，用公式算得 $Q_{调,乙}=200\mathrm{m}^3/\mathrm{s}$［图 6-5（f）］，减
去各月份的支流和区间来水流量，即为水库甲处相应月份的放水流量［图 6-5（d）］。

根据例子可以看出：像一般的梯级水库那样调节时，坝址乙处的保证流量仅为 $190\mathrm{m}^3/\mathrm{s}$
（枯水期各月流量中之小者），而考虑径流补偿时，保证流量可以提高至 $200\mathrm{m}^3/\mathrm{s}$，约提高
5.3%。这充分说明径流补偿是有效的。比较图 6-5（c）和图 6-5（d）以及图 6-5（e）
和图 6-5（f），可以清楚地看出两种不同情况（不考虑径流补偿和考虑径流补偿）下水库甲
处和坝址乙处放水流量过程的区别，如果坝址乙处要求的放水流量不是常数，则水库甲的调
节方式应充分考虑这种情况，即放水流量要根据被补偿对象处（本例中是水库乙处）的天然
流量确定。

从上面例子可以看到在枯水期进行补偿调节计算的特点和径流补偿的效果。对丰水期
的调节计算，仍用水量差积曲线图解法来说明径流补偿的特点。

先根据乙坝址处的天然水量差积曲线进行调节计算，具体方法和单库调节情况一样，
但库容应采用水库甲的兴利库容 $V_{甲}$（图 6-6）。关于这样做的理由，看一下图 6-5（f）
就可以明白。通过调节可以得出坝址乙处放水的水量差积曲线 $OAFBC$。图 6-6（b）表
示的实际方案是：丰水期（OAF 段）坝址乙处的水电站尽可能以最大过水能力 Q_{T} 发电，
供水期（BC 段）的调节流量是常数，FB 段水电站以天然来水流量发电。$OAFBC$ 线与
水电站处的天然来水水量差积曲线之间各时刻的纵坐标差，即为该时刻水库甲中的蓄水
量。把这些存蓄在水库中的水量，$\overline{V_a}$，$\overline{V_甲}$，$\overline{V_b}$，…在水库甲的天然水量差积曲线上扣

除，得出曲线 $Oafbc$［图6-6（a）］，即水库甲进行补偿调节时放水的水量差积曲线。

调节计算结果表示在坝址乙处的天然流量过程线上［图6-6（c）］。图中 $dOaefbc$ 线表示经过水电站的流量过程线，与图6-6（b）所示调节方案 $OAFBC$ 是一致的。其中有一部分流量是区间的天然流量（$Q_区-t$），其余流量从上级水库而来，在图上用虚直线表示。上级水库放下的流量时大时小，正说明该水库担负了径流补偿任务。上游水库放下的流量与图6-6（a）上调节方案 $Oafbc$ 是一致的。

应该说明，区间天然径流大于水电站最大过水能力时，要对上述调节方案中的水库蓄水时段进行必要的修正，修正的步骤是：

（1）在图6-7（a）上，对调节方案的 Oa 段进行检查，找出放水流量为负值的那一段，然后将该段的放水流量修正到零，即这段时间里水库甲不放水，直到蓄满为止。图6-7（a）的1、3段平行于 $Q=0$ 线，即放水流量为零的那一段，点3处水库蓄满。时段 $t_1\sim t_2$ 内，水电站充分利用区间来水发电，而且还有无益弃水。

（2）将 $t_1\sim t_3$ 时段内各水库甲中的实有蓄水量，从坝址乙处天然来水水量差积曲线的纵坐标中减去，就得到 $t_1\sim t_3$ 内修正的水电站放水量差积曲线，如图6-7（b）上1～3间的区间段。这段时间内的区间来水流量均大于水电站的最大过水能力。

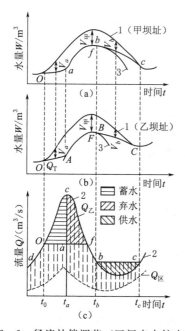

图6-6 径流补偿调节（区间来水较小时）

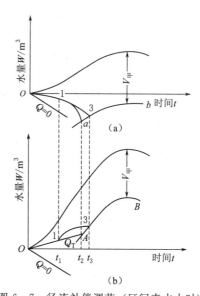

图6-7 径流补偿调节（区间来水大时）

1—天然水量差积曲线；2—天然流量过程线；3—满库线

需要说明，水库甲若距坝址乙较远，且电站乙负担经常变化的负荷时，调节计算工作相对复杂。因为这时要考虑水由水库甲流到电站所需的时间。由于水库甲放出的水量很难在数量上随时满足电站乙负担变动负荷时的要求，故这时水库甲的供水不当处需由水电处的水库进行修正。这种修正性质比较精确的调节称为缓冲调节，在一定程度上也有补偿作用，故可以当做补偿调节的一种辅助性调节。

上面以简化的例子说明了梯级水库径流补偿的概念，如果在水库甲处也修建了水电站，则这时不仅要考虑两点站所利用流量的变化，还应考虑水头的不同。因此，应该考虑两点站间的电力补偿问题。

第三节　并联水库群的径流电力补偿调节计算

一、并联水库的径流补偿

先讨论并联水库甲、乙［图6-1（b）］共同承担下游丙处防洪任务的问题。如果水库甲、乙到防洪控制点丙的区间设计洪峰流量（对应于防洪标准）不大于丙处的安全泄量，则仍可按丙处的设计洪水过程线，按前述方法求出所需总防洪库容。

并联水库甲、乙分配防洪库容时，仍先要确定各库的必需防洪库容。如果丙处发生符合设计标准的大洪水，乙丙区间（指丙以上流域面积减去乙坝址以上流域面积）也发生同频率洪水，设乙库相当大，可以完全拦截乙坝址以上的相应洪水，此时甲库所需要的防洪库容就是它的必需防洪库容。同理，乙库的必须防洪库容，应根据甲丙区间（指丙处以上流域面积减去甲水库以上流域面积）发生符合设计标准的洪水，按丙处以安全泄量泄洪的情况计算求出。

两水库的总必须防洪库容确定后，由要求的总防洪库容减去该值，即为可由两水库分担的防洪库容，同样可根据一定的原则和两库具体情况进行分配。有时求出的总必需防洪库容超过所需的总防洪库容，这种情况往往发生在某些洪水分布情况变化较剧烈的河流。这时，甲、乙两库的必需防洪库容就是它们的防洪库容。

上游水库群共同承担下游丙处防洪任务时，一般需要考虑补偿问题。但由于洪水的地区分布、水库特性等情况各不相同，防洪调节方式比较复杂，在设计阶段一般只能粗略考虑。当甲、乙两库处洪水具有一定的同步性，但两水库特性不同时，一般选调洪能力大、控制洪水比重也大的水库作为防洪补偿调节水库（假设为乙库），另外的水库（假设为甲库）为被补偿水库。这种情况下，甲库可按本身防洪及综合利用的要求放水，求得下泄流量过程线（$q_甲-t$），将此过程线（计及洪水流量传播时间和河槽调蓄作用）和甲乙丙区间洪水过程线$Q_丙-t$同时间相加，得出$q_甲+q_丙$的过程线。

在乙库处符合防洪标准的洪水过程线上，先作$q_{安,丙}$（丙处安全泄量）线，然后将（$q_甲+Q_丙$）线倒置于$q_{安,丙}$线下面（图6-8），这条倒置线与乙库洪水过程线所包围的面积，即代表乙库的防洪库容值，在图上以斜阴影线表示。当乙库处的洪水流量较大时（图6-8上AB之间），为了保证丙处流量不超过安全泄量，乙库下泄流量应等于$q_{安,丙}$与（$q_甲+Q_丙$）之差。A点以前和B点以后，乙库洪水流量较小，即使全部下泄，丙处流量也不致超过$q_{安,丙}$值。实际上，A点以前和B点以后的乙库泄流量值要视防洪需要而定。有时为了预先腾空水库以迎接下一次洪峰，B点以后的泄量要大于此时的来水流量。

在甲、乙两库处的洪水相差不大，但同步性较差的情况下，采用补偿调节方式时要持慎重态度，务必使两洪峰尽可能错开，避免组合出现更不利的情况。如图6-9所示。图上用abc和$a'b'c'$分别表示甲、乙支流处的洪水过程线，$ab—a'b'c'$（双实线）表示建库前的洪水累加线；aef（虚线）表示甲水库调洪后的放水过程线，双虚线表示甲库放水过程线和乙支流洪水过程线的累加线。显然，修建水库甲后，由于调节不当，反而使组合洪水更大。从这里也可以看到选择正确调节方式的重要性。

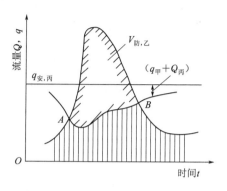

图 6-8　考虑补偿作用确定防洪库容

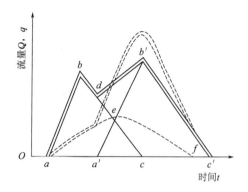

图 6-9　洪水组合示意图

　　并联水库甲、乙在主要保证下游丙处灌溉和其他农业用水情况下，进行水利计算时，首先要作出丙处设计枯水年份的总需水图。从该图中逐月减去设计枯水年份的区间来水流量，即可得出甲、乙两水库的需水流量过程线，如图 6-10 的 1 线所示。其次，要确定补偿水库和被补偿水库。一般以库容较大、调节性能较好、对放水没有特殊限制的水库作为补偿水库，其余的为被补偿水库。被补偿水库按照自身的有利方式进行调节。设甲、乙两库中的乙库是被补偿水库，按其自身的有利方式进行径流调节，设计枯水年仅有两个时期，即蓄水期和供水期，其调节流量过程线如图 6-10 上 2 线所示。从水库甲、乙的需水流量过程线（1 线）中减去水库乙的调节流量过程线（2 线），即得出补偿水库甲的需放水流量过程线，如图 6-10 上 3 线所示。

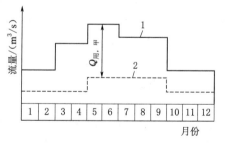

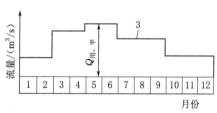

图 6-10　推求甲水库的需放水流量过程线

1—需水流量过程线；2—乙库调节流量过程线；3—甲库需放水流量过程线

　　如果甲库处的设计枯水年总来水量大于总需水量，说明进行径流年调节即可满足用水部门的要求，否则要进行多年调节。根据甲水库来水过程线和需水流量过程线进行调节时，调节计算方法与单一水库的情况相同，这里不重复。应该说明，如果甲乙水库也是规划中的水库，为了寻求合理的组合方案，应该对乙水库的规模拟定几个方案进行水利计算，然后通过经济计算和综合分析，统一研究决定甲、乙水库的规模和工程特征值。

二、并联水库水电站的电力补偿

如图 6-1（b）所示，甲、乙水库处均修建水电站，因两电站间没有直接径流联系，它们之间的关系和其他跨流域水电站群一样。当这些电站投入电力系统共同供电时，如果水文不同步，也就自然地起到水文补偿的作用，可以取长补短，达到提高总保证出力的目的。倘若调节性能有差异，则可通过电力系统的联系进行电力补偿。这时可考虑水头因素，在本电站的径流调节过程中计算得出被补偿电站所需补偿的出力，由此可见，水电站群间的电力补偿和径流补偿是密切联系的。因此，进行水电站群规划时，应同时考虑径流、电力补偿，使电力系统电站群及其输电线路组合得更为合理，主要参数选择得更加经济。

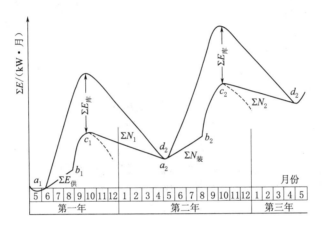

图 6-11　用电当量法进行电力补偿

关于电力补偿调节计算的方法，对初学者来说，时历法较易理解。这里介绍电力补偿调节的电当量法，要点是用河流的水流出力过程代替天然来水过程，用电库容代替径流调节时所采用的水库容，然后按径流调节时历图解法的原理进行电力补偿调节。

对同一电力系统中的若干并联水库水电站，用电当量法进行径流补偿调节时，调节计算的具体步骤如下：

（1）将各电站的天然流量过程，按出力计算公式 $N = AQ\overline{H}$ (kW) 算出不蓄出力过程。水头 $\overline{H}$ 可采用平均值，即上、下游平均水位之差。初步计算时，上游平均水位可近似地采用与 $0.5V_{兴}$ 对应的库水位，下游平均水位近似地采用与多年平均流量对应的水位。式中的 Q 值应是天然流量减去上游综合利用引水流量所得的差值。

（2）各电站同时间的不蓄出力相加，即得出总不蓄出力过程，可由此绘制出不蓄电能差积曲线。如计算时段用一个月，则不蓄电能的单位可用 kW·月。

（3）根据各电站的水库兴利库容，按公式 $E_{库} = AEV_{兴}\overline{H}$ 换算为电库容，式中的 $V_{兴}$ 以（m³/s）·月为单位，$\overline{H}$ 以 m 计。

（4）根据各电站的电库容求出总电库容 $\sum E_{库}$，然后在不蓄电能差积曲线上进行调节计算（图 6-11），具体方法和水量差积曲线图解法一样。图 6-11 表示的调节方案是：ab 段（注脚 1、2 表示年份）两个年调节水电站均已装机容量满载发电，b 点处两水库蓄满，bc 段水电站上有弃水出力，cd 段两水库放水（弃水情况到供水情况之间往往有以天然流量工作的过渡期），水库供水段两电站的总出力小于它们的总装机容量。

（5）对库容比较大而天然来水较小的电站，检查其库容能否在蓄水期末蓄满（水库进行年调节情况），其目的是避免某一用电站库容去调节另一电站水量的不合理现象。检查的办法是将该电站在丰水期（如图 6-11 上的 ac 段）间的不蓄电能累加起来，看是否大于该电站的电库容 $E_{库}$。如查明电库容蓄不满，则应将蓄不满的部分从 $\sum E_{库}$ 中减去，得 $\sum E_{库}'$，利用修正后的总电库容进行调节计算，以求符合实际情况的总出力。在这种情况下，丰水期两电站能以多大出力发电，也要根据实际情况决定。显然，不但能在丰水期蓄满水库，而且有弃水出力的水电站能以装机容量满载发电（实际运行中还要考虑有否容量受阻情况）；蓄满水库但无弃水出力的水电站，其丰水期的实际发电出力可根据能量平衡原理计算。

图 6-12 是两个并联年调节水库枯水年的调节方案，原方案以 $abcd$ 线表示，水库电当量 $\sum E_{库}$。经复查，有一水库即使水电站丰水期不发电也蓄不满，不足电库容 $\Delta E_{库}$，实际水库电当量 $\sum E_{库}'$。因此，丰水期仅有一个电站能发电，修正后的调节方案以线 $a'b'c'd'$ 表示。

（6）根据补偿调节的总出力 $\sum N$，按大小次序排序，绘制其保证率曲线（图 6-13 上 1 线）。根据设计保证率在图上求出补偿后的总保证出力。为了比较，将补偿前各电站的出力保证率曲线同频率相加，得总出力保证率曲线（图上 2 线），比较图 6-13 上的曲线 1 和 2，可以求得电力补偿增加的保证出力 $\Delta\sum N$。

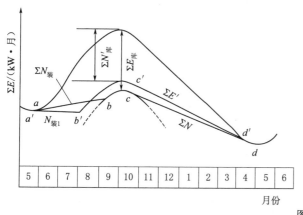

图 6-12 枯水年份的电力补偿

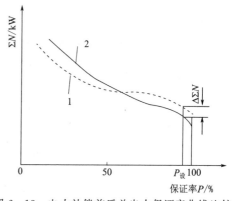

图 6-13 电力补偿前后总出力保证率曲线比较
1—补偿后的保证率曲线；2—补偿前的保证率曲线

实践证明，综合利用要求比较复杂，以及需要弄清各个电站在电力补偿调节过程中的工作情况时，调节计算利用时历列表法比较方便。方法要点可参考径流调节相关介绍。

第四节　水库群的蓄放水次序

一、并联水库群蓄放水次序

水电站群联合运行时，水库群的蓄放水次序很重要，正确的水库群蓄放水次序可以使联合运行中总的发电量最大。

具有相当于年调节程度的蓄水式水电站，用来生产电能的水量由两部分组成：一部分是经过水库调蓄的水量，以生产的电能作为蓄水电能，这部分电能的大小由兴利库容的大小决定；另一部分是经过水库的不蓄水量，它生产的电能称为不蓄电能，这部分电能的大小在不蓄水量值一定的情况下，与水库调蓄过程中的水头变化情况有密切的关系。如果同一电力系统中有两个这样的电站联合运行，由于水库特性不同，它们在同一供水或蓄水时段为生产同样数量电能所引起的水头变化是不同的，导致以后各时段中通过同样数量的流量时出力和发电量的不同。因此，为了使它们在联合运行中总发电量尽可能大，就要使水电站的不蓄水量在尽可能大的水头下发电。这就是研究水库群蓄放水次序的主要目的。

设有两个并联的年调节水电站在电力系统中联合运行，它们的来水资料和系统负荷资料均为已知，水库特性资料也已具备。在某一供水时段，根据该时段内水电站的不蓄流量和水头，两电站能生产的总不蓄出力为

$$\sum N_{不蓄i} = \sum N_{不蓄,甲i} + \sum N_{不蓄,乙i} \tag{6-1}$$

如果该值不能满足当时系统负荷 $N_{系,i}$ 的需要，根据系统电力电量平衡，水库要放水补充出力为

$$N_{库i} = N_{系i} - \sum N_{不蓄i} \tag{6-2}$$

设该补充出力由水电站甲承担，则水库需放出的流量为

$$Q_{甲i} = \frac{dV_{甲i}}{dt} = \frac{F_{甲i}dH_{甲i}}{dt} = \frac{N_{库i}}{AH_{甲i}} \tag{6-3}$$

式中　$dV_{甲i}$——某时段 dt 内水库甲消落的库容；

　　　$F_{甲i}$——某时段内水库甲的库面积；

　　$dH_{甲i}$——某时段内水库甲消落的深度；

　　　　A——出力系数，设两电站采用的数值相同。

如果补充出力由水电站乙承担，则需流量

$$Q_{乙,i} = \frac{F_{乙i}dH_{乙i}}{dt} = \frac{N_{库i}}{AH_{乙i}} \tag{6-4}$$

式中符号的意义同前，注脚乙表示水电站乙，根据式（6-3）和式（6-4）可得

$$dH_{乙i} = \frac{F_{甲i}H_{甲i}}{F_{乙i}H_{乙i}}dH_{甲i} \tag{6-5}$$

上式表示两水库在第 i 时段内的水库面积、水头和水库消落层三者间的关系。应该注意，该时段的水库消落水层不同会影响以后时段的发电水头，从而使两水库的不蓄电能损失不同。两水库的不蓄电能损失值可按下式求定

$$\left.\begin{aligned}dE_{不蓄,甲}&=W_{不蓄,甲}dH_{甲 i}\eta_{水,甲}/367.1\\dE_{不蓄,乙}&=W_{不蓄,乙}dH_{乙 i}\eta_{水,乙}/367.1\end{aligned}\right\} \tag{6-6}$$

式中　$W_{不蓄,甲}$、$W_{不蓄,乙}$——分别为甲、乙水库在 i 时段以后的供水期不蓄水量；

$\eta_{水,甲}$、$\eta_{水,乙}$——分别为甲、乙水电站的发电效率。

对于同一电力系统中联合运行的两个水电站，如果希望它们总的总发电量尽可能大，就应该使总得不蓄电能损失尽可能小。为此，就需要对式（6-6）中的两计算式来判别确定水库的放水次序，显然 $\eta_{水,甲}=\eta_{水,乙}$ 时，如果

$$W_{不蓄,甲}dH_{甲 i}<W_{不蓄,乙}dH_{乙 i} \tag{6-7}$$

则水电站甲先放水补充出力以满足系统需要较为有利；反之，则应由电站乙先放水。将式（6-5）中的关系代入上式，可得水电站先放水有利的条件是

$$\frac{W_{不蓄,甲}}{F_{甲 i}H_{甲 i}}<\frac{W_{不蓄,乙}}{F_{乙 i}H_{乙 i}} \tag{6-8}$$

令 $W_{不蓄}/FH=K$，则水电站水库的放水次序可根据此 K 值判别。

在水库供水期初，可根据各库的水库面积、电站水头和供水期天然来水量计算出各库的 K 值，K 值小的水库先供水。应该注意，由于水库供水而使库面下降，改变 F、H 值，各计算时段以后（算到供水期末）的 $W_{不蓄}$ 值也不同，所以 K 值是变化的，应该逐时段判别调整。当两水库的 K 值相等时，应同时供水发电。至于两电站间如何合理分配要求的 $N_{库}$ 值，则要进行试算决定。

在水库蓄水期，抬高库水位可以增加水电站不蓄电能。因此，当并联水库联合运行时，要研究蓄水次序问题哪个水库先蓄可使不蓄电能尽可能大。也可按照上述原理，找出蓄水期蓄水次序的判别式

$$K'=W'_{不蓄}/FH \tag{6-9}$$

式中　$W'_{不蓄}$——自该计算时段到汛末的天然来水量，减去水库在汛期尚待存蓄的库容。

该判别式的用法与供水期情况正好相反，即 K' 大的水库先蓄有利。应该说明，为了尽量避免弃水，在考虑并联水库群的蓄水次序时，要结合水库调度进行。对库容相对较小、有较多弃水的水库，要尽早充分利用装机容量满载发电，以减少弃水数量。

对于综合利用水库，在决定水库蓄放水次序时，一定要认真考虑各水利部门的要求，不能仅凭一个系数 K 或者 K' 值决定各水电站水库的蓄放水次序。

二、串联水电站水库群蓄放水次序

设有两个串联的年调节水电站在电力系统中联合运行，某一供水时段要依靠其中任一水电站的水库放水来补充出力。如果上游水库供水，可提供的电能为

$$dE_{库,甲 i}=F_{甲 i}dH_{甲 i}(H_{甲 i}+H_{乙 i})\eta_{水,甲}/367.1 \tag{6-10}$$

式中符号代表的意义和前面并联水库相同。式（6-10）中有 $H_{乙 i}$，是因为上游水库放出的水量还可通过下一级电站发电。

如果由下游水库放水发电以补出力之不足，则水库乙提供的电能按下式决定

$$dE_{库,乙 i}=F_{乙 i}dH_{乙 i}H_{乙 i}\eta_{水,乙}/367.1 \tag{6-11}$$

因要求 $dE_{库,甲 i}=dE_{库,乙 i}$，仍设 $\eta_{水,甲}=\eta_{水,乙}$，可得

$$dH_{乙i} = \frac{F_{甲i}(H_{甲i}+H_{乙i})}{F_{乙i}H_{乙i}}dH_{甲i} \quad (6-12)$$

对于水库甲来说，不蓄电能损失的计算公式和并联水库相同，而对水库乙则有差别，其计算公式为

$$dE_{不蓄,乙} = (W_{不蓄,甲}+V_{甲}+W_{不蓄,乙})dH_{乙i}\eta_{水,乙}/367.1 \quad (6-13)$$

式中反映了上游水库所蓄水量 $V_{甲}$ 及不蓄水量 $W_{不蓄、甲}$ 均通过下游水库的特点，而 $W_{不蓄,乙}$ 为两电站间的区间不蓄水量。

在串联水库情况下，上游水库先供水有利的条件是

$$W_{不蓄,甲}dH_{甲i} < (W_{不蓄,甲}+\overline{V}_{甲}+W_{不蓄,乙})dH_{乙i} \quad (6-14)$$

将式（6-12）代入式（6-14），可得上游水库先供水的有利条件为

$$\frac{W_{不蓄,甲}}{F_{甲i}(H_{甲i}+H_{乙i})} < \frac{W_{不蓄,甲}+V_{甲}+W_{不蓄,乙}}{F_{乙i}H_{乙i}} \quad (6-15)$$

如果令 $W_{不蓄,总}/F\Sigma H = K$，式中分子表示流经该电站的总不蓄水量，分母中的 ΣH 表示从该电站到最后一级水电站的各站水头之和，则串联水电站水库的放水次序可根据此 K 值来判别，K 值较小的水库先供水。同理，可以推导求出蓄水期的蓄水次序判别式。

同样，对有综合利用任务的水库，在确定蓄放水次序时，应认真考虑综合利用要求，这样才符合水资源综合利用原则。

第七章 水 库 调 度

第一节 水库调度的意义及调度图

前面讨论的都是水利水电规划方面的问题，核心内容是论证工程方案的经济可行性，并选定水电站及水库的主要参数。待工程建成以后，领导部门和管理单位最关心的问题是如何将工程的设计效益充分发挥出来。但是，生产实践中水利工程尤其是水库工程的管理上存在一定的困难。主要原因是：水库工程的工作情况与所在河流的水文情况密切有关，而天然的水文情况是多变的，即使有较长的水文资料也不可能完全掌握未来的水文变化，目前水文和气象预报科学的发展水平还不能作出足够精确的长期预报，对河川径流的未来变化只能作出一般性的预测。因此，如管理不当，常可能造成损失，这种损失或者是因为洪水调度不当导致的，或者是因不能保证水利部门的正常供水引起的，也可能是因不能充分利用水资源或水能资源而造成的。

在难以确切掌握天然来水的情况下，管理上常可能出现各种问题。例如，在担负有防洪任务的综合利用水利枢纽上，若仅从防洪安全的角度出发，在整个汛期内都要留出全部防洪库容，等待洪水的来临，在一般的水文年份中，水库到汛期后可能蓄不到正常蓄水位，因此减少了充分利用兴利库容来获利的可能性，得不到最大的综合效益。反之，若单纯从提高兴利效益的角度出发，过分蓄满防洪库容，则汛末再出现较大洪水时，就会措手不及，甚至造成损失严重的洪灾。从供水器水电站的工作来看，也可能出现类似的问题。供水器（如水电站）过分地增大了出力，则水库很早放空，当后来的天然水量不能满足水电保证的出力的要求时，系统的正常工作将遭受破坏；反之，如供水期初水电站发的出力过小，到枯水期末还不能腾空水库，而后来的天然来水流量可能很快蓄满水库并开始弃水，这样就不能充分利用水能资源，白白浪费了大量能源，显然是很不经济的。

为了避免上述因管理不当造成的损失，或将这种损失减小到最低限度，应当根据比较理想的规则对水库的运行进行合理的控制，换句话说，要提出合理的水库调度方法进行水利调度。为此，应根据已有的水文资料，分析和掌握径流变化的一半规律，作为水库调度的依据。

水库调度常根据水库调度图来实现。调度图由一些基本调度线组成，这些调度线是具有控制性意义的水库蓄水量（或水位）变化过程线，是根据过去水文资料和枢纽的综合利用任务绘制的。我们可根据水利枢纽在某一时刻的水库蓄水情况及其在调度图中相应的工作区域，决定该时刻的水库操作方法。水库基本调度图如图 7-1、图 7-2 所示。

应该指出,水库调度图不仅可以用以指导水库的运行调度,增加编制各部门生产任务的预见性和计划性,提高各水利部门的工作可靠性和水量利用率,更好地发挥水库的综合利用作用;同时也可用来合理决定和校核水电站的主要参数(正常蓄水位、死水位及装机容量等)以及水电站的动能指标(出力和发电量)。大型水利枢纽在规划设计阶段也常用调度图来全面反映综合利用要求以及它们内在的矛盾,以便寻求解决的途径。

绘制水库调度图的基本依据有:

(1)来水径流资料,包括时历特性资料(如历年逐月或旬的平均来水流量资料)和统计特性资料(如年或月的频率特性曲线);

(2)水库特性资料和下游水位、流量关系资料;

(3)水库的各种兴利特征水位和防洪特征水位等;

(4)水电站水轮机运行综合特性曲线和有压引水系统水头损失特性等;

(5)水电站保证出力图,表示为了保证电力系统正常运行而要求水电站每月必需发出的平均出力;

(6)其他综合利用要求,如灌溉、航运等部门的要求。

由于水库调度图是根据过去的水文资料绘制出来的,只反映了以往资料中几个带有控制性的典型情况,而未能包括将来可能出现的各种径流特性。实际来水量变化情况与编制调度图时所依据的资料不尽相同,如果机械地按照调度图操作水库,就可能出现不合理的结果,如发生大量弃水或者汛末水库蓄不满等情况。因此,为了能够使水库做到有计划的蓄水、泄水和利用水,充分发挥水库的调蓄作用,获得尽可能大的综合利用效益,就必须结合考虑调度图和水文预报,根据水文预报成果和各部门的实际需要进行合理的水库调度。

应该强调指出,在防洪与兴利结合的水库调度中,必须把水库的安全放在首位,要保证设计标准内的安全运用。水库在防洪保障方面的作用是要保护国家和人民群众最根本利益,尤其是当工程还存在一定隐患和其他不安全因素时,水库调度中更要全面考虑工程安全,特别是大坝安全对洪水调度的要求,兴利效益务必要服从防洪调度统一安排,通过优化调度,把可能出现的最高洪水位控制在水库安全允许的范围内。在此大前提下,再统筹安排,满足下游防洪和各兴利部门的要求。

下面根据教学要求和认识规律依次介绍水库兴利调度、防洪调度、综合利用水库调度、并简要介绍水库优化调度。已有不少专著和论文详细介绍水库调度问题,受学时限制,本节只能介绍基本知识。

第二节 水库的兴利调度

本节介绍以发电为主要任务的水电站水库调度问题,主要讨论兴利基本调度线的绘制和兴利调度图的组成。

一、年调节水电站水库基本调度线

(一)供水期基本调度线的绘制

在水电站水库正常蓄水位和死水位已定的情况下,年调节水电站供水期调度的任务是：对于保证率等于及小于设计保证率的来水年份，应在满足保证出力的前提下，尽量利用水库的有效蓄水（包括水量及水头的利用）加大出力，使水库在供水期末泄放至死水位。对于设计保证率以外的特枯年份，应在充分利用水库有效蓄水的前提下，尽量减少水电站正常工作的破坏程度。供水期水库基本调度线就是为完成上述调度任务而绘制的。

根据水电站保证处理图与各年流量资料以及水库特性等，用列表法或图解法由死水位逆时序进行水能计算，可以得到各种年份指导水库调度的蓄水指示线，如图 7-1（a）所示。图 7-1（a）上的 ab 线根据设计枯水年资料作出。它的意义是：天然来水情况一定时，使水电站在供水期按照保证出力图工作，各时刻水库应有的水位。设计枯水年供水期初如水库水位在 b 处（$Z_蓄$），则按保证出力图工作到供水期末时，水库水位恰好消落至 a 处（$Z_死$）。由于各种水文年天然来水量及其分配过程不同，如按照同样的保证出力图工作，则可以发现天然来水越丰的年份，其蓄水指示线的位置越低［图 7-1（a）上②线］，即来水较丰的年份，即使水库蓄水量少一些，仍可按保证出力图工作，满足电力系统电力电量平衡的要求；反之，来水愈枯的年份其指示线位置越高［图 7-1（a）上③线］。

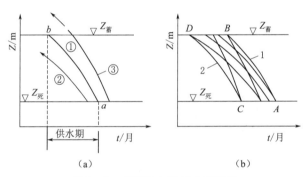

图 7-1　水库供水期基本调度线
1—上基本调度线；2—下基本调度线

在实际运行中，由于事先不知道来水属于何种年份，只好绘出典型的供水期水库蓄水指示线，然后在这些曲线的右上侧作一条上包线 AB［图 7-1（b）］，作为供水期基本调度线。同样，在这些曲线的左下侧作下包线 CD，作为下基本调度线。两基本调度线间的区域称为水电站保证出力工作区。只要供水期水库水位一直处在该范围内，则不论天然来水情况如何，水电站均能按保证出力图工作。

实际上，只要能保证设计枯水年供水期的水电站正常工作，丰水年、中水年供水期的正常工作也可得到保证。因此，在水库调度中，可取各种不同典型的设计枯水年供水期蓄水指示线的上、下包线作为供水期基本调度线，来指导水库的运用。

基本调度线的绘制步骤可归纳如下：

（1）选择符合设计保证率的若干典型年，进行必要的修正，使满足两个条件，一是典型年供水期平均出力应等于或接近平均出力，二是供水期终止时刻应与设计保证率范围内多数年份一致。为此，可根据供水期平均出力保证曲线，选择 4～5 个等于或接近保证出力的年份作为典型年。将各典型年的逐时段流量分别乘以各年的修正系数，以得出计算用的各年流量过程线（具体方法参见"工程水文学"）。

（2）对各典型年修正后的来水过程，根据保证出力图，自供水期末死水位开始进行逐时段（月）的水能计算，逆时序倒算至供水初期，求得各年供水期按保证出力图工作所需的水库蓄水指示线。

（3）取各典型年指示线的上、下包线，即得供水期上、下基本调度线。上基本调度线表示水电站按保证出力图工作时，各时刻所需的最高库水位，水库管理人员可参考后推测在任何年供水期中（特枯年例外）水库中何时有多余水量，可以使水电站加大出力工作，以充分利用水资源。下基本调度线表示水电站按保证出力图工作所需的最低库水位。当某时刻库水位低于该线表示的库水位时，水电站要降低出力工作。

运行中为了防止由于汛期开始较迟，较长时间低水位运行，引起水电站出力剧烈下降而导致正常工作的集中破坏，可将两条基本调度线结束于同一时刻，即结束于洪水最迟的开始时间。处理方法是：将下调度线（图 7-2 上的虚线）水平移动至通过 A 点[图 7-2（a）]，或将下调度线的上端与上调度线的下端连起来，得到修正后的下基本调度线[图 7-2（b）]。

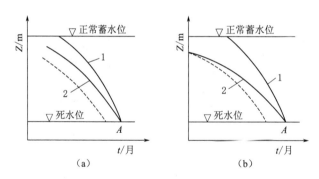

图 7-2 供水期基本调度线的修正

1—上基本调度线；2—下基本调度线

（二）蓄水期基本调度线的绘制

一般来说，水电站在丰水期除按保证出力图工作外，还有多余水量可供利用。水电站蓄水期水库的调度任务是：在保证水电站工作可靠性和水库蓄满的前提下，尽量利用多余水量加大出力，以提高水电站和电力系统的经济效益。蓄水期基本调度线是为完成上述重要任务而绘制的。

水库蓄水期上、下基本调度线的绘制，也是求出蓄水期水库水位指示线，然后作它们的上、下包线求得。这些基本调度线的绘制，也可以和供水期一样采用典型年代方法，即根据前面选出的若干设计典型年修正后的来水过程，对各年蓄水期从正常蓄水位开始，按保证出力图进行出力已知的水能计算，逆时序倒算，求得保证水库蓄满的水库蓄水指示线。为了防止由于汛期开始较迟、库水位过早降低引起正常工作的破坏，常常将下调度线的起点 h' 向后移至洪水开始最迟的时刻 h 点，并作 gh 光滑曲线，如图 7-3 所示。

上面介绍了供、蓄水期分别绘制基本调度线的方法，但有时也采用连续绘出各典型年的供、蓄水期的水库蓄水指示线方法，即自死水位开始逆时序倒算至供水期初，又接着算至蓄水期初，再回到死水位为止，然后取整个调节期的上、下包线作为基本调度线。

（三）水库基本调度图

将上面求得的供、蓄水期基本调度线绘在同一张图上，就可得到基本调度图，如图 7-4 所示。该图上由基本调度线划分为五个主要流域：

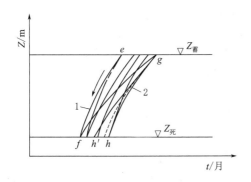

图 7-3 蓄水期水库调度线
1—上基本调度线；2—下基本调度线

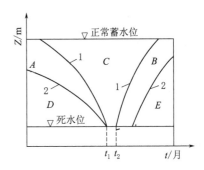

图 7-4 水库基本调度图
1—上基本调度线；2—下基本调度线

（1）供水期出力保证区（A 区），当水库蓄水位在此区域时，水电站可按保证出力图工作，以保证电力系统正常运行；

（2）蓄水期出力保证区（B 区），其意义同上；

（3）加大出力区（C 区），当水库水位在此区域时，水电站可以加大出力（大于保证出力图规定的）工作，以充分利用水能资源；

（4）供水期出力减小区（D 区），当水库水位在此区域内时，水电站应及早减小出力（小于保证出力所规定的）工作；

（5）蓄水期出力减小区（E 区），其意义同上。

由上述可见，在水库运行过程当中，该图能对水库的合理调度起指导作用。

二、多年调节水电站水库基本调度线

（一）绘制方法及特点

如果调节周期历时比较稳定，多年调节水电站水库基本调度线的绘制，原则上可用和年调节水库相同的原理及方法。不同的是要以连续的枯水年系列和连续的丰水年系列来绘制基本调度线。但是，往往由于水文资料不足，包括的水库供水周期和需水周期数目较少，不可能将各种丰水年与枯水年的组合情况全包括进去，因而作出的曲线是不可靠的。同时，方法比较繁杂，使用也不方便。因此，实际上常采用较为简化的方法，即计算典型年法，其特点是不研究多年调节的全周期，而只研究连续枯水系列的第一年和最后一年的水库工作情况。

（二）计算典型年及其选择

为了保证连续枯水年系列内都能按水电站保证出力图工作，只有当多年调节水库的多年库容蓄满后还有多余水量时，才能允许水电站加大出力运行；在多年库容放空，而来水又不足发保证出力时，才允许降低出力运行。根据这样的基本要求，我们来分析枯水年系列第一年和最后一年的工作情况。

对于枯水系列的第一年，如果该年末多年库容仍能够蓄满，也就是概念供水期不足水量可由其蓄水期多余水量补充，而且该年来水正好满足按保证出力图工作所需的水量，那么绘出的水库蓄水指示线即为上基本调度线。显然，当遇到来水情况丰于按保证出力图工作所需的水量时，可以允许水电站加大出力运行。

根据上面的分析，选出的计算典型年最好应具备这样的条件：该年的来水正好等于按保证出力图工作所需要的水量。我们可以在水电站的天然来水资料中，选出符合所述条件而且径流年内分配不同的若干年份为典型年，然后对这些年的各月流量值进行必要修正（可以按保证流量或保证出力的比例进行修正），即得计算典型年。

（三）基本调度线的绘制

根据上面选出的各计算典型年，即可绘制多年调节水库的基本调度线。先对每一个年份按保证出力图自蓄水期正常蓄水位，逆时序倒算（逐月计算）至蓄水期初的年消落水位。然后再自供水期末从年消落水位倒算至供水期初相应的正常蓄水位。这样求得各年按保证出力图工作的水库蓄水指示线，如图 7-5 上的虚线。取这些指示线的上包线即得上基本调度线（图 7-5 上的 1 线）。

同样，对枯水年系列最后一年的各计算典型年，供水期末自死水位开始按保证出力图逆时序计算至蓄水期初又回到死水位为止，求得各年逐月按保证出力图工作时的水库蓄水指示线。取这些线的下包线作为下基本调度线。

将上、下基本调度线同绘于同一张图上，如图 7-5 所示。图上 A、C、D 区的意义同年调节水库基本调度图，这里的 A 区就等同于图 7-4 上的 A、B 两区。

三、加大出力和降低出力调度线

在水库运行过程中，当实际库水位落于上基本调度线之上时，说明水库可有多余水量，为充分利用水能资源，应加大出力予以利用；而当实际库水位落于下基本调度线以下时，说明水库存水不足，难以保证后期按保证出力图工作，为防止正常工作被集中破坏，应及早适当降低出力运行。

（一）加大出力调度线

在水电站实际运行过程中，供水期初总是先按保证出力图工作。但运行至 t_i 时，发现水库实际水位比该时刻水库上调度线相应的水位高出 ΔZ_i（图 7-6）。对应于 ΔZ_i 的这部分水库蓄水，称为可调余水量。可用它来加大水电站出力，但如何合理利用，必须根据具体情况来分析。一般来讲，有以下三种运用方式：

（1）立即加大出力。使水库水位在时段末 t_{i+1} 就落在上调度线上（图 7-6 上①线）。这种方式对水量利用比较充分，但出力不够均匀。

（2）后期集中加大出力（图 7-6 上②线）。这种方式可使水电站较长时间处于较高水头下运行，对发电有利，但出力不够均匀。如汛期提前来临，还可能发生弃水。

（3）均匀加大出力（图 7-6 上③线）。这种方式使水电站出力均匀，也能充分利用水能资源。

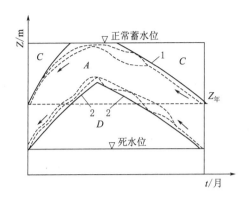

图 7-5 多年调节水库基本调度图
1—上基本调度线；2—下基本调度线

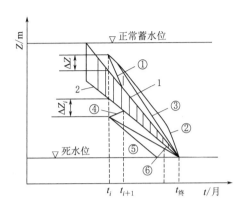

图 7-6 加大出力和降低出力的调度方式
1—上基本调度线；2—下基本调度线

当分析确定余水量利用方式后，可用图解法或列表法求算加大出力调度线。

（二）降低出力调度线

如水电站按保证出力图工作，经过一段时间至 t_i 时，由于出现特枯水情况，水库供水的结果使水库水位处于下调度线以下，出现不足水量。这时，系统正常工作难免遭受破坏。针对这种情况，水库调度有以下三种方式：

（1）立即降低出力。使水库蓄水在 t_{i+1} 时就回到下调度线上（图 7-6 上④线）。这种方式一般引起的破坏强度较小，破坏时间也比较短；

（2）后期集中降低出力（图 7-6 上⑤线）。水电站一直按保证出力图工作，水库有效蓄水放空后按天然流量工作。如果此时不蓄水量很小，将引起水电站出力的剧烈降低。这种调度方式比较简单，且系统正常工作被破坏的持续时间较短，但其最大缺点是破坏强度大。采用这种方式时应慎重。

（3）均匀降低出力（图 7-6 上⑥线）。这种方式的破坏时间长一些，但破坏强度最小。一般情况下，常按第三种方式绘制降低出力线。

将上、下基本调度线、加大出力和降低出力调度线同绘于一张图上，就构成了以发电为主要目的的调度全图。根据它可以比较有效地指导水电站的运行。

四、有综合利用任务的水库调度描述

编制兴利综合利用水库的调度图时，首先遇到的一个重要问题是各用水部门的设计保证率不同，例如发电和供水的设计保证率一般较高，灌溉和航运的设计保证率一般较低。在绘制调度线时，应根据综合利用原则，使国民经济各部门要求得到较好的协调，使水库获得较好的综合利用效益。

灌溉、航运等部门从水库上游侧取水时，一般可从天然来水中扣去引取的水量，再根据剩余的天然来水用前述方法绘出水库调度线。但是，应注意到各部门用水在要求保证程度上的差异。例如发电与灌溉的用水保证率不同，目前一般是从水库不同频率的天然来水中或相应的总调节水量中，扣除不同保证率的灌溉用水，再以此进行水库调节计算。对等于和小于灌溉设计保证率的来水年份，一般按正常灌溉用水扣除，对保证率大于灌溉设计保证率但小于发电设计保证率的来水年份，按折减后的灌溉用水扣除（例如折减至2～3成等）。对发电设计保证率相应的来水年份，原则上也应扣除折减后的灌溉用水，但计算时段的库水位消落到相应时段的灌溉引水控制水位以下时，则可不扣除。总之，从天然来水中扣除某些需水部门的用水量时，应充分考虑到各部门的用水特点。

当综合利用用水部门从水库下游取水（对航运来说是要求保持一定流量），而又未用再调节水库等办法解决各用水部门及与发电的矛盾，那么应将各用水部门的要求都反映在调度线中。这时调度图上的保证供水区要分为上、下两个区域。在上保证供水区各个用水部门的正常供水均应得到保证，而在下保证供水区中保证率高的用水部门应得到正常供水，对保证率低的部门要实行折减供水。上、下两个保证供水区的分界线称为中基本调度线。如图7-7所示是某多年调节综合利用水库的调度图，图中A区是发电和灌溉的保证供水区，A'区是发电的保证供水区和灌溉的折减供水区，D和C区代表的意义同前。

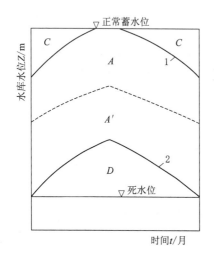

图7-7　某多年调节综合
利用水库调度示意图
1—上基本调度线；
2—下基本调度线

对于综合利用水库，上基本调度线是根据设计保证率较低（例如灌溉要求的80%）的代表年和正常供水的综合需水图经调节计算后作出，中基本调度线是根据保证率较高（例如发电要求的95%）的设计代表年和降低供水的综合需水图经调节计算后作出，具体做法与前面相同。

这里要补充一下综合需水图的做法。作综合需水图时，要特别重视各部门的引水地点、时间和用水特点。例如同一体积的水量同时给若干部门使用时，综合需水图上只要表示出各部门需水量中的控制数字，不要把各部门的需水量全部加在一起。我们举一简单的例子来说明其作法。某水库的基本用户为灌溉、航运（保证率均为80%）个发电（95%），发电后的水量可给航运和灌溉用，灌溉水要从水电站下游引走。各部门各月要求保证的流量列入表7-1中。综合需水图的纵坐标值也列于同一表中。

表7-1　　　　　　　　　　各部门总需水量推求表　　　　　　　　　　单位：m³/s

序号	项　　目		月　　份												说　　明
			1	2	3	4	5	6	7	8	9	10	11	12	
1	下游用水	灌溉	0	0	30	70	60	63	115	115	63	14	21	16	已知
2		航运	0	0	150	150	150	150	150	150	150	150	150	0	已知
3		总需水量	0	0	180	220	210	213	265	265	213	164	171	16	1、2项之和
4	发电要求		176	176	176	176	176	176	176	176	176	176	176	176	已知
5	各部门总需水量		176	176	180	220	210	213	265	265	213	176	176	176	3、4项取大值

作降低供水的综合需水图时的原则：①保证率高的部门的用水量仍要保证；②保证

率低的部门的用水量可以适当缩减，本例中灌溉和航运用水均打八折。其具体数值列于表 7-2 中。

表 7-2　　　　　　　　　　降低供水情况各部门总需水量推求表　　　　　　　　单位：m³/s

序号	项　目		月　份												说　明
			1	2	3	4	5	6	7	8	9	10	11	12	
1	下游用水	灌溉	0	0	24	56	48	50	92	92	50	11	17	13	已知
2		航运	0	0	120	20	120	120	120	120	120	120	120	0	已知
3		总需水量	0	0	144	176	168	170	212	212	170	131	137	13	1、2 项之和
4	发电要求		176	176	176	176	176	176	176	176	176	176	176	176	已知
5	各部门总需水量		176	176	176	176	176	176	176	176	176	176	176	176	3、4 项取大值

第三节　水库的防洪调度

对于以防洪为主的水库，在水库调度时应首先考虑防洪的需要；对于以兴利为主，结合防洪的水库，要考虑防洪的特殊性，《中华人民共和国水法》中明确规定，"开发利用水资源应当服从防洪的总体安排"，故对这类水库，所规定的防洪库容在汛期调度运用时应严格服从防洪的要求，决不能因水库是以兴利为主而任意侵占防洪库容。

防洪和兴利在库容利用上的矛盾是客观存在的。就防洪来讲，要求水库在汛期预留充足的库容，以备拦蓄可能发生的某种设计频率的洪水，保证下游防洪及大坝的安全。从兴利角度来讲，希望汛初就能开始蓄水，保证汛末蓄满兴利库容，以补充枯水期的不足水量。但是，只要认真掌握径流的变化规律，通过合理的水库调度是可以消除或缓解防洪和兴利在库容利用上的矛盾的。

一、防洪库容和兴利库容有可能结合的情况

对于雨型河流上的水库，如历年洪水涨落过程平稳，洪水起止日期稳定，丰枯季节界限分明，河川径流变化规律易于掌握，那么防洪库容和兴利库容就有可能部分结合甚至完全结合。

根据水库的调节性能及洪水特性，防洪调度线的绘制可分为以下三种情况。

（一）防洪库容与兴利库容完全结合，汛期防洪库容为常数

对于这种情况，可根据设计洪水可能出现的最迟日期 t_k，在兴利调度图的上基本调度线上定出 b 点 [图 7-8（a）]，该点相应水位即为汛期防洪限制水位。通过汛期防洪限制水位与设计洪水位（与正常蓄水位重合）即可确定拦洪库容值。根据这库容值和设计洪水过程线，经调洪演算得出水库蓄水量变化过程线（对一定的溢洪道方案）。然后将改线移到水库兴利调度图上，使其起点与上基本调度线上的 b 点相合，由此得出的 abc 线以上的区域 F 即为防洪限制区，c 点相应的时间为汛期开始时间。在整个汛期内，水库蓄水量一超过此线，水库即应以安全下泄量或闸门全开进行泄洪。为便于掌握，可对下游防洪标准相应的洪水过程线和下游安全泄量，从汛期防洪限制水位开始进行调控演算，推算防洪高水位。在实际运行中遇到洪峰，先以下游安全泄量放水，水库中水位超过防洪高水位时，则将闸门全开进行泄洪，以确保大坝安全。

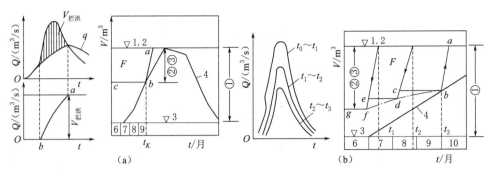

图 7-8　防洪库容与兴利库容完全结合情况下防洪调度线的绘制
1—正常蓄水位；2—设计洪水位；3—死水位；4—上基本调度线；
①—兴利库容；②—拦洪库容；③—共用库容

（二）防洪库容与兴利库容完全结合，但汛期防洪库容随时间变化

这种情况就是分期洪水防洪调度问题。如果河流的洪水规律性较强，汛期愈到后期洪量愈小，则为了汛末能蓄存更多的水来兴利，可以采取分段抬高汛期防洪限制水位的方法来绘制防洪调度线。到底应将整个汛期划分为怎样的几个时段？应首先从气象上找到根据，从本流域形成大洪水的天气系统的运行规律入手，找出一般的，普遍的大致时限，从偏于安全的角度划分为几期，分期不宜过多，时段划分不宜过短。另外，还可以从统计上了解洪水在汛期出现的规律，如点绘洪峰出现时间分布图，统计各个时段内洪峰出现次数、洪峰平均流量、平均洪水总量等，以探求其变化规律。

本文选用了一个分三段的实例，三段的洪水过程线如图 7-8（b）所示。作防洪调度线时，先对最后一段〔图 7-8（b）中的 $t_2 \sim t_3$ 段〕进行计算，调度线的具体作法同前，然后决定第二段（$t_1 \sim t_2$）的拦洪库容，这时要在 t_2 时刻从设计洪水位逆序进行计算，推算出该段的防洪限制水位。用同法对第一段（$t_0 \sim t_1$）进行计算，推求出该段的 $Z_{汛限}$。连接 $abdfg$ 线，即为防洪调度线。

应该说明，影响洪水的因素甚多，即使在洪水特性相当稳定的河流上，用任何一种设计洪水过程线，都很难在实践上和形式上包括未来洪水可能发生的各种情况。因此，为可靠起见，应按同样方法求出若干条防洪蓄水限制线，然后取其下包线作为防洪调度线。

（三）防洪库容与兴利库容部分结合的情况

在这种情况下，防洪调度线 bc 的绘法与情况（一）相同。如果情况（一）的设计洪水过程线变大或者它保持不变而下泄流量值减小（如图 7-9 所示），则水库蓄水量变化过程变为 ba'。将其移到水库调度图上的 b 点处时，a' 超出 $Z_{蓄}$ 而到 $Z_{设洪}$ 的位置。这时只有部分库容时共用库容（图 7-9 中的③所示），专用拦洪库容（图 7-9 中④所示）就是因相比情况（一）下泄流量降低而增加的拦洪库容 $\Delta \overline{V}_{拦洪}$。

上面讨论的情况，防洪与兴利库容都有某种程度的结合。在生产实践中两者能不能结

合以及能结合多少，应根据实际情况，拟定若干比较方案，经技术评价和综合分析后确定，这些情况下的调度图都是以 $Z_{汛限}$（一个或几个）和 $Z_蓄$ 的连线组成整个汛期限洪调度的下限边界控制线，以 $Z_{校洪}$ 作为其上限边界控制线（左右范围由汛期的时间控制），上、下控制线之间为防洪调度区。

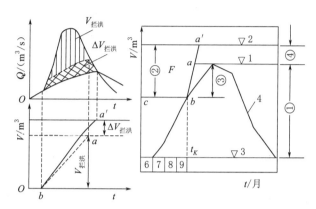

图 7-9　防洪库容与兴利库容部分结合情况下防洪调度线的绘制

1—正常蓄水位；2—设计洪水位；3—死水位；4—上基本调度线；

①—兴利库容；②—拦洪库容；③—共用库容；④—专用拦洪库容

通常，防洪与兴利的调度图是绘制在一起的，称为水库调度图。当汛期库水位高于或等于 $Z_{汛限}$ 时，水库按防洪调度规则运用，否则按兴利调度规则运用。

二、防洪库容和兴利库容完全不结合的情况

如果汛期洪水猛涨猛落，洪水起讫日期变化无常，没有明显规律可循，则不得不采用防洪库容和兴利库容完全分开的办法。从防洪安全要求出发，应按洪水最迟来临情况预留防洪库容。这时，水库正常蓄水位即是防洪限制水位，作为防洪下限边界控制线。

根据拟定的调度规则对设计洪水过程线进行调洪演算，就可以得出设计洪水位（对应于一定的溢洪道方案）。

应该说明，从洪水特性来看，防洪库容与兴利库容难以完全结合，但如做好水库调度工作，仍可实现部分结合。例如，兴利部门在汛前加大用水就可腾出部分库容，或者在大供水来临前加大泄水量就可预留出部分库容。由此可见实现防洪预报调度就可促使防洪与兴利的结合。这种措施的效果是显著的，但如使用不当也可能带来危害。因此，使用时必须十分慎重。最好由水库管理单位与科研单位、高等院校合作进行专门研究，提出从实际出发的、切实可行的水库调度方案，并经上级主管部门审查批准后付诸实施。我国有些水库管理单位已有这方面的经验教训可供借鉴。应该指出，这里常遇到复杂的风险决策问题。

第四节　水库优化调度

上面介绍用时历法绘制的水电站水库调度图，概念清楚，使用方便，得到比较广泛的应用。但是，在任何年份，不管来水丰枯，只要在某一时刻的库水位相同，就采取完全相同的水库调度方式，这种方法是存在缺陷的。实际上各年来水变化很大，如不能针对面临时段变化的来水流量进行水库调度，则很难充分利用水能资源，达到最优调度以获得最大的效益。所以，水库优化调度，必须考虑当时来水流量变化的特点，即在某一具体时刻 t，要确定面临时段的最优出力，不仅需要当时的水库水位，还要根据当时水库来水流量。因此，水库优化调度的基本内容是：根据水库的入流过程，遵照优化调度准则，运用最优化方法，寻求比较理想的水库调度方案，使发电、防洪、灌溉、供水等各部门在整个分析期内的总效益最大。

关于水库调度中采用的优化准则，除经济准则外，目前较为广泛采用的是在满足各综合利用水利部门一定要求的前提下，水电站群发电量最大的准则。常见的表示方法有：

（1）在满足电力系统水电站群总保证出力一定要求的前提下（符合规定的设计保证率），使水电站群的年发电量期望值最大，这样可尽可能避免因大电量绝对值大导致保证出力降低的情况。

（2）对火电为主、水电为辅的电力系统中的调峰、调频电站，使水电站供水期的保证电能值最大。

（3）对水电为主，火电为辅的电力系统中的水电站，使水电群的总发电量最大，或者使系统总燃料消耗量最小，也有用电能损失最小来表示的。

根据实际情况选定优化准则后，表示该准则的数学式，就是进行以发电为主水库优化调度工作时所用的目标函数，而其他条件如工程规模、设备能力以及各种限制条件（包括政策性限制）和调度时必须考虑的边界条件，统称为约束条件，也可以用数学式来表示。

根据前面介绍的兴利调度，可以知道编制水库调度方案中蓄水期、供水期的上、下基本调度线问题，均是多阶段侧过程的最优化问题。每一计算时段（例如 1 个月）是一个阶段，水库蓄水位是状态变量，各综合利用部门的用水量和发电站的出力、发电量均为决策变量。

多阶段决策过程是指这样的过程，如将它划分为若干互相有联系的阶段，则在它的每一个阶段都需要做出决策，并且某一阶段的决策确定以后，常常影响下一阶段的决策和整个过程的综合效果。各个阶段所确定的决策构成一个决策序列，通常称它为一个策略。各阶段可供选择的决策往往不止一个，因而就组成许多策略供我们选择。不同的策略，其效果也不相同，多阶段决策过程的优化问题，就是要在提供选择的策略中，选出效果最佳的最优策略。

动态规划是解决多阶段决策过程最优化的一种方法。所以，国内许多单位都在用动态规划的原理研究水库优化调度问题。当然，动态规划在一定条件下也可以解决一些与实践无关的静态规划中的最优化问题，这时只要人为地引进"时段"因素，就可变为一个多阶段决策问题。例如，最短线路问题的求解也可利用动态规划。

动态规划的概念和基本原理比较直观，容易理解，方法比较灵活，常为人们所使用，所以在工程技术、经济、工业生产机军事等部门都有广泛的应用。许多问题利用动态规划解决，常比线性规划或非线性规划更为有效。不过，当维数（或者状态变量）超过三个以上时，解题时需要计算机的贮存量相当大，或者必须研究采用新的解算方法。这是动态规划的主要弱点，在采用时必须留意。

　　动态规划是靠递推关系从终点时段向始头方向寻取最优解的一种方法。然而，单纯的递推关系式不能保证获得最优解的，一定要通过最优化原理的应用才能实现。

　　关于最优化原理，结合水库优化调度的情况来讲，就是若将水电站某一运行时间（例如水库供水期）按时间顺序划分为 $t_0 \sim t_n$ 个时刻，划分为 n 个相等的时段（例如月）。设以某时刻 t_i 为基准，则称 t_0 和 t_i 为以往时期，$t_i \sim t_{i+1}$ 为面临时段，$t_{i+1} \sim t_n$ 为余留时期。水电站在这些时期中的运行方式可由各时段的决策函数——出力及水库蓄水情况组成的序列来描述。如果水电站在 $t_i \sim t_n$ 内的运行方式是最优的，那么包括在其中的 $t_{i+1} \sim t_n$ 的运行方式必定也是最优的。如果我们已对余留时期 $t_{i+1} \sim t_n$ 按最优调度准则进行了计算，那么面临时段 $t_i \sim t_{i+1}$ 的最优调度方式也可以这样选择：使面临时段和余留时期所获得的综合效益符合选定的最优调度准则。

　　根据前述，寻找最优运行方式的方法，就是从最后一个时段（时刻 $t_{n-1} \sim t_n$）开始（这时的库水位常是已知的，例如水库期末的水库水位是死水位），逆时序逐时段进行递推计算，推求前一阶段（面临时段）的合适决策，以求出水电站在整个 $t_0 \sim t_n$ 时期的最优调度方式。很明显，对每次递推计算来说，余留时期的效益是已知的（例如发电量值已知），而且是最优策略，只有面临时段的决策变量是未知数，所以不难解决，可以根据规定的调度准则来求解。

　　对于一般决策过程，假设有 n 个阶段，每阶段可供选择的决策变量有 m 个，则有这种过程的最优策略实际上就需要求解 mn 维函数方程。显然，求解维数众多的方程，需要花费很多时间，而且也不是一件容易的事情。上述最优化原理利用递推关系将这样一个复杂的问题化为 n 个 m 维问题求解，因而大为简化求解过程。

　　如果最优化目标是使目标函数（例如取得的效益）极大化，则根据最优化原理，我们可将全周期的目标函数用面临时段和余留时期两部分之和表示。对于第一个阶段，目标函数 f_1^* 为

$$f_1^*(s_0, x_1) = \max[f_1(s_0, x_1) + f_2^*(s_1, x_2)]$$

式中　　　　s——状态变量，下标数字表示时刻；

　　　　　　x_i——决策变量，下标数字表示时段；

$f_1(s_0, x_1)$——第一时段状态处于 s_0 作出决策 x_i 所得的效益；

$f_2^*(s_1, x_2)$——从第二时段开始一直到最后时段（即余留时期）的效益。

　　对于第二时段至第 n 时段及第 i 时段至第 n 时段的效益，按最优化原理同样可以写成以下的式子

$$f_2^*(s_1, x_2) = \max[f_2(s_1, x_2) + f_2^*(s_2, x_3)]$$
$$f_i^*(s_{i-1}, x_i) = \max[f_i(s_{i-1}, x_i) + f_2^*(s_i, x_{i+1})]$$

　　对于第 n 时段，f_n^* 可以写为

$$f_n^*(s_{n-1}, x_n) = \max[f_n(s_{n-1}, x_n)]$$

　　以上就是动态规划递推公式的一般形式。如果我们从第 n 时段开始，假定不同的时

段初状态 s_{n-1}，只需确定该时段的决策变量 x_n（在 x_{n1}、x_{n2}、$\cdots$、x_{nm} 中选择）。对于第 $n-1$ 时段，只要优选决策变量 x_{n-1}，一直到第一时段，只需优选 x_1。前面已经说过，动态规划根据最优化原理，将本来是 mn 维的最优化问题，变成了 n 个 m 维问题求解，以上递推公式便是最好的说明。

在介绍了动态规划基本原理和基本方法的基础上，需补充说明以下几点。

（1）对于输入具有随机因素的过程，在应用动态规划求解时，各阶段的状态往往需要用概率分布表示，目标函数用数学期望反映。为了与前面介绍的确定性动态规划区别，一般将这种情况下所用的最优化技术称为随机动态规划。其求解步骤与确定性的基本相同，不同之处是要增加一个转移概率矩阵。

（2）为了克服系统变量维数过多带来的困难，可以采用增量动态规划。求解递推方程的过程是：先选择一个满足诸多约束条件的可行策略作为初始策略，其次在改策略的规定范围内求解递推方程，以求得比原策略更优的新的可行策略。然后重复上述步骤，直至策略不再增优或者满足某一收敛准则为止。

（3）当动态规划应用于水库群情况时，每阶段需要决策的变量不止一个，而是若干个（等于水库数）。因此，计算工作量将大大增加。在递推求最优解时，需要考虑的不只是面临时段一个水库 S 种（S 为库容区划分的区段数）可能放水中的最优值，而是 M 个水库各种可能放水组合即 SM 个方案中的最优值。

为加深对方法的理解，下面举一个简化过的水库调度例子。

某年调节水库 11 月初开始供水，来年 4 月末放空至死水位，供水期共 6 个月，如每个月作为一个阶段，则共有 6 个阶段。为了简化，假定已经过初选，每阶段只留 3 个状态（以圆圈表示出）和 5 个决策（以线条表示），由它们组成 $S_0 \sim S_6$ 的许多种方案，如图 7-10 所示。图中线段上面的数字代表各月根据入库径流采取不同决策可获得的效益。

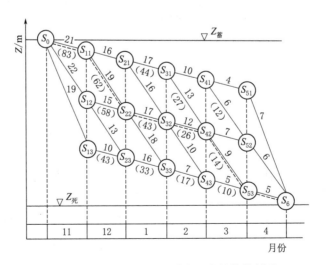

图 7-10　动态规划进行水库调度的简化例子

用动态规划优选方案时，从 4 月末死水位处开始逆时序递推计算。对于 4 月初，3 种状态各有一项决策，孤立地看以 $S_{51} \sim S_6$ 的方案较佳，但从全局来看不一定是这样，暂时不能做决定，要再看前面的情况。

将 3、4 两个月的供水情况一起研究，看 3 月初情况，先研究状态 S_{41}，显然 $S_{41}S_{52}S_6$ 较 $S_{41}S_{51}S_6$ 好，因为前者两个月的总效益为 12，较后者的为大，应选前者为最优方案。将各状态选定方案的总效益写在线段下面的括号中，没有写明总效益的均为淘汰方案。同理可得另外两种状态的最优决策。$S_{42}S_{53}S_6$ 优于 $S_{42}S_{52}S_6$ 方案，总效益为 14；$S_{43}S_{53}S_6$ 的总效益为 10；对 3、4 两个月来说，在 S_{41}、S_{42}、S_{43} 三种状态中，以 $S_{42}S_{53}S_6$ 这个方案较佳，它的总效益为 14（其他两方案的总效益分别为 12 和 10）。

应该说明，如果时段增多，状态数目增加，决策数目增加，而且决策过程中还要进行试算，则整个计算比较繁杂，一定要通过编写计算程序，利用电子计算机来进行计算。

最近几年来，国内已有数本水库调度的专著出版，书中对优化调度有比较全面的论述，可供参考。

参 考 文 献

［1］ 叶守泽，詹道江.工程水文学［M］.3版.北京：中国水利水电出版社，2000.

［2］ 周之豪，沈曾源，施熙灿，等.水利水能规划［M］.2版.北京：中国水利水电出版社，1996.

［3］ 崔振才.水文及水利水电规划［M］.北京：中国水利水电出版社，2007.

［4］ 何俊仕，林洪孝.水资源规划及利用［M］.北京：中国水利水电出版社，2006.

［5］ 李益民，段佳美.水库调度［M］.北京：中国电力出版社，2004.

［6］ 陈锦华.水利计算及水库调度［M］.北京：水利电力出版社，1990.

［7］ 朱岐武，拜存有.水文与水利水电规划［M］.郑州：黄河水利出版社，2003.

［8］ 陈惠源，万俊.水资源开发利用［M］.武汉：武汉大学出版社，2001.

［9］ 雒文生，宋星原.工程水文及水利计算［M］.北京：中国水利水电出版社，2010.

［10］ 黄强.水能利用［M］.北京：中国水利水电出版社，2009.

［11］ 王丽萍.水利工程经济［M］.武汉：武汉大学出版社，2002.

［12］ 陈森林.水电站水库运行与调度［M］.北京：中国电力出版社，2008.

［13］ 张立中.水资源管理［M］.2版.北京：中央广播电视大学出版社，2006.

［14］ 王文川.水利水电规划［M］.北京：中国水利水电出版社，2013.